W0253569

MONOGRAPHIEN AUS DEM GESAMTGEBIET DER PHYSIOLOGIE DER PFLANZEN UND DER TIERE

HERAUSGEGEBEN VON

M. GILDEMEISTER-LEIPZIG · R. GOLDSCHMIDT-BERLIN
C. NEUBERG-BERLIN · J. PARNAS-LEMBERG · W. RUHLAND-LEIPZIG

NEUNZEHNTER BAND

DIE CHEMIE DER CEREBROSIDE UND PHOSPHATIDE

VON

H. THIERFELDER UND E. KLENK

BERLIN
VERLAG VON JULIUS SPRINGER
1930

DIE
CHEMIE DER CEREBROSIDE UND PHOSPHATIDE

VON

H. THIERFELDER UND E. KLENK
IN TÜBINGEN

BERLIN
VERLAG VON JULIUS SPRINGER
1930

ISBN-13: 978-3-642-88807-6 e-ISBN-13: 978-3-642-90662-6
DOI: 10.1007/978-3-642-90662-6

Vorwort.

Das Buch, welches als Band der „Monographien aus dem Gesamtgebiet der Physiologie der Pflanzen und der Tiere" erscheint, ist auf Anregung eines der Herausgeber dieser Monographien, Professor J. PARNAS in Lemberg, entstanden.

Sein Inhalt ist durch den Titel gekennzeichnet. Die Darstellung des ersten Teils (Cerebroside) stammt im wesentlichen von H. THIERFELDER, in die Bearbeitung des zweiten Teiles (Phosphatide) haben wir uns abschnittweise geteilt.

Die Verantwortung für das ganze Buch tragen wir gemeinsam.

Tübingen, Februar 1930.

H. THIERFELDER. E. KLENK.

Inhaltsverzeichnis.

Cerebroside

Phosphatide.

Cerebroside.

Allgemeines.

Unter Cerebrosiden versteht man Substanzen, die aus je einem Molekül Galaktose, einer Base Sphingosin und einer höheren Fettsäure aufgebaut sind.

Das Verdienst, derartige Verbindungen zuerst (1874) und zwar aus dem Gehirn (Cerebrum) isoliert und in ihrer Zusammensetzung erkannt zu haben, gebührt THUDICHUM*, von dem auch der Name Cerebroside** stammt. Er bezeichnet die beiden von ihm dargestellten Stoffe als Phrenosin und Kerasin. Erst viele Jahre später (1925) gelang es, ebenfalls im Gehirn zwei weitere Vertreter dieser Gruppe nachzuweisen, von denen der eine Nervon in reinem Zustande dargestellt, der andere (Oxynervon) zwar noch nicht isoliert wurde, aber in seiner Existenz nicht zu bezweifeln ist (KLENK). Es spricht manches dafür, daß es weitere Cerebroside nicht gibt.

Die Cerebroside finden sich im Nervengewebe vorwiegend, wenn nicht ausschließlich, in der weißen Substanz (NOLL 1899). In der grauen sind sie zwar auch gefunden, aber in viel geringerer Menge, welche wahrscheinlich auf Beimengung markhaltiger Fasern zu beziehen ist. Außer im Menschen- und Säugetiergehirn konnten sie auch im Vogelgehirn festgestellt werden (ARGIRIS 1908). Im Gehirn von Kabeljau und Schellfisch sind sie nur in ganz

Vorkommen:

* J. L. W. THUDICHUM, Dr. med., geb. 27. August 1829 in Büdingen in Hessen, gest. 7. September 1901 in London.

** Für diese Substanzen sind auch die Namen Cerebrogalaktoside (THUDICHUM), Galaktolipine (LEATHES 1910), Galaktoside (ROSENHEIM 1913) vorgeschlagen worden. Es liegt kein Grund vor, die alte von THUDICHUM fast ausschließlich benutzte Bezeichnung, die in Deutschland und Amerika allgemein angewendet wird, aufzugeben.

geringer Menge vorhanden oder fehlen ganz (ARGIRIS 1908). KOSSEL und FREYTAG (1893) gewannen sie aus Störgehirn.

Das Vorkommen ist nicht auf das Nervengewebe, in dem sie sich in freiem Zustande, höchstens in ganz lockerer Bindung finden, beschränkt. Sie sind wahrscheinlich allgemeine Zellbestandteile und bisher nachgewiesen in Eiter (HOPPE-SEYLER 1871; KOSSEL und FREYTAG 1893), in der Nebenniere (ROSENHEIM und TEBB 1909b), der Niere (ROSENHEIM und MAC LEAN 1915, LEVENE und WEST 1917a), einem Hypernephrom (SCHÖNHEIMER 1927), der Milz (HOPPE-SEYLER 1871; WALZ 1927), der Leber (LEVENE und WEST 1917a), dem Eigelb (LEVENE und WEST 1917a), der atherosklerotischen Aorta (SCHÖNHEIMER 1928), reichlich in Milz und Leber bei Morbus Gaucher (s. S. 21). Sie scheinen auch in Blutkörperchen (PASCUCCI 1905; BANG und FORSSMAN 1906), Thymus (LILIENFELD 1894), Lunge (SAMMARTINO 1921), Retina (CAHN 1881), Fischsperma (KOSSEL und FREYTAG 1893; SANO 1922), Sputum (MÜLLER 1898) vorhanden zu sein.

Das Vorkommen von Cerebrosiden (oder Abbauprodukten von ihnen) in Pflanzen ist von verschiedenen Seiten in Betracht gezogen worden, so in Pilzen (BAMBERGER und LANDSIEDL 1905; ZELLNER 1911, 1911a; ROSENTHAL 1922; HARTMANN und ZELLNER 1928; FRÖSCHL und ZELLNER 1928), in Samen, speziell Hafersamen und Reissamen (TRIER 1913b und c), in Eichenholz (SULLIVAN 1918). Ein solches Vorkommen — an und für sich nicht unwahrscheinlich — ist aber bisher in keiner Weise bewiesen worden.

Allgemeine Eigenschaften: Sie enthalten C, H, N und O, aber weder P noch S, werden im allgemeinen in amorphem Zustand erhalten, haben aber die Eigenschaft, flüssige Krystalle zu bilden. In reinem Zustande scheinen alle gut zu krystallisieren. Sie sind entsprechend der weitgehenden Übereinstimmung in ihrer Zusammensetzung und ihren Eigenschaften einander sehr ähnlich, so daß ihre Reingewinnung große Schwierigkeiten macht.

Sie sind in Wasser unlöslich, ebenso in Äther, Petroläther. In Alkohol und vielen organischen Lösungsmitteln sind sie in der Wärme löslich, in Pyridin auch bei gewöhnlicher Temperatur. Aus Pyridin und heißer alkoholischer Lösung durch Paraldehyd fällbar (COOPER 1924). Sie sind optisch aktiv, geben einige Farbreaktionen, die auf dem Gehalt an Galaktose und Sphingosin beruhen und verbrennen unter Geruch nach verbrennendem Fett.

Verhalten zu Farbstoffen:

Über das Verhalten zu Farbstoffen siehe KAWAMURA (1911), ROSENHEIM (1914a) u. a. Mit Hilfe von Färbemethoden lassen sich einzelne Cerebroside oder Phosphatide in den Geweben nicht feststellen. Siehe dazu die Bemerkungen von BERBERICH und JAFFÉ (1925, S. 7), KUTSCHERA-AICHBERGEN (1925, 1929), KAUFMANN und LEHMANN (1928).

Physikalische Chemie:

Über die physikalische Chemie der Cerebroside siehe S. 134, 135.

Die einzelnen Cerebroside.

Cerebron (Phrenosin) $C_{48}H_{93}NO_9$.

M.G. 827,75 C 69,59 vH H 11,33 vH N 1,69 vH JZ 30,67.

$CH_3 - (CH_2)_{21} - CH(OH) - CO$ Cerebronsäure

$CH_3 - (CH_2)_{12} - CH = CH - \overset{3}{C}H(OH) - \overset{2}{C}H(O-) - \overset{1}{C}H_2(NH)$* Sphingosin

$CH_2OH - CH - (CHOH)_3 - CH$ (Ringschluss über O; CH verknüpft über O mit C-2 des Sphingosins) Galaktose

Historisches:

1879 gewann THUDICHUM** aus dem Gehirn einen stickstoffhaltigen, phosphorfreien Stoff, den er analysierte, spaltete und durch Isolierung und Untersuchung seiner Spaltungsprodukte in seiner Zusammensetzung erkannte. Er nannte ihn Phrenosin. Allerdings war seine Reinheit nicht bewiesen, denn die analytischen Zahlen stimmten nur mangelhaft mit den aus dem Ergebnis der Spaltung berechneten, und die Resultate der quantitativen Bestimmung der Spaltungsprodukte blieben sehr weitgehend hinter der Theorie zurück; auch enthielt er noch etwas Phosphor, der nur von einer Beimengung herrühren konnte.

---

* Die Verteilung der OH- und der NH_2-Gruppen auf die Kohlenstoffe 1, 2 und 3 ist noch nicht ganz entschieden.

** Rep. med. officer **1880** siehe Schrifttumverzeichnis. Die ersten Mitteilungen über Phrenosin finden sich schon in den Rep. med. officer **1874**, p. 184 und **1876**, p. 133, siehe Schrifttumverzeichnis. Die weiteren, die Gehirnchemie betreffenden Arbeiten THUDICHUMS, welche alle auch Angaben über das Phrenosin in häufiger Wiederholung enthalten, sind im Schrifttumverzeichnis aufgeführt. Eine zusammenfassende Darstellung seiner Untersuchungen enthält das Buch: Die chemische Konstitution des Gehirns des Menschen und der Tiere. Tübingen: Franz Pietzcker 1901.

In Zusammensetzung und Eigenschaften ganz ähnliche Stoffe erhielten GEOGHEGAN (1879), PARCUS (1881), KOSSEL und FREYTAG (1893). Eine genauere Untersuchung, insbesondere eine Spaltung, wurde nicht ausgeführt. Die Autoren nannten ihre Präparate Cerebrin, eine Bezeichnung, die schon früher von MÜLLER (1858) für einen von ihm aus dem Gehirn gewonnenen phosphorfreien Stoff benutzt worden war. Auch phosphorhaltige Substanzen, unzweifelhaft Gemenge, hatte man in älterer Zeit so genannt. 1900 isolierten WÖRNER und THIERFELDER aus dem Gehirn eine schön krystallisierte Verbindung von konstanter Zusammensetzung*, der sie den Namen Cerebron gaben. Bei der Hydrolyse zerfiel sie in drei Spaltungsprodukte, die sich quantitativ voneinander trennen liessen. Die auf Grund der Ergebnisse der Spaltungsversuche aufgestellte Formel stimmte mit der aus den analytischen Werten berechneten überein (THIERFELDER 1905). Es lag hier also eine als ganz rein charakterisierte Substanz vor. Sie als eine besondere, von dem Phrenosin verschiedene zu betrachten und mit einem besonderen Namen zu versehen, war um so gebotener, als die von THUDICHUM bei der Spaltung gewonnene Säure eine andere zu sein schien, als die aus dem Cerebron erhaltene. Die beiden anderen Spaltungsprodukte waren die gleichen. Im Verlauf der weiteren Untersuchungen hat sich aber ergeben, daß auch die Säure in beiden Fällen dieselbe ist, daß THUDICHUM sich nur in bezug auf ihre Auffassung geirrt hat (wie übrigens auch THIERFELDER, siehe S. 18), und daß das Phrenosin lediglich als ein noch unreines Cerebron oder das Cerebron als ein reines Phrenosin zu betrachten ist. Unter beiden Bezeichnungen ist also derselbe Körper zu verstehen. Die Cerebrine von GEOGHEGAN, PARCUS und KOSSEL und FREYTAG sind ebenfalls dieselben Körper. In dem Cerebrin von MÜLLER muß aber eine andere Substanz vorgelegen haben, denn es enthält mehr wie doppelt soviel Stickstoff (4—5 vH).

Zusammensetzung: Cerebron (Phrenosin) besteht aus je einem Molekül Cerebronsäure, Sphingosin und Galaktose, die unter Austritt von 2 Mol. Wasser zusammengefügt sind (THUDICHUM, THIERFELDER 1904, 1905).

Konstitution: Über die Konstitution siehe obige Formel und S. 56.

Vorkommen: Es findet sich in der Nervensubstanz; wahrscheinlich handelt es sich bei dem in Nieren und Eigelb nachgewiesenen Cerebrosid auch um Cerebron (LEVENE und WEST 1917a).

1. Darstellung des Cerebrons (Phrenosins) und Kerasins aus Gehirn.

A. Mit indifferenten Lösungsmitteln.

Darstellung nach THIERFELDER: Darstellung von Cerebron nach THIERFELDER**. Von Blut und Häuten befreites und durch mindestens viermaliges Hindurch-

* Ein Körper von gleicher Zusammensetzung war schon vorher von GAMGEE (1880) isoliert und Pseudocerebrin genannt worden.

** KITAGAWA und THIERFELDER (1906); LOENING und THIERFELDER (1910).

schicken durch die feinste Siebplatte der Fleischhackmaschine zerkleinertes Gehirn (Menschengehirn) wird in Portionen von je 2,5 kg (zwei menschlichen Gehirnen entsprechend) in großer weithalsiger Flasche mit etwa 3 Liter Aceton übergossen und unter häufigem Schütteln bei Zimmertemperatur 24 Stunden stehen gelassen. Die auf großer Nutsche abgesaugte und einmal mit Aceton gewaschene Masse wird in die Flasche zurückgebracht und nochmals der gleichen Behandlung unterworfen. Den möglichst trocken gesaugten Rückstand übergießt man mit etwa 1500 ccm Äther, läßt unter häufigem Umschütteln 24 Stunden stehen, filtriert ab und setzt die Extraktion mit Äther fort, bis dieser sich nicht mehr färbt und beim Verdunsten nur noch wenig hinterläßt. Eine 4—5malige Extraktion ist erforderlich. Das beim Abkühlen der ätherischen Filtrate auf 0^0 sich Abscheidende wird durch Dekantieren und Zentrifugieren abgetrennt. Die mit Äther erschöpfte Gehirnmasse, etwa 350 g (13—14 vH des frischen Gehirns) wird fein zerrieben, durch eine feine Seidensiebplatte geschickt, mit der fünffachen Menge 85 proz. Alkohols 5 Minuten ausgekocht und heiß auf einer großen Nutsche (doppeltes, gut abschließendes Filter) abgesaugt. Der beim Abkühlen entstehende Niederschlag wird abgesaugt, das Filtrat wieder zur Extraktion verwendet. Eine viermalige Extraktion unter Benutzung der gleichen Alkoholmenge genügt in der Regel. Die abgesaugten Abscheidungen werden mit Äther geschüttelt, durch Zentrifugieren wieder abgetrennt und mit den oben erwähnten Zentrifugaten vereinigt. Die so erhaltene schneeweiße Masse (das sogenannte *Protagon*), deren Menge 80—100 g (3—4 vH des frischen Gehirnes) beträgt, löst man nach Verdunsten des anhaftenden Äthers in 75 vH Chloroform enthaltendem Methylalkohol*, und zwar 100 g in etwa 500 ccm. Die Lösung erfolgt schon bei gelindem Erwärmen sehr leicht und vollständig. Die Flüssigkeit wird von Papierfasern und anderen Verunreinigungen durch Filtration befreit und in einem verschlossenen Kolben bei Zimmertemperatur stehen gelassen. Bis zum nächsten Tage hat sich an der Oberfläche eine harte, dicke Kruste abgeschieden. Man filtriert, kühlt das Filtrat ab und krystallisiert die dabei ausfallende und abfiltrierte Masse noch einige Male aus 75 vH Chloroform enthaltendem Methylalkohol um, bis die Abscheidung wieder in Form

* Die besondere Eignung dieses Gemisches für die Cerebrondarstellung ist von E. Wörner gefunden worden.

einer harten weißen Kruste an der Oberfläche der klaren Flüssigkeit erfolgt. Die Mutterlaugen werden im Vakuum bis zur Trockne verdunstet und die Rückstände aus demselben Lösungsmittel umkrystallisiert. Dabei lassen sich noch weitere Mengen der gleichen charakteristischen Abscheidungen erhalten. Die Massen werden vereinigt und in der etwa 25—30fachen Menge 20 vH Chloroform enthaltenden Methylalkohols heiß gelöst. Der beim Erkalten sich bildende Niederschlag enthält noch kleine Mengen phosphorhaltiger Substanz, zu deren Entfernung man ein Zinkreagens (eine Auflösung von Zinkhydroxyd in Methylalkohol, die durch Einleiten von Ammoniak in das in Methylalkohol suspendierte Zinkhydroxyd und Zufügen von Ammoniumacetat bewirkt wird) benutzt. Man fügt zu einer heißen Lösung in 10 vH Chloroform enthaltendem Methylalkohol eine heiße Lösung dieses Reagens, kocht bis die zunächst entstandene Trübung sich zu einer flockigen Masse zusammengeballt hat, und filtriert*. Der Filterrückstand ist sehr phosphorreich. Der aus dem klaren Filtrat beim Erkalten sich abscheidende Niederschlag wird abfiltriert und wieder in 10 vH Chloroform enthaltendem Methylalkohol gelöst. Dabei bleibt noch eine geringe Menge einer zink- und phosphorhaltigen Substanz ungelöst zurück. Aus dem erkaltenden Filtrat fällt das Cerebron (Phrenosin) amorph, gelegentlich aber auch der Hauptsache nach in Form glitzernder Krystallblättchen aus. Bei der mikroskopischen Betrachtung sieht man aber auch in diesem Falle noch amorphe Beimengungen, und wenn die Abscheidung amorph geschehen ist, so erfolgt bei der unten beschriebenen Krystallisationsprobe (S. 16) keine völlige Umwandlung in Krystalle. Um diese Beimengungen zu entfernen, löst man in großer Menge 20 vH chloroformhaltigem Methylalkohol in der Hitze und trennt die beim Abkühlen innerhalb gewisser Temperaturgrenzen erfolgenden Abscheidungen mittels Filtrieren durch Warmwassertrichter voneinander. Jede dieser so erhaltenen Fraktionen prüft man in kleinen Proben in der S. 16 beschriebenen Weise auf Krystallisierbarkeit (ob völlige Umwandlung erfolgt oder reichliche oder spärliche, oder ob sie ganz ausbleibt) und vereinigt die sich gleich oder ähnlich verhaltenden. Die zuerst ausgeschiedenen Anteile zeigen die reichlichste Krystallisation, die zuletzt ausgefallenen bleiben bei dieser Prüfung amorph.

* Klenk (1925, 1927) benutzt zu demselben Zweck eine methylalkoholische Lösung von Cadmiumacetat.

Eine weitere Trennung innerhalb der so gewonnenen einzelnen Fraktionen läßt sich durch wiederholte Extraktion mit 10 vH Chloroform enthaltendem Methylalkohol und weiterhin mit Methylalkohol bei 50⁰ erzielen. Die beim Erkalten der Extraktionsflüssigkeiten erfolgenden Abscheidungen werden abfiltriert und ebenso wie die extrahierten Massen der erwähnten Prüfung unterworfen und mit den ein gleiches Verhalten zeigenden zusammengetan. Die extrahierten Substanzen werden mit der Zahl der Extraktionen immer ärmer an dem nicht krystallisierenden Körper, die ersten Extraktionsflüssigkeiten sind relativ am reichsten an ihm. So gelingt es schließlich, reines Cerebron (Phrenosin), welches bei der Probe völlig krystallisiert, zu erhalten*.

Darstellung nach ROSENHEIM:

Darstellung von Phrenosin (Cerebron) und Kerasin nach ROSENHEIM (1913, 1914). a) Darstellung des Rohcerebrosidgemenges. 10 kg fein zerkleinertes Ochsengehirn werden in 10 Liter Aceton verteilt und unter häufigem Umschütteln 24 Stunden bei Zimmertemperatur stehen gelassen. Nach Abgießen des überstehenden wässerigen Acetons und Kolieren des Gehirnbreies durch mehrere Lagen feinen Musselins wird die Behandlung mit Aceton mehrmals wiederholt**, um das Wasser zu entfernen. Nach Verdunsten des anhaftenden Acetons mittels eines Luftstromes, den man über die auf leicht erwärmten Glasplatten in dünner Schicht liegende Masse leitet, extrahiert man so lange mit Petroläther, als dieser noch nennenswerte Mengen Substanz löst, und entfernt den anhaftenden Petroläther in derselben Weise wie vorher das Aceton. Das Material wird nun auf einer Mühle zu einem feinen

* Die bei diesem Reinigungsverfahren erhaltenen Anteile, welche nicht zum Krystallisieren zu bringen sind und welche sich auch in einigen anderen unwesentlichen Punkten von Cerebron unterscheiden, wurden eine Zeitlang von THIERFELDER (1913, 1914b) für ein besonderes von Cerebron verschiedenes Cerebrosid gehalten und *vorläufig* Phrenosin genannt. Weitere Untersuchungen haben aber zu der Ansicht geführt, daß hier ein noch nicht ganz reines Cerebron vorliegt.

** ROSENHEIM setzt die Behandlung mit Aceton fort, bis es beim Verdunsten nur noch Spuren von Cholesterin hinterläßt. Da dazu wenigstens sechs, nach unseren Erfahrungen noch mehr Extraktionen nötig sind, so empfiehlt sich dieses Verfahren nicht, wenn lediglich Cerebroside dargestellt werden sollen, wohl aber dann, wenn man auch eine gleichzeitige Gewinnung von Cholesterin, welches in das Aceton geht, und von ungesättigten Phosphatiden, welche bei der nachfolgenden Extraktion mit Petroläther abgetrennt werden, beabsichtigt.

Pulver gemahlen. Seine Menge beträgt etwa 1300 g (13 vH). Zu der weiteren Verarbeitung verwendet man zweckmäßig je 500 g. Diese werden mit 1500 ccm Pyridin (Siedepunkt 115°) versetzt und ungefähr 20 Minuten in einem Wasserbad von 50° auf 45° erwärmt. Nun kühlt man schnell auf Zimmertemperatur ab und saugt auf großer Nutsche ab. Beim Eingießen des Filtrates (eventuell nach Einengen durch Destillation im Vakuum) in die 3—4fache Menge Aceton entsteht eine Fällung, welche nach Abkühlen auf 0°, Absitzen und Abgießen der überstehenden Flüssigkeit durch glattes Filter ohne Druck filtriert wird. Nach gründlichem Auswaschen mit Aceton suspendiert man den Filterrückstand in Aceton, saugt ihn ab, trocknet im Vakuum und extrahiert ihn im *Soxhlet*-Apparat mit Äther. Das so erhaltene Rohcerebrosidgemenge stellt ein leicht gelbliches Pulver dar, enthält noch etwa 0,5 vH P (ROSENHEIM und TEBB 1910/11) und wiegt etwa 79 g. Die Ausbeute beträgt also 2 vH des frischen Gehirns.

b) Abtrennung phosphorhaltiger Bestandteile aus dem Rohcerebrosidgemenge. Durch zweimaliges Umkrystallisieren aus 15 Vol. 67 vH Chloroform enthaltendem Alkohol erhält man eine weiße Substanz mit 1,68 vH N und 0,08 vH P, welche im wesentlichen aus Cerebrosiden besteht.

c) Trennung von Phrenosin (Cerebron) und Kerasin. Je 50 g dieser feinpulverisierten Substanz* werden mit 3500 ccm 10 vH Wasser enthaltendem Aceton in einem auf 56° erwärmten Wasserbad behandelt, die Lösung wird von dem Ungelösten (etwa 15 vH) abfiltriert und bei 37° stehen gelassen. Nach 16—20 Stunden trennt man die klare Flüssigkeit von dem entstandenen Niederschlag, der zum Teil an den Wandungen haftet, durch ein auf 37° erwärmtes Filter (*Phrenosinfraktion*). Das Filtrat setzt beim Stehen im Eisschrank (24 Stunden oder länger) einen gelatinösen Niederschlag ab, dessen Abscheidung bei 28° beginnt. Er wird abgesaugt, mit Aceton gewaschen und im Vakuum getrocknet (*Kerasinfraktion*). Sie beträgt etwa 50 vH der Phrenosinfraktion, die Menge des in ihr enthaltenden Kerasins ist aber viel kleiner.

α) Phrenosin (Cerebron)fraktion. 32,5 g dieser Fraktion werden fein pulverisiert, in 120 ccm Chloroform bei etwa 60° gelöst und mit 180 ccm auf 60° erwärmtem Eisessig versetzt. Während Stehens über Nacht bei 37° scheidet sich ein Niederschlag ab, welcher ab-

* Diese Substanz dürfte auch noch größere Mengen von Nervon und Oxynervon enthalten.

filtriert und bei 37° mit Eisessig-Chloroformmischung (3 : 2) gewaschen wird. Der feuchte Niederschlag wird nochmals derselben Behandlung unter Benutzung von 200 ccm desselben Lösungsmittels unterworfen und die dabei gewonnene Abscheidung noch einmal ebenso behandelt. Die erhaltene Menge wiegt nach Trocknen im Vakuum 20,1 g. Aus den beiden ersten Mutterlaugen scheidet sich beim Abkühlen auf Zimmertemperatur noch eine beträchtliche Menge (6,64 g) eines gelatinösen Niederschlages ab, welcher mit der Kerasinfraktion vereinigt wird. Die dritte Mutterlauge bleibt beim Abkühlen auf Zimmertemperatur klar. Das Präparat ist jetzt praktisch phosphorfrei, enthält aber noch kleine Mengen von Kerasin, wie die Gipsplattenprobe (Probe c, S. 16) zeigt. Es wird deshalb in 40 Vol. Chloroform gelöst, die Lösung mit 60 Vol. warmem Aceton versetzt und die bei 37° abfiltrierte Fällung noch zweimal in derselben Weise umgefällt. Nachdem jetzt die Gipsplattenprobe ergeben hat, daß das Präparat frei von Kerasin ist, wird es nochmals aus 50 vH Pyridin enthaltendem Aceton und aus 10 vH Wasser enthaltendem Aceton umkrystallisiert.

β) Kerasinfraktion. Je 10 g der Kerasinfraktion werden in 40 ccm Chloroform bei 50° gelöst und mit 60 ccm auf etwa 60° erwärmtem Eisessig versetzt. Die Lösung bleibt klar, bis die Temperatur auf 40° gesunken ist. Beim Stehen bei 37° scheidet sich an der Oberfläche ein Niederschlag (hauptsächlich Phrenosin) ab, welcher bei dieser Temperatur abfiltriert wird. Das Filtrat beginnt bei 26° eine Abscheidung zu bilden und erstarrt schließlich zu einer gelatinösen Masse. Nach Filtrieren und Waschen mit der Eisessig-Chloroformmischung (3 : 2) wird sie in Aceton verteilt und abgesaugt. Nach dem Trocknen wiegt sie 5 g. Bei Wiederholung des Prozesses unter Benutzung von 50 ccm Eisessig-Chloroformmischung scheiden sich bei 37° nur 0,5 g ab, auch bei der zweiten Wiederholung kommt es noch zu einer Abscheidung, bei der dritten bleibt die Flüssigkeit auch in vielen Stunden klar. Da die Gipsplattenprobe (S. 16) ergibt, daß, wenn auch erst nach einigen Stunden, noch ganz vereinzelte Sphärolithe von Phrenosin auftreten, so wird noch eine Krystallisation aus 50 vH Pyridin enthaltendem Aceton vorgenommen, und zwar löst man in 10facher Menge Pyridin und fügt das gleiche Volumen auf 45° erwärmtes Aceton hinzu. Bei 37° zeigt sich nur eine leichte Wolke von Phrenosin. Das Filtrat beginnt bei 28° eine Abscheidung zu bilden und wird nach Abkühlen auf Zimmertemperatur filtriert. Der Filterrückstand wird nochmals demselben Verfahren unterworfen und zuletzt aus einer großen Menge 2 vH Pyridin enthaltendem 90 proz. Aceton umkrystallisiert. Von 10 g der Kerasinfraktion werden im Durchschnitt 1,36 g Kerasin erhalten.

B. Unter Anwendung von Baryt.

Bei den im vorigen beschriebenen Verfahren macht die Entfernung der phosphorhaltigen Bestandteile besondere Schwierigkeiten. Sie lassen sich umgehen durch Verseifen dieser Bestandteile mittels Baryt in der Hitze. MÜLLER (1858), PARCUS (1881), KOSSEL und FREYTAG (1893), SMITH und MAIR (1910), LAPWORTH (1913) u. a. haben davon Gebrauch gemacht, aber erst durch LOENING und THIERFELDER (1911, 1912) und THIERFELDER (1913) wurde experimentell festgestellt, daß Cerebron (Phrenosin) durch Baryt unter den von ihnen angewendeten Bedingungen (1—2stündiges Erhitzen mit gesättigtem Barytwasser im kochenden Wasserbad) nicht verändert wird und daß das mit Hilfe ihres Barytverfahrens aus Gehirn erhaltene Cerebron identisch ist mit dem nach den oben beschriebenen Methoden dargestellten. Der einzige Unterschied besteht darin, daß das nach dem Barytverfahren gewonnene weniger leicht krystallisiert. Für das Kerasin ist seine Widerstandsfähigkeit gegen Baryt unter den erwähnten Bedingungen von WALZ (1927) gezeigt worden.

Zur Abtrennung der Cerebroside nach vorangegangener Verseifung mit Barytwasser verwendet man am besten Aceton. Es ist für diesen Zweck zuerst von SMITH und MAIR, dann von LOENING und THIERFELDER benutzt worden.

Darstellung nach THIERFELDER*. Je 30 g „Protagon" (über dessen Gewinnung aus Gehirn siehe S. 5) werden mit gesättigtem Barytwasser zu einer ganz feinen Emulsion, die frei von jedem größeren Partikelchen ist, verrieben und mit im ganzen 750 ccm dieser Flüssigkeit in einem mit Steigrohr versehenen Rundkolben 80 Minuten im stark kochenden Wasserbad unter beständigem Umschütteln erhitzt. Nach dem Erkalten saugt man den Niederschlag auf der Nutsche ab, befreit ihn durch Auswaschen mit Wasser völlig von Baryt und dann mit Aceton von Wasser. Die Masse wird nun mit Aceton zerrieben, mit 1000 ccm Aceton 3 Minu-

* LOENING und THIERFELDER (1911).

ten lang unter Umschütteln im Sieden erhalten und durch Heißwassertrichter filtriert. Der beim Abkühlen und im Eisschrank entstehende Niederschlag wird abgesaugt, das Filtrat wieder zur Extraktion verwendet. Man wiederholt das Verfahren mehrmals, indem man zunächst nur einige Minuten, dann $^1/_4$ Stunde, $^1/_2$ Stunde, mehrere Stunden am Rückflußkühler auskocht. Die ersten Abscheidungen sind phosphorfrei, die späteren enthalten etwas Phosphor. Die Menge der phosphorfreien Substanz beträgt etwa 30 vH (etwa 1,1 vH des frischen Gehirns). Aus den phosphorhaltigen Präparaten lassen sich durch erneutes Auskochen mit Aceton noch phosphorfreie gewinnen.

Man löst nun je 25 g in der 70fachen Menge absolutem Alkohol, läßt die Lösung über Nacht bei 29° stehen und filtriert die entstandenen Ausscheidungen durch Warmwassertrichter ab. Sie betragen etwa 70 vH des Cerebrosidgemenges und bestehen hauptsächlich aus Cerebron. Der Filterrückstand wird nochmals der gleichen Behandlung unterworfen und dann in der oben (S. 6) beschriebenen Weise durch Umkrystallisieren aus 20 vH Chloroform enthaltendem Methylalkohol und Extraktion mit 10 vH Chloroform enthaltendem Methylalkohol und reinem Methylalkohol weiter gereinigt, bis die Krystallisationsprobe S. 16 die Entfernung aller amorphen Beimengungen anzeigt.

2. Eigenschaften des Cerebrons (Phrenosins).

Löslichkeit:

Weiße Substanz, in Wasser unlöslich, ebenso in Äther und Petroläther. Beim Kochen mit Wasser quillt es auf. Löslich in Pyridin schon bei gelinder Wärme und bei Zimmertemperatur nicht ausfallend, ferner in der Hitze in Alkohol, Benzol, Eisessig, Essigester, Aceton (reichlicher in 10 vH Wasser enthaltendem, ROSENHEIM 1914, p. 116), Chloroform. Beim Abkühlen seiner heißen Lösungen scheidet es sich gewöhnlich in Form mikroskopischer, knollenförmiger Gebilde ab, welche, abfiltriert und getrocknet, ein weißes Pulver bilden, gelegentlich aber auch mehr oder weniger vollständig als cholesterinähnliche Krystalle, die, abgesaugt und im Vakuum getrocknet, eine zusammenhängende, verfilzte, silberglänzende Masse von elastischer Beschaffenheit darstellen. Bei genügender Konzentration kann auch die Lösung beim Abkühlen zu einer Gallerte erstarren, z. B. eine Benzollösung.

Art der Abscheidung:

Über das Verhalten des Cerebrons unter dem Polarisationsmikroskop und der Gipsplatte siehe S. 16.

Bildung flüssiger Krystalle: Es geht leicht in den flüssig-krystallinischen Zustand über. Am besten läßt sich das nach ROSENHEIM (1914a) beobachten, wenn man eine kleine Menge des trockenen Pulvers vorsichtig auf einem Deckglas in LEHMANNS Polarisationsmikroskop erwärmt, bis es vollständig geschmolzen ist. Jetzt ist es ganz isotrop, d. h. unsichtbar in dem dunkeln Feld zwischen den gekreuzten Nicols. Läßt man nun ein wenig abkühlen, so schießen zahlreiche anisotrope, einzeln liegende, nadelförmige, flüssige Krystalle auf dem dunkeln Untergrund an, die man besonders gut in den dünnsten Stellen des Präparates und bei einem Druck auf das Deckglas sieht.

Krystallbildung: Es kann aber auch seiner ganzen Menge nach schon in makroskopisch erkennbare richtige Krystalle von dem Aussehen des Cholesterins übergeführt werden, wie zuerst von WÖRNER und THIERFELDER (1900) beobachtet wurde. Es ist das immer der Fall, wenn man es mit einer zur Lösung auch in der Wärme ungenügenden Menge 85 proz. Alkohols auf 50° erwärmt oder — und es ist das noch günstiger — wenn man 10 vH Chloroform haltigen Methylalkohol ebenfalls in einer zur Lösung auch in der Wärme unzureichenden Menge verwendet und auf dem kochenden Wasserbad am Rückflußkühler erhitzt (LOENING und THIERFELDER 1910). Diese Erscheinung beruht nach ROSENHEIM (1914a) auf dem allmählich fortschreitenden Übergang der festen flüssig-krystallinischen Form in die wahre krystallinische. Wie ROSENHEIM (1914a) fand, erfolgt die Abscheidung in wahren Krystallen auch beim ganz langsamen und ruhigen Abkühlen einer heißen 2 proz. Lösung in 85 proz. Alkohol in einem nicht versilberten WEINHOLDschen Gefäß, welches, mit Watte wohlverschlossen, in einem Wasserbad von 75° steht. Bei 65° erscheinen die ersten Krystalle und bei 61° ist die ganze Flüssigkeit mit Krystallen erfüllt.

Das krystallisierte Präparat enthält nach ROSENHEIM (1914a, 1916) 1 Mol. Krystallwasser, welches im Vakuum über Schwefelsäure festgehalten und bei 105° abgegeben wird. Die ersten Analysen des krystallisierten Cerebrons von WÖRNER und THIERFELDER (1900) entsprechen auch der Formel $C_{48}H_{93}NO_9 + H_2O$. Die späteren von THIERFELDER (1913), welche mit besonders sorgfältig gereinigtem Cerebron ausgeführt wurden, lassen keinen Unterschied zwischen amorphem und krystallisiertem erkennen und stimmen besser zu der wasserfreien Formel.

Verhalten beim Erhitzen: Beim schnellen Erhitzen im Schmelzröhrchen erweicht es unter Annahme eines feuchten Ansehens und Ausscheidung feiner Tröpfchen bei etwa 130° und wird bei 212° flüssig (WÖRNER und THIER-

FELDER 1900). Dieses Verhalten erklärt sich aus dem Übergang in den flüssig-krystallinischen und weiter in den flüssigen Zustand. Bei ungefähr 95° beginnt es in den anisotropen flüssig-krystallinischen Zustand einzutreten und bei 130° ist es völlig in ihn eingetreten. Der Übergang der flüssig-krystallinischen in die flüssig-isotrope Modifikation, welche sich durch eine Abnahme der Viscosität deutlich anzeigt, findet bei 212—215° (*Klärungspunkt*) statt (SMITH und MAIR 1910, LAPWORTH 1913, ROSENHEIM 1914a). Klärungspunkt:

In Beziehung zu dem flüssig-krystallinischen Zustand steht auch die Neigung, Myelinformen* zu bilden (ROSENHEIM 1914a). Beim gelinden Erwärmen einer feinen Suspension in Wasser auf einem Objektträger unter dem Mikroskop sieht man die amorphen Formen plötzlich aufschwellen und mit Nadeln sich bedecken, die allmählich in die genannten Formen übergehen. Nach dem Abkühlen erkennt man, daß das Pulver Wasser aufgenommen hat und durchscheinende Kügelchen bildet, welche unter dem Polarisationsmikroskop stark anisotrop sind, das schwarze Kreuz der Sphärokrystalle zeigen und sich unter der Gipsplatte genau so verhalten, wie die aus Pyridin sich abscheidenden Sphärokrystalle (S. 16). Bildung von Myelinformen:

Über den Klärungspunkt und die Myelinformen siehe auch LEHMANN bei ROSENHEIM (1914a) und LEHMANN (1914).

Cerebron zeigt Rechtsdrehung. Drehungsvermögen:

Drehungsvermögen:

Lösungsmittel	c gr. Sbstz. in 10 ccm	t in °	l in dm	α in °	[α]D in °	
75 proz. Chloroform-Methylalkohol	0,396	50	1	+0,32	+8,1**	THIERFELDER (1913)
„	0,4572	50	1	+0,37	+8,03	KITAGAWA u. THIERFELDER (1906) dasselbe Präparat.
„	0,4583	50	1	+0,29	+6,3	
„	0,5057	50	1	+0,42	+8,4	
„	0,500	40	1	+0,37	+7,40[1]	ROSENHEIM (1916).
„	1,000	45	1	+1,04	+10,4[2]	„
Pyridin	1,000	18	1	+0,37	+3,70[1]	„
„	1,0011	20	1	+0,37	+3,70[2]	„
„	1,0046	20	1	+0,38	+3,78[2]	„
„	1,000	30	1	+0,43	+4,30[1]	„

[1] Das gleiche Präparat. [2] Das gleiche Präparat.

* Den Übergang in doppeltbrechende Myelinformen haben schon SMITH und MAIR (1910) und KAWAMURA (1911) beobachtet.

** Das Präparat war nach dem Barytverfahren dargestellt.

Polarisationsbestimmungen wurden auch von LEVENE und Mitarbeitern ausgeführt, doch ist die Reinheit der benutzten Präparate nicht festgestellt worden. LEVENE (1913a) fand für dasselbe Präparat in 3,6 proz. Chloroform-Methylalkohollösung (3 : 1) $[\alpha]_D = +9{,}5^0$, in 6 proz. $[\alpha]_D = +10{,}7^0$, in 6,66 proz. Pyridinlösung $[\alpha]_D = +4{,}14^0$. Für zwei andere fanden LEVENE und TAYLOR (1922) in Methylalkohol-Chloroform (1 : 1) $[\alpha]_D^{20^0} + = 11{,}2^0$ ($c = 0{,}041$, $l = 0{,}5$, $\alpha = +0{,}23^0$) und $[\alpha]_D^{20^0} = +9{,}7^0$ ($c = 0{,}0474$, $l = 0{,}5$, $\alpha = +0{,}23^0$)., für ein drittes dieselben Autoren (1928) in Pyridinlösung $[\alpha]_D^{20^0} = +5{,}0^0$.

Für eine aus Niere dargestellte Cerebrosidmischung, bei deren Spaltung Cerebronsäure erhalten wurde, fanden LEVENE und WEST (1917a) $[\alpha]_D^{20^0} = +14{,}00^0$ (Chloroform-Methylalkohol 1:1).

Jodzahl: Es addiert Brom. JZ 30,67.

Es vermag Tetanusgift zu binden (TAKAKI 1908).

Verhalten zu Fermenten: Von Pankreaslipase und Handelsemulsin wird es nicht gespalten, ebenso auch nicht von dem Gehirnextrakt eines Falles von Gehirnerweichung (ROSENHEIM 1916).

JUNGMANN und KIMMELSTIEL (1929) glauben innerhalb des Gehirngewebes nach dem Tode eine offenbar fermentative Abspaltung von Galaktose aus den Cerebrosiden festgestellt zu haben. Die mitgeteilten Versuche mit ihren widerspruchsvollen Ergebnissen rechtfertigen diesen Schluß nicht. Mit einer verbesserten Methode angestellte Wiederholungen ergaben sehr viel geringere Abspaltung: 9—10 vH innerhalb von 2 Stunden gegenüber früher bis zu 36 vH innerhalb 30 Minuten (KIMMELSTIEL 1929a). Die Frage bedarf weiterer Bearbeitung. Wenn die Abspaltung in der Tat stattfindet, so gäbe sie eine Erklärung für das Auffinden von Lignoceryl-Sphingosin bei der Untersuchung von Gehirnen, welche erst einige Zeit nach dem Tode in Angriff genommen wurde (S. 56).

Einwirkung von salpetriger Säure: Mit salpetriger Säure entwickelt Cerebron im Apparat von VAN SLYKE keinen Stickstoff (LEVENE und JACOBS 1912b).

Verhalten zu Laugen: Durch 1—2stündiges Erhitzen mit gesättigtem Barytwasser in kochendem Wasserbad wird es nicht oder kaum angegriffen, ebensowenig durch 1stündiges Erhitzen in einer 2,8 vH Ätznatron enthaltenden methylalkoholischen Lösung (LOENING und THIERFELDER 1912).

3. Verbindungen des Cerebrons (Phrenosins).

Von Cerebron und ebenso den anderen Cerebrosiden sind verhältnismäßig wenig Verbindungen und Derivate bekannt. Von diesen ist kaum eine für die Trennung von anderen Substanzen und voneinander brauchbar. Dagegen haben manche von ihnen für die Aufklärung der Konstitution gute Dienste geleistet.

Bromverbindung:

Dibromverbindung, in Benzol leicht, in Äther und Alkohol weniger leicht löslich (Kossel und Freytag 1893, siehe auch Levene und Jacobs 1912b).

Acetylverbindung:

Hexaacetylverbindung, in Wasser unlöslich, in allen organischen Flüssigkeiten leicht löslich. Schmp. 40—41°. 10,1 proz. Lösung in 75 vH Chloroform haltigem Methylalkohol ($l = 1$, $\alpha = -0{,}31^0$) $[\alpha]_D^{17^0} = -3^0$ (Thierfelder 1914a). Levene und West (1917) fanden Schmp. 41—43° und für eine 7 proz. Lösung in Chloroform-Methylalkohol (1 : 1) ($l = 0{,}5$, $\alpha = -0{,}39^0$) $[\alpha]_D^{20^0} = -11{,}07^0$. Vielleicht war in diesem Fall das für die Acetylierung benutzte Präparat nicht frei von Kerasin, welches ein stark linksdrehendes Acetylderivat gibt.

Benzoylverbindung:

Tribenzoylverbindung, scheidet sich aus heißem Methylalkohol je nach der Konzentration als beim Abkühlen erstarrendes Öl oder nahezu krystallisiert ab. Leicht löslich in Aceton, Benzol, Petroläther, Chloroform, Essigsäure, Pyridin. Schm. 65—66°. $[\alpha]_D^{20^0}$ (für eine 7 proz. Lösung in Chloroform-Methylalkohol, $l = 0{,}5$, $\alpha = +0{,}75^0$) $= +21{,}1^0$. Die Analysen stimmen nicht gut mit der Theorie (Levene und West 1917, p. 644). Nach Levene und West kann durch Benzoylierung Kerasin, dessen Benzoylderivat in Methylalkohol bei 0° löslich ist, von kleinen Mengen Phrenosin befreit werden.

Cinnamoyl-, Nitrobenzoylverbindung:

Cinnamoyl- und p-Nitrobenzoylverbindungen sind von Levene und West (1917) dargestellt worden.

Methylverbindung:

Methylverbindung, und zwar ein Körper, der zwischen Penta- und Hexamethyl steht, bildet sich bei der Methylierung von Cerebron mit Silberoxyd und Jodmethyl. Weiße, amorphe, pulverisierbare Masse. Schmp. 35—40°. In 0,53 proz. methylalkoholischer Lösung $[\alpha]_D^{16^0} = +7{,}5^0$ (Pryde und Humphreys 1924).

Barytverbindung:

Barytverbindung (Kossel und Freytag 1893).

Bleiverbindung:

Bleiverbindung. Aus alkoholischer Lösung des Cerebrons fällt sie auf Zusatz von ammoniakalischem Bleiacetat quantitativ aus (Klenk 1925).

4. Reaktionen des Cerebrons (Phrenosins).

Reaktionen: Mit konzentrierter Schwefelsäure gibt es zuerst Gelb-, dann Purpurfärbung, welche auf Anwesenheit von Galaktose und Sphingosin beruht (THUDICHUM 1901 S. 183).

Verteilt man eine Spur in $^1/_2$ ccm Wasser durch kurzes Erhitzen, fügt nach dem Erkalten einen Tropfen einer 15 proz. Lösung von α-Naphthol in Methylalkohol und 1 ccm *reiner* konzentrierter Schwefelsäure hinzu und schüttelt stark, so färbt sich die Flüssigkeit violett (Reaktion von MOLISCH), beruhend auf der Anwesenheit von Galaktose.

Kocht man eine Spur mit Orcin und eisenchloridhaltiger konzentrierter Salzsäure, so entsteht Grün-Blaugrünfärbung, ebenfalls auf der Anwesenheit von Galaktose beruhend (FRÄNKEL und LINNERT 1910a).

5. Charakterisierung des Cerebrons (Phrenosins) und Prüfung auf Reinheit

Prüfung auf Reinheit: a) Ein völlig reines Präparat gibt auch in größerer Menge (einige Zehntel Gramm) nach Veraschen mit Soda und Salpeter keine Spur einer Phosphorsäurereaktion mit molybdänsaurem Ammoniak.

b) Krystallisationsprobe. Ein völlig reines Präparat muß in einem kleinen, mit Steigrohr versehenen Rundkölbchen, mit einer zur Lösung auch beim Sieden unzureichenden Menge 10 vH Chloroform enthaltendem Methylalkohols versetzt, beim Kochen auf dem Wasserbad sich in kurzer Zeit seiner ganzen Menge nach in prächtige, dem Cholesterin ähnliche Krystalle verwandeln. Beobachtet man bei der mikroskopischen Betrachtung noch amorphe Formen, so ist mit der Reinigung fortzufahren (LOENING und THIERFELDER 1910).

c) Gipsplattenprobe. Zur Prüfung, ob dem Phrenosin noch Kerasin oder umgekehrt dem Kerasin noch Phrenosin beigemengt ist, gibt ROSENHEIM (1914) folgende Probe an, welche auf dem verschiedenen Verhalten beider Cerebroside unter dem Polarisationsmikroskop beruht. Man löst eine kleine Menge (8—10 mg) in einem kleinen Reagensglas (0,5 × 4 cm) in zwei Tropfen Pyridin bei etwa 37°, bringt einen Tropfen mittels einer warmen Capillarpipette auf einen erwärmten Objektträger, bedeckt mit einem Deckglas und läßt langsam erkalten. Es bilden sich Sphärokrystalle zuerst an den Rändern, wodurch das weitere Verdunsten des Lösungsmittels verhindert wird. Da die Krystalle denselben Brechungsindex wie das Pyridin haben, so sind sie bei gewöhnlichem Licht unter dem Mikroskop kaum sichtbar. Im polarisierten Licht mit gekreuzten Nicols heben sie sich hell von dem dunkeln Untergrund ab und zeigen das wohlausgebildete Kreuz. Bringt man nun die Gipsplatte mit Rot I unmittelbar über dem Polarisator so an, daß ihre Achse diagonal zu den Polarisationsebenen der gekreuzten Nicols liegt, so beobachtet man einen charakteristischen Unterschied zwischen Phrenosin und Kerasin. Auf dem roten Hintergrund erscheinen die Krystalle in Quadranten geteilt, von denen zwei entgegengesetzte die Additionsfarbe Blau, die anderen beiden die Subtraktionsfarbe Gelb zeigen, und zwar sind bei der in der nebenstehenden Abbildung wiedergegebenen relativen Stellung des Achsenkreuzes der Sphärolithe und der durch den Pfeil gekennzeichneten α-Achse der Gipsplatte beim Phrenosin die oberen rechten und die unteren linken, beim Kerasin umgekehrt die oberen linken und die unteren rechten Quadranten blau. Es sei hier darauf hingewiesen, daß die in der Arbeit von ROSENHEIM angegebene Achsenrichtung der Gipsplatte die γ-Achse darstellt*.

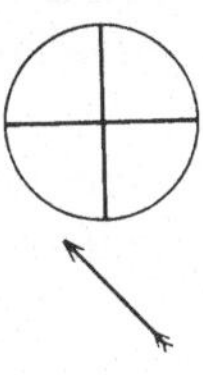

An Stelle der Sphärolithe haben wir beim Phrenosin auch vielfach das Auftreten dichter, wahrscheinlich aus einzelnen Nadeln bestehender Krystallbüschel beobachtet, die federartig sich aneinanderreihen. Diejenigen Büschel, deren Längsrichtung mit der α-Achse der Gipsplatte parallel verläuft, sind dann gelb gefärbt.

Beim Nervon erfolgt die Abscheidung immer in Form von gut ausgebildeten Nadelbüscheln, die nach einigem Stehen sich gegenseitig filzartig durchwachsen. Die Farbenanordnung ist umgekehrt wie beim Phrenosin**, d. h. diejenigen Nadeln, deren Längsrichtung mit der α-Achse parallel verläuft, sind blau gefärbt.

---

* Privatmitteilung von Herrn Prof. ROSENHEIM.

** Die Angabe von KLENK (1925), daß die Farbenanordnung dieselbe ist wie beim Cerebron, beruht auf einem Mißverständnis. Er hat seiner Angabe über das Nervon, wie bei uns üblich, die Richtung der α-Achse der Gipsplatte zugrunde gelegt und nahm, ohne von der in England üblichen Weise, die γ-Achse als Hauptachse zu bezeichnen, Kenntnis zu haben, an, daß dies auch für die Angaben von ROSENHEIM über Phrenosin und Kerasin zutrifft.

Liegt ein Gemisch von verschiedenen Cerebrosiden vor, so erscheinen nach ROSENHEIM zuerst die Formen des Phrenosins, nach einigen Stunden treten auch die Formen vom optisch entgegengesetzten Charakter auf, häufig so, daß sie die des Phrenosins umwachsen.

In den Händen von ROSENHEIM hat sich die Probe gut bewährt. Sie ist nur anwendbar, wenn die zu prüfende Substanz völlig phosphorfrei ist, und auch dann scheint man nach unseren Erfahrungen zuweilen noch mit Unregelmäßigkeiten rechnen zu müssen. So haben wir vereinzelt bei Präparaten von noch nicht ganz reinem, jedoch phosphorfreiem Cerebron vorwiegend die für das Kerasin charakteristischen Formen beobachtet, und zwar erfolgte die Abscheidung zunächst ausschließlich in diesen Formen, erst später kamen auch noch solche vom entgegengesetzten Typ hinzu.

d) Bestimmung der Jodzahl, die am besten nach dem Verfahren von ROSENMUND und KUHNHENN (1923) in der Modifikation von KLENK (1925) ausgeführt wird. Die Jodzahlen sind für das Cerebron 30,67, Kerasin ($C_{48}H_{93}NO_8 + H_2O$) 30,6, Nervon 62,7.

e) Bestimmung der spezifischen Drehung.

Mit den beiden letzteren Verfahren lassen sich natürlich nur reichlichere Beimengungen feststellen.

f) Zur endgültigen Charakterisierung muß die Spaltung gefordert werden, bei der andere Fettsäuren als Cerebronsäure nicht auftreten dürfen.

6. Spaltung des Cerebrons (Phrenosins).

Bei der Spaltung entstehen Cerebronsäure, Sphingosin und Galaktose zu gleichen Molekülen nach der Gleichung:

$$C_{48}H_{93}NO_9 + 2\,H_2O = C_{24}H_{48}O_3 + C_{18}H_{37}NO_2 + C_6H_{12}O_6.$$

46,4 vH Cerebronsäure, 36,2 vH Sphingosin, 21,7 vH Galaktose.

Alle drei Spaltungsprodukte sind zuerst von THUDICHUM aufgefunden worden. Der Säure hat er die Formel $C_{18}H_{36}O_2$ und den Namen Neurostearinsäure gegeben (THUDICHUM 1880, 1901 S. 194). THIERFELDER (1904) fand später, daß es sich um eine Oxysäure handelt und schrieb ihr die Formel $C_{25}H_{50}O_3$ zu, erst KLENK (1928, 1928a) erkannte, daß $C_{24}H_{48}O_3$ die richtige Formel ist.

Dem Sphingosin wurde allgemein die von THUDICHUM gefundene Zusammensetzung $C_{17}H_{35}NO_2$ zugeschrieben. Erst neue Untersuchungen von KLENK (1929) zeigten, daß ihm die Formel $C_{18}H_{37}NO_2$ zukommt.

Den Zucker* hielt THUDICHUM (1876, 1880) für eine bisher unbekannte Hexose und nannte sie Cerebrose; daß in ihm d-Galaktose vorliegt, zeigten THIERFELDER (1890) und bald darauf BROWN und MORRIS (1890).

Die Spaltung kann in wässeriger (THUDICHUM 1901, S. 184, THIERFELDER 1904, LEVENE und MEYER 1917) oder alkoholischer Schwefelsäure (THUDICHUM 1880, THIERFELDER 1905, ROSENHEIM 1916, LEVENE und MEYER 1917) ausgeführt werden.

Am besten spaltet man nach THIERFELDER (1905) mit methylalkoholischer Schwefelsäure. Dabei geht die Cerebronsäure zum Teil in den Methylester, das Sphingosin zum Teil in das Methylsphingosin (LEVENE und JACOBS 1912, RIESSER und THIERFELDER 1912), die Galaktose in Methylgalaktosid über.

Man erhitzt etwa 3g in einem Rundkolben mit 150 ccm 10 vol.proz. Schwefelsäure** enthaltendem Methylalkohol 3 bis 4 Stunden am Rückflußkühler auf kochendem Wasserbad, läßt die farblose Flüssigkeit auf 0° abkühlen, saugt den entstandenen Niederschlag ab und wäscht ihn mit kaltem Methylalkohol aus. Ausführung:

a) Der Filterrückstand (Cerebronsäure und Cerebronsäuremethylester) wird mit methylalkoholischer Natronlauge verseift, das erhaltene Natronsalz aus Alkohol umkristallisiert und nach Zusatz von Schwefelsäure die freie Säure mit Äther ausgeschüttelt. Die ätherische Lösung wird durch Schütteln mit Wasser von Schwefelsäure befreit und verdunstet. Es hinterbleibt Cerebronsäure (S. 29).

b) Das Filtrat wird nach Zusatz von etwas Wasser mit Petroläther ausgeschüttelt (um Spuren von Säure und Ester zu entfernen), darauf nach Zufügen von mehr Wasser (etwa 300 ccm im Ganzen) einige Zeit in kochendem Wasserbad erhitzt und dann in einer Schale eingeengt. Beim Erkalten scheidet sich an der Oberfläche eine zusammenhängende weiße oder schwach rötliche Masse ab, welche nach Verreiben mit Wasser abfiltriert und mit Wasser gewaschen wird.

α) Filterrückstand. Seine alkoholische Lösung hinterläßt beim Verdunsten Sphingosin- und Methylsphingosinsulfat, welche durch Krystallisation aus Alkohol getrennt werden, in dem letzteres

---

* Die ersten Angaben über das Vorkommen von Zucker unter den Spaltungsprodukten von Gehirnstoffen rühren her von BAEYER und LIEBREICH (1867), OTTO bei KÖHLER (1867, S. 272), DIAKONOW (1868a).

** Es genügt auch 10 gewichtsprozentige Schwefelsäure.

leichter löslich ist als ersteres. Zur Reinigung löst man die Sulfate in alkoholischer Natronlauge, schüttelt die freien Basen nach Zufügen von Wasser mit Äther aus, verdunstet den Äther, löst den Rückstand in Alkohol und bringt das Sphingosin durch vorsichtigen Zusatz von alkoholischer Schwefelsäure wieder als schön krystallisierendes Sulfat (S. 45), das Methylsphingosin durch vorsichtigen Zusatz von alkoholischer Salzsäure als schön krystallisierendes Chlorid (S. 49) zur Abscheidung.

β) *Filtrat.* Es kann daraus nach Abstumpfen der Schwefelsäure mit Natriumacetat die d-Galaktose mit Methylphenylhydrazin als Hydrazon zur Abscheidung gebracht werden (ROSENHEIM 1916).

Isolierung der Galaktose: Zur Isolierung der Galaktose als solcher spaltet man das Cerebron am besten mit 7proz. wässeriger Schwefelsäure durch mehrstündiges Erhitzen im siedenden Wasserbad, filtriert vom Ungelösten ab und entfernt aus dem Filtrat die Schwefelsäure mit Barytwasser, den überschüssigen Baryt mit Kohlensäure. Nach dem Einengen des Filtrats und nochmaligem Filtrieren krystallisiert Galaktose aus (THIERFELDER 1904). Sie wird durch Überführen in Schleimsäure und in das oben erwähnte Hydrazon charakterisiert.

Kerasin.

$C_{48}H_{93}NO_8$

M.G. 811,78 C 70,95 vH H 11,55 vH N 1,73 vH JZ 31,3

$C_{48}H_{93}NO_8 + H_2O$

M.G. 829,8 C 69,41 vH H 11,54 vH N 1,69 vH JZ 30,6

```
                      CH3 - (CH2)21 - CH2 - CO     Lignocerinsäure
                                              |
                                  OH          NH
                                  :           :
                                  3      2    1
CH3 - (CH2)12 - CH = CH - CH - CH - CH2*  Sphingosin
                                         |
                                         O
                                         |
        CH2OH - CH - (CHOH)3 - CH              Galaktose
                     \                /
                            O
```

* Die Verteilung der OH- und der NH_2-Gruppen auf die Kohlenstoffe 1, 2 und 3 ist noch nicht entschieden.

Historisches: Kerasin, wenn auch noch in unreinem Zustande, wurde zuerst von THUDICHUM (1874) aus dem Gehirn gewonnen, später auch von PARCUS (1881), der es Homocerebrin nannte und von KOSSEL und FREYTAG (1893). Den reinen Körper hat wohl erst ROSENHEIM (1916) aus dem Gehirn dargestellt. Indessen bezweifeln LEVENE und WEST (1917), ob auch dieses Präparat ganz frei von Cerebron ist. Doch scheinen uns ihre Ausführungen nicht stichhaltig.

Zusammensetzung: Es besteht aus je einem Molekül Lignocerinsäure, Sphingosin und Galaktose, die unter Austritt von zwei Molekülen Wasser zusammengefügt sind.

Konstitution: Über die Konstitution siehe obige Formel und S. 56.

Vorkommen: Es findet sich im Nervengewebe und gespeichert in der Milz und Leber bei der GAUCHERschen Krankheit (Spleno-Hepatomegalie Typus GAUCHER) (LIEB 1924, 1927; LIEB und MLADENOVIĆ 1929). In ganz kleinen Mengen ist es auch in der normalen Rindermilz nachgewiesen (WALZ 1927).

1. Darstellung des Kerasins.

Darstellung aus Gehirn nach ROSENHEIM siehe S. 7.

Darstellung aus der GAUCHER-Milz und -Leber nach LIEB (1924).

Der bei 45° im Luftstrom getrocknete Milzbrei wurde mit Äther und dann bei 40° mit 96proz. Alkohol extrahiert, der alkoholische Auszug mit kalt gesättigter, wässeriger Sublimatlösung gefällt, der voluminöse gelatinöse Niederschlag in Alkohol suspendiert und in der Hitze mit Schwefelwasserstoff zerlegt. Aus dem heißen Filtrat schied sich nach dem Erkalten eine voluminöse Gallerte ab, die mit Hilfe von Tierkohle völlig farblos erhalten werden konnte und wie gekochtes Hühnereiweiß aussah. Ausbeute: 8—9 vH der getrockneten Milz. In einem anderen Falle (LIEB 1927) wurde die Fällung mit Sublimat unterlassen; Ausbeute etwa die gleiche.

Aus GAUCHER-Leber wurde mit Hilfe der Sublimatfällung Kerasin in einer Ausbeute von 1,43 vH des Trockenpulvers erhalten (LIEB und MLADENOVIĆ 1929).

2. Eigenschaften des Kerasins.

Löslichkeit: Weiße, amorphe Substanz, welche im Vakuum über Schwefelsäure getrocknet, der Formel $C_{48}H_{93}NO_8 + H_2O$ einigermaßen entspricht (ROSENHEIM 1916). Das Wasser geht im Vakuum bei 125°

fort (LIEB 1924) und die Analysen der so getrockneten Substanz entsprachen der Formel $C_{48}H_{93}NO_8$. Es zeigt ganz ähnliche Lösungsverhältnisse wie das Cerebron; unlöslich in Wasser, Äther, Petroläther; löslich in Pyridin, und in der Wärme in Alkohol, Benzol, Eisessig, Essigester, Aceton (reichlicher in 10 vH Wasser enthaltendem, ROSENHEIM 1914) und Chloroform. *Es ist im allgemeinen in der Wärme leichter löslich als Cerebron* (Alkohol, Aceton), so daß die Abscheidung des Kerasins beim Abkühlen später erfolgt als die des Cerebrons. Auf dieser zuerst von THUDICHUM festgestellten Eigenschaft beruht im wesentlichen die Trennung beider voneinander (siehe das Darstellungsverfahren). Aus seiner alkoholischen Lösung scheidet es sich beim Abkühlen in zusammenhängender Gallerte aus, die im Vakuum getrocknet leicht pulverisiert werden kann, und beim Trocknen an der Luft zu einer weißen, durchsichtigen, wachsartigen Masse wird. Beim langsamen Abkühlen verdünnter alkoholischer Lösungen erscheinen kugelige Gebilde, die unter dem Mikroskop krystallinische Struktur zeigen und aus radiär angeordneten Krystallen und rosettenartigen Gebilden bestehen.

Art der Abscheidung:

Über sein Verhalten unter dem Polarisationsmikroskop und der Gipsplatte siehe S. 16.

Bildung flüssiger Krystalle: Es geht beim Erwärmen ebenso wie das Cerebron in den flüssig-krystallinischen Zustand über und bei weiterem Erhitzen schmilzt es bei 180° (Klärungspunkt, ROSENHEIM 1914a), 185—187° (LIEB und MLADENOVIĆ 1929).

Klärungspunkt:

Bildung von Myelinformen: Myelinformen gibt es wie das Cerebron, wenn auch nicht so leicht (ROSENHEIM 1914a, LEHMANN bei ROSENHEIM 1914a).

Über das Verhalten zu Farbstoffen siehe KAWAMURA (1911), ROSENHEIM (1914a).

Fällung durch Sublimat siehe S. 21.

Drehungsvermögen: Kerasin zeigt Linksdrehung, deren Stärke von Lösungsmittel, Temperatur und Konzentration abhängig zu sein scheint. Aber auch unter denselben Bedingungen wurden für verschiedene Präparate verschiedene Werte ermittelt. Die Angaben sind in der folgenden Tabelle zusammengestellt, die von LEVENE und WEST (1917) gefundenen Werte, welche übrigens von denen ROSENHEIMs nicht sehr abweichen, sind weggelassen, da sie sich auf Präparate beziehen, welche nach dem Ergebnis der Hydrolyse nicht ganz rein waren.

Lösungsmittel	c g. Sbstz. in 10 ccm	t in ⁰	l in dm	α in ⁰	$[\alpha]_D$ in ⁰	
Pyridin	0,8527	18	1	−0,77	−9,03[3]	LIEB u. MLADENOVIĆ (1929)
„	0,9004	18	1	−0,25	−2,78[1]	ROSENHEIM (1916)
„	0,9132	20	1	−0,25	−2,74[1]	„
„	0,987	15	0,5	−0,45	−9,12[5]	WALZ (1927)
„	1,000	18	1	−0,25	−2,50[1]	ROSENHEIM (1916)
„	1,0052	25	1	−0,38	−3,78[2]	„
„	1,0501	25	1	−0,39	−3,71[1]	„
Abs. Alkohol	0,4115	59	1	−0,16	−3,89[3]	LIEB u. MLADENOVIĆ (1929)
„	0,4115	59	1	—	−4,52[4]	LIEB (1924)
Chloroform	0,307	56	1	−0,35	−11,59[3]	LIEB u. MLADENOVIĆ (1929)
„	0,3023	56	1	—	−9,37[4]	LIEB (1924)
Chloroform mit 10 vH Pyridin	0,2723	57	1	—	−10,99[4]	„
„	0,2723	57	1	−0,25	−9,18[3]	LIEB u. MLADENOVIĆ (1929)
„	0,2854	57	0,5	−0,125	−8,76[5]	WALZ (1927)
„	1,0044	50	1	−0,51	−5,08[1]	ROSENHEIM (1916)
Pyridin-Aceton (1:1)	0,5025	50	1	−0,23	−4,58[2]	„

[1] Das gleiche Präparat. [2] Das gleiche Präparat. [3] Das gleiche Präparat. [4] Das gleiche Präparat. [5] Das gleiche Präparat.

Der Aufklärung bedarf noch der Unterschied in der Drehung der Präparate einerseits aus Gehirn (ROSENHEIM), anderseits aus Milz (LIEB, WALZ) in Pyridin und pyridinhaltigem Chloroform.

Jodzahl:

Es addiert Brom. JZ. 31,3, bzw. 30,6 (Seite 20).

Einwirkung von salpetriger Säure:

Mit salpetriger Säure entwickelt es im Apparat von VAN SLYKE keinen Stickstoff (LEVENE und JACOBS 1912b).

Einwirkung von Barytwasser:

Durch 1 stündiges Erhitzen mit gesättigtem Barytwasser auf kochendem Wasserbad wird es nicht, jedenfalls nicht wesentlich, verändert (WALZ 1927).

3. Verbindungen des Kerasins.

Siehe das S. 15 für das Cerebron Gesagte.

Bromverbindung:

Dibromverbindung, nicht krystallisierend, linksdrehend (KOSSEL und FREYTAG 1893, LEVENE und JACOBS 1912b).

Acetylverbindung:

Pentaacetylverbindung, amorph, zeigt dieselben Löslichkeitsverhältnisse wie das Hexaacetylcerebron, nur in Methylalkohol weniger löslich (THIERFELDER 1914a). LEVENE und WEST (1917) fanden den Schmelzpunkt bei 54—56⁰ und $[\alpha]_D^{20^0} = -16{,}46^0$ (Lösung in Chloroform-Methylalkohol 1:1).

Benzoylverbindung: *Benzoylverbindung* (nicht analysiert) in kaltem Methylalkohol löslich, nach LEVENE und WEST (1917) zur Trennung von Kerasin und Phrenosin bis zu einem gewissen Grade geeignet.

Methylverbindung: *Pentamethylverbindung* entsteht bei der Methylierung von Kerasin mit Jodmethyl und Silberoxyd als weiße, amorphe, pulverisierbare Verbindung. Schmelzpunkt etwa 73° (PRYDE und HUMPHREYS 1924).

Barytverbindung: *Barytverbindung* (KOSSEL und FREYTAG 1893).

4. Reaktionen des Kerasins, Charakterisierung und Prüfung auf Reinheit.

Reaktionen: Die Reaktionen sind dieselben wie bei Cerebron (S. 16).

Prüfung auf Reinheit: Als Prüfungen auf Reinheit kommen die S. 16 für das Cerebron angegebenen in Betracht, mit Ausnahme der Krystallisationsprobe. Zur endgültigen Charakterisierung muß auch hier die Spaltung gefordert werden, bei der andere Säuren als Lignocerinsäure nicht auftreten dürfen.

5. Spaltung des Kerasins.

Bei der Spaltung entstehen Lignocerinsäure, Sphingosin und Galaktose zu gleichen Molekülen nach der Gleichung:

$$C_{48}H_{93}NO_8 + 2H_2O = C_{24}H_{48}O_2 + C_{18}H_{37}NO_2 + C_6H_{12}O_6.$$

45,4 vH Lignocerinsäure, 36,9 vH Sphingosin, 22,2 vH Galaktose.

Die ersten ganz unzureichenden Spaltungsversuche wurden von THUDICHUM (1901 S. 218) ausgeführt. Er schloß aus ihnen auf das Auftreten von Galaktose und Sphingosin und fügte die Bemerkung hinzu, daß der spezifische Unterschied zwischen den beiden Cerebrosiden (Phrenosin, Kerasin) auf das Radikal der Fettsäure zurückzuführen zu sein scheine.

Den Nachweis des Sphingosins und der Galaktose erbrachten THIERFELDER (1913) und ROSENHEIM (1916). Die Säure $C_{24}H_{48}O_2$ wurde als charakteristisches Spaltungsprodukt des Kerasins zuerst von THIERFELDER (1913) isoliert und als Kerasinsäure bezeichnet. Daß sie mit der Lignocerinsäure identisch ist, stellten LEVENE (1913a) und ROSENHEIM (1913a, 1916) fest.

Die Spaltung geschieht am besten nach THIERFELDER (1913) mit methylalkoholischer Schwefelsäure.

Dabei geht die Lignocerinsäure in den Methylester und das Sphingosin zum Teil in eine Base über, deren Natur noch nicht feststeht (siehe S. 43 unten und 49 in der Mitte), die Galaktose in das Methylgalaktosid.

Ausführung: Man erhitzt etwa 3 g in einem Rundkolben mit etwa 250 ccm 10 vol. proz. Schwefelsäure* enthaltendem Methylalkohol 7—8 Std.

---

* Es genügt auch 10 gewichtsprozentige Schwefelsäure.

auf kochendem Wasserbad am Rückflußkühler, läßt auf 0° abkühlen und saugt den Niederschlag ab.

a) Filterrückstand. Er wird durch Kochen mit alkoholischer Kalilauge verseift, die Lösung eingeengt, der sich beim Erkalten abscheidende Niederschlag abgesaugt und im Scheidetrichter mit Schwefelsäure und Äther geschüttelt. Die mit Wasser gewaschene ätherische Lösung hinterläßt beim Verdunsten Lignocerinsäure, welche aus Alkohol umkrystallisiert wird.

b) Filtrat. Es wird ebenso behandelt wie bei der Cerebronspaltung (S. 19) beschrieben.

α) Filterrückstand. Bei der Krystallisation aus Alkohol scheidet sich das schwerlösliche Sphingosinsulfat ab, während ein lösliches Sulfat in der Mutterlauge bleibt. Die Reinigung des ersteren geschieht wie bei der Cerebronspaltung angegeben. Das leichtlösliche Sulfat führt man in die freie Base über (Lösen in alkoholischer Natronlauge, Zufügen von Wasser und Ausschütteln mit Äther, bei dessen Verdunsten sie krystallisiert) und leitet in ihre Lösung in wasserfreiem Äther Salzsäuregas ein. Das Chlorid scheidet sich ab, wird abfiltriert, mit Äther und Aceton gewaschen und aus einer Mischung von Alkohol und Aceton umkrystallisiert (ROSENHEIM 1916). Wegen dieses Chlorids siehe S. 43 unten und 49 in der Mitte.

β) Filtrat. Es enthält d-Galaktose, deren Identifizierung und Isolierung, wie bei der Cerebronspaltung angegeben, geschieht.

Nervon $C_{48}H_{91}NO_8$.

M.G. 809,74 C 71,13 vH H 11,33 vH N 1,73 vH JZ 62,7.

```
CH3 - (CH2)7 - CH = CH - (CH2)13 - CO          Nervonsäure
                                    |
                         OH         NH
                         |          |
                        (3)   (2)  (1)
CH3 - (CH2)12 - CH = CH - CH - CH - CH2*       Sphingosin
                               |
                               O
                               |
CH2OH - CH - (CHOH)3 - CH                      Galaktose
          \             /
           ------O------
```

Zusammensetzung: Es besteht aus je 1 Mol. Nervonsäure, Sphingosin und Galaktose, die unter Austritt von 2 Mol. Wasser zusammengefügt sind.

* Die Verteilung der OH- und NH_2-Gruppen auf die Kohlenstoffe 1, 2 und 3 ist noch unsicher.

Konstitution: Über die Konstitution siehe obige Formel und S. 56.

Vorkommen: Es wurde von KLENK (1925) aus dem Gehirn dargestellt und ist bisher nur hier gefunden.

1. Darstellung des Nervons.

Den reinen Körper erhielt KLENK bei der Aufarbeitung der Acetonfällung des Ätherextraktes von 97 im Luftstrom getrockneten Rindergehirnen. Das zur Entfernung des Cholesterins nochmals in Petroläther gelöste und wieder mit Aceton gefällte Material wurde in mehreren Portionen mit insgesamt 20 Liter 96proz. Alkohol durch Zerreiben in einer großen Reibschale ausgezogen. Die alkoholischen Auszüge wurden mit heiß gesättigter, methylalkoholischer, etwas Ammoniak enthaltender Bleiacetatlösung versetzt und die Fällungen abfiltriert. Aus den Filtraten ließen sich durch Zusatz von etwas alkoholischem Ammoniak weitere Fällungen in kleineren Mengen erhalten. Die vereinigten Niederschläge (166 g) wurden in dem etwa 15fachen Volumen heißen 96proz. Alkohols suspendiert und durch Schwefelwasserstoff bei Siedetemperatur zerlegt. Aus dem Filtrat schied sich beim Abkühlen im Eisschrank ein Niederschlag ab; die eingeengte Mutterlauge lieferte noch einen zweiten. Beim Verreiben und Schütteln der beiden vereinigten Niederschläge mit Aceton, welches in 100 ccm 1 ccm konzentrierte Salzsäure enthielt, ging phosphorhaltige Substanz in Lösung. Nach Abfiltrieren und Auswaschen betrug die Menge 20 g. Es wurden nun 11,5 g davon in der etwa 8fachen Menge Chloroform-Methylalkohol (1:3) gelöst, beim Abkühlen auf Zimmertemperatur schieden sich 4,5 g eines phosphorarmen Produkts ab. Durch Einengen des Filtrats und Abkühlen auf 0° erhielt man eine zweite, phosphorreichere Abscheidung (5,5 g). Die erste Abscheidung wurde zur Entfernung des letzten Restes von phosphorhaltiger Substanz in der 40fachen Menge heißen Methylalkohols gelöst und die Lösung mit einer methylalkoholischen Lösung von 0,5 g Cadmiumacetat in wenig methylalkoholischem Ammoniak versetzt, worauf eine geringe Menge einer sehr phosphorreichen Substanz ausfiel. Die aus dem Filtrat nach Entfernung des Cadmiums mit Schwefelwasserstoff beim Abkühlen aufgetretene Abscheidung war phosphorfrei. Die aus der 15fachen Menge Aceton-Pyridin (1:1) umkrystallisierte Substanz hatte die Jodzahl 60,9 bzw. 61,6, durch Fraktionieren aus Chloroform-Methylalkohol ließ sie sich auf 63,2 bringen (welche mit dem theoretischen Wert übereinstimmt). 1,8 g der aus Aceton-Pyridin (1:1) umkrystallisierten Substanz lieferten 0,5 g dieses Körpers.

2. Eigenschaften des Nervons*.

Weiße, zerreibliche Masse, welche, im Vakuum über Schwefelsäure getrocknet, der Formel $C_{48}H_{91}NO_8$ entspricht.

Löslichkeit: In seinen Löslichkeitsverhältnissen stimmt es mit den anderen Cerebrosiden, insbesondere mit dem Kerasin, überein. Diesem gleicht es auch in der Art, wie es sich aus Methylalkohol abscheidet. Art der Abscheidung: Die Abscheidung bildet eine nicht an der Wandung haftende, zusammenhängende Masse, die die ganze Flüssigkeit ausfüllt und das Lösungsmittel so festhält, daß das Gefäß ohne Gefahr umgedreht werden kann. Die krystallinische Struktur ist schon makroskopisch zu erkennen. Mikroskopisch sieht man feinste Nädelchen, die von einem Punkt radiär ausstrahlen und so große Rosetten bilden. Einlagerungen sind nicht vorhanden.

Unter dem Polarisationsmikroskop und der Gipsplatte verhält es sich wie Kerasin (S. 16).

Klärungspunkt: Es schmilzt bei 180° (Klärungspunkt), nachdem es schon lange vorher in halbflüssigen Zustand übergegangen ist; auch unreine Präparate verhalten sich ebenso.

Drehungsvermögen: Es zeigt Linksdrehung. Die Drehung konnte bisher nur an einem noch nicht ganz reinen Präparat mit der Jodzahl 61 bestimmt werden. $[\alpha]_D^{16^0} = -4{,}33^0$ (10proz. Lösung in Pyridin, $l = 2$ und $\alpha = -0{,}81^0$).

Jodzahl: Es addiert Brom. JZ. 62,7.

3. Verbindungen des Nervons.

Bleiverbindung. Durch alkoholisches Bleiacetat und Ammoniak wird es aus der heißen alkoholischen Lösung gefällt (Klenk 1925). Weitere Verbindungen sind noch nicht dargestellt.

* Alle Angaben über das Nervon stammen von Klenk (1925).

4. Reaktionen des Nervons, Charakterisierung und Prüfung auf Reinheit.

Reaktionen: Die Reaktionen sind dieselben wie bei Cerebron und Kerasin (S. 16).

Prüfung auf Reinheit: Zur Prüfung auf Reinheit kommen die S. 16 bei Cerebron aufgeführten Proben in Betracht, mit Ausnahme der „Krystallisationsprobe". Bei der Gipsplattenprobe ist zu berücksichtigen, daß Kerasin und Nervon sich gleich verhalten; bei der Polarisationsprobe, daß Kerasin und Nervon Linksdrehung zeigen.

Sehr charakteristisch ist auch die Art der Abscheidung aus Methylalkohol. Aus der heißen Lösung muß sie in der S. 27 beschriebenen Weise erfolgen. Amorphe Einlagerungen dürfen nicht vorhanden sein.

Zur endgültigen Charakterisierung muß die Spaltung gefordert werden, bei der keine andere Säure als Nervonsäure auftreten darf.

5. Spaltung des Nervons.

Bei der Spaltung entstehen Nervonsäure, Sphingosin und Galaktose zu gleichen Molekülen nach der Gleichung:

$$C_{48}H_{91}NO_8 + 2\,H_2O = C_{24}H_{46}O_2 + C_{18}H_{37}NO_2 + C_6H_{12}O_6.$$

45,2 vH Nervonsäure, 37,0 vH Sphingosin, 22,2 vH Galaktose.

Alle Spaltprodukte sind von Klenk isoliert und identifiziert worden. Die Spaltung erfolgt in der für das Cerebron angegebenen Weise S. 18 (durch Kochen mit methylalkoholischer Schwefelsäure). Die Säure geht dabei in den Ester über. Er wird der schwefelsauren Lösung durch Ausschütteln mit Petroläther entzogen. Nach Anwesenheit von Methylsphingosinsulfat ist nicht geforscht worden (Klenk 1925).

Oxynervon $C_{48}H_{91}NO_9$.

M.G. 825,74 C 69,76 vH H 11,11 vH N 1,70 vH JZ 61,5.

Dieses Cerebrosid, welches aus Oxynervonsäure, Sphingosin und Galaktose bestehen muß, ist zwar noch nicht dargestellt worden; an seiner Existenz ist aber nicht zu zweifeln, denn die bei der Spaltung eines Cerebrosidgemenges isolierte Oxynervonsäuremenge war eine so große (sie betrug 30—40 vH der Gesamtmenge der gewonnenen Säuren), daß eine andere Art des Vorkommens als die innerhalb eines Cerebrosids nicht gut annehmbar ist (Klenk 1926b).

Produkte vollständiger Spaltung der Cerebroside.

Fettsäuren.

A. Eigenschaften der Fettsäuren.

Cerebronsäure $C_{24}H_{48}O_3$.

M.G. 384,38 C 74,92 vH H 12,59 vH O 12,49 vH.

$CH_3 - (CH_2)_{21} - CH(OH) - COOH$.

Über die Konstitution siehe obige Formel und S. 36.

Über die Darstellung aus Cerebron siehe S. 18, aus Cerebrosidgemischen siehe S. 38.

Vorkommen: Sie ist bisher nur aus dem Cerebron erhalten worden. SULLIVAN (1918) fand sie auch in faulem Eichenholz und nimmt an, daß sie hier aus Cerebron entstanden sei.

Löslichkeit: Art der Abscheidung: Weißes, krystallinisches Pulver, in Wasser unlöslich, in Äther, Pyridin löslich, ebenso in warmem Alkohol und Aceton, beim Erkalten der alkoholischen Lösung scheidet sie sich in runden oder mehr ovalen, auch leicht gelappten, dicht aneinanderliegenden Gebilden ab, welche eine deutliche feine radiäre Streifung erkennen lassen und manchmal gelblich gefärbt erscheinen (THIERFELDER 1904). THUDICHUM (1880, p. 164) bezeichnet die Abscheidungsform als warzenförmig und blumenkohlartig. Unter dem Polarisationsmikroskop sieht man ein Konglomerat irregulärer Sphärokrystalle, welche bei der Gipsplattenprobe (S. 16) sich wie Phrenosin verhalten (ROSENHEIM 1916).

Schmelzpunkt: Schmp. 100—101° (THIERFELDER).

Von anderen sind auch höhere bis zu 108° (LEVENE und JACOBS 1912a, ROSENHEIM 1916), gar bis zu 130°* (LEVENE und TAYLOR 1928), und auch niedere bis 82° (THUDICHUM, LEVENE und JACOBS 1912a, LEVENE und WEST 1913, 1916d) beobachtet worden. LEVENE und JACOBS (1912a) nehmen an, daß die bei der Hydrolyse erhaltene Säure in Form von zwei Isomeren auftritt (zu trennen durch fraktionierte Fällung mit Lithiumacetat), der rechtsdrehenden mit dem hohen Schmelzpunkt, dessen wahre Höhe noch nicht feststeht, und der inaktiven, welche bei 82—83° schmilzt, und daß daneben Gemenge beider beobachtet werden (siehe die Tabelle S. 30).

* Vielleicht liegt hier ein Druckfehler vor.

In unserem Laboratorium wurde sowohl bei der Spaltung reinen Cerebrons, als auch bei der von Cerebrosidgemischen, immer nur die rechtsdrehende Säure vom Schmp. 100—101⁰ erhalten. Auch die aus Oxynervonsäure durch Hydrierung gewonnene Cerebronsäure verhält sich genau so (KLENK 1928). So liegt der Verdacht nahe, daß die abweichenden Schmelzpunkte und Drehungen nicht der reinen Säure zukommen, sondern bedingt sind durch Beimengungen. Es kann da auch die ungesättigte Oxysäure eine Rolle spielen. Analytisch ist eine solche Beimengung nicht festzustellen und die Jodzahl, welche sie hätte anzeigen müssen, ist bei den Präparaten mit niedrigem Schmelzpunkt nicht bestimmt worden (KLENK 1927). Es könnte auch Lactonbildung vorliegen, worauf ROSENHEIM (1916) hinweist.

Derivate: Von der Säure mit dem Schmp. 100⁰ sind nur sehr wenig Derivate dargestellt. Das Natriumsalz, acetylcerebronsaure Natrium, der Methylester (Schmp. 65⁰), welche alle aus heißem Alkohol krystallisieren (THIERFELDER 1904, 1905). Das Lithiumsalz fällt aus heißer alkoholischer Lösung auf Zusatz von Lithiumacetat voluminös und amorph aus (KLENK 1927), ebenso fällt das Magnesiumsalz auf Zusatz von Magnesiumacetat (zur Trennung von Lignocerinsäure geeignet, KLENK 1927).

Von einer Säure mit dem Schmp. 93—94⁰ wurde ein Acetylderivat erhalten, das bei 64—65⁰ schmolz (ROSENHEIM und MAC LEAN 1915). Von der inaktiven Säure (Schmp. 83—84⁰) stellten LEVENE und WEST (1913) mehrere Derivate her: Methylester (Schmp. 59—60⁰), Äthylester (Schmp. 52—53⁰), Äthylesteracetat (Schmp. 55—57⁰), Acetylcerebronsäure (Schmp. 55,5—56⁰). Auch ist die Löslichkeit des Natronsalzes in Methyl- und Äthylalkohol bei 0⁰ und bei Siedetemperatur bestimmt.

Drehungsvermögen: Sie ist optisch aktiv, und zwar dreht sie in Pyridinlösung rechts (LEVENE und JACOBS 1912a), siehe Tabelle, in Chloroformlösung links $[\alpha]_D^{50^0} = -1{,}76^0$ ($c = 0{,}455$, $l = 1$, $\alpha = -0{,}08^0$) (KLENK 1928).

Schmp. in ⁰	Lösungsmittel	c g. Sbstz. in 10 ccm	t in ⁰	l in dm	α in ⁰	[α]D in ⁰	
130	Pyridin	0,3	25	1	+0,14	+4,66	LEVENE u. TAYLOR (1928)
106	„	0,4458	20	2	+0,37	+4,16	LEVENE u. JACOBS (1912a)
105—106	„	0,2849	20	1	+0,11	+3,86	ROSENHEIM (1916)
100—101	„	0,5566	17	2	+0,38	+3,41	KLENK (1928)
100—101*	„	0,570	19	2	+0,38	+3,33	„

* Diese Säure war durch Hydrierung der Oxynervonsäure erhalten.

Schmp. in °	Lösungsmittel	c g. Sbstz. in 10 ccm	t in °	l in dm	α in °	$[\alpha]_D$ in °	
99—100	Pyridin	0,594	25	1	+0,16	+2,69	LEVENE u. WEST (1916d)
99	„	0,83	20	1	+0,29	+3,5	LEVENE u. TAYLOR (1922)
99,5	„	0,87	20	1	+0,33	+3,8	„
91—93	„	0,563	20	—	—	+3,55	LEVENE u. WEST (1916d)
86	„	—	20	—	—	+1,5	„
82—84	„	—	—	—	—	+−0	LEVENE u. JACOBS (1912a).

BRIGL (1915) beobachtete, daß Cerebronsäure vom Schmp. 99 bis 101° nach 6stündigem Erhitzen mit n-alkoholischer Kalilauge auf 170° eine spezifische Drehung + 1,75 bis + 1,9° zeigte, während der Schmelzpunkt noch 97—100° betrug. ROSENHEIM (1916) fand, daß der Schmelzpunkt einer rechtsdrehenden Säure von 103 bis 104° während 6stündigen Erhitzens im Toluolbad auf 88 bis 89° fiel. Wodurch dieser Abfall bedingt ist, ob durch Racemisierung oder durch Lactonbildung, hat er nicht festgestellt, neigt aber mehr zu letzterer Erklärung. Wir wiederholen aber nochmals, daß nach unseren Erfahrungen die Annahme von dem Vorkommen zweier Formen der Cerebronsäure, einer aktiven und einer inaktiven, die verschiedene Schmelzpunkte zeigen, in den Hydrolyseflüssigkeiten von reinem Cerebron oder Cerebrosidgemischen nicht richtig sein kann. Wir haben auch keine Abhängigkeit der physikalischen Eigenschaften der Cerebronsäure von der Art der Spaltung beobachtet, wie das LEVENE und WEST (1916d) angeben.

Oxydation: Bei der Oxydation mit Kaliumpermanganat entsteht Trikosansäure (KLENK 1928), während nach LEVENE und seinen Mitarbeitern (LEVENE und JACOBS 1912a, LEVENE und WEST 1913, 1913a, 1916d, LEVENE und TAYLOR 1922) hierbei Lignocerinsäure gebildet wird. LEVENE und TAYLOR (1928) sind auch neuerdings zu demselben Ergebnis gekommen, wie früher*.

Reduktion: Bei der Reduktion mit in Eisessig gelöstem Jodwasserstoff wird Lignocerinsäure (Schp. 81—81,5°) in einer Ausbeute von etwa 50 vH erhalten (KLENK 1928a). LEVENE und JACOBS (1912a)

* Siehe indessen die uns erst bei der Korrektur zu Gesicht gekommene Arbeit von TAYLOR und LEVENE (1929).

und LEVENE und WEST (1913), welche mit wässeriger Jodwasserstoffsäure reduzierten, erhielten nur Kohlenwasserstoffe vom Schmp. 53—56°, 54—57°, 53—54°. Den letzteren halten sie für den richtigen.

Lignocerinsäure. $C_{24}H_{48}O_2$.

M.G. 368,38 C 78,18 H 13,13 vH O 8,69 vH.

$CH_3 - (CH_2)_{22} - COOH$.

Über die Konstitution siehe obige Formel und S. 35.

Über die Darstellung aus Kerasin siehe S. 24, aus Cerebrosidgemischen siehe S. 38.

Vorkommen: Sie findet sich außer im Kerasin und im Sphingomyelin (LEVENE 1913) auch im Buchenholzteer, aus dem sie von HELL und HERMANNS (1880) zuerst dargestellt worden ist. Sie ist auch als Glycerinester im Erdnußöl (KREILING 1888) enthalten, in dem Öl der Samen von Maluta Pansa (WAGNER und MUESMANN 1914) und anderen pflanzlichen Ölen*, ferner im Torfboden (SCHREINER und SHOREY 1910), im faulen Eichenholz (SULLIVAN 1918).

Löslichkeit: Sie löst sich in Äther, Petroläther, ferner in der Wärme in Alkohol, Aceton, Benzol, Schwefelkohlenstoff, Eisessig, Chloroform, Pyridin, um beim Erkalten auszukrystallisieren. Die Abscheidungen aus Alkohol bilden in reinem Zustand glänzende Blättchen und abgesaugt eine glänzende, etwas zähe, nicht zu einem

Schmelzpunkt: Pulver zerreibliche Masse. Schmp. 80—81°, wie er auch für Lignocerinsäure anderer Herkunft gefunden wurde (HELL und HERMANNS 1880, KREILING 1888). Daß trotzdem die Säure als normale Tetrakosansäure, deren Schmelzpunkt bei 85° angegeben wird, anzusehen ist, wird S. 35 auseinander gesetzt.

Salze: Natriumsalz, Kaliumsalz. Lithiumsalz fällt körnig und krystallinisch aus heißer alkoholischer Lösung der Säure durch Lithiumacetat. Das Magnesiumsalz fällt aus verdünnter heißer alkoholischer Lösung auf Zusatz von Magnesiumacetat erst beim Abkühlen aus (zur Trennung von Cerebronsäure geeignet, KLENK 1927). Das Silbersalz fällt aus warmer alkoholischer Lösung der Säure durch alkoholisches Silbernitrat und etwas alkoholisches Ammoniak. Bleisalz (Schmp. 117°) wird ebenso erhalten (ROSENHEIM 1916). Ein Bleisalz mit demselben Schmelzpunkt wurde auch aus Lignocerinsäure anderer Herkunft dargestellt.

* Besonders reichlich im Öl aus den Samen von *Adenanthera pavonina* (MUDBIDRI, RAMASWAMI AYYAR und WATSON 1928).

Ester: Methylester (Schmp. 57—58°), Äthylester (Schmp. 56°), beide Schmelzpunkte in Übereinstimmung mit den für die Ester der Lignocerinsäure anderer Herkunft gefundenen, leicht löslich in Chloroform und Schwefelkohlenstoff, etwas weniger in Äther, in heißem Alkohol und Aceton.

Oxydation: MEYER, BROD und SOYKA (1913), ebenso LEVENE und TAYLOR (1922) führten sie in die α-Oxysäure (Schmp. 91—92°) über. Neuerdings geben TAYLOR und LEVENE (1928) 94—95° an.

Reduktion: LEVENE und WEST (1913a, 1914b) stellten aus ihr den Kohlenwasserstoff dar, der bei 51° schmolz.

Nervonsäure $C_{24}H_{46}O_2$.

M.G. 366,36 C 78,62 vH H 12,65 vH O 8,73 vH JZ 69,29.

$$CH_3 - (CH_2)_7 - CH = CH - (CH_2)_{13} - COOH.$$

Über die Konstitution siehe obige Formel und S. 35.

Über die Darstellung aus Nervon siehe S. 28, aus Cerebrosidgemischen siehe S. 38.

Vorkommen: Sie wurde außer im Nervon auch im Sphingomyelin (W. MERZ*), gefunden. Ferner ist die aus Haifischleberöl gewonnene und als Selacholeinsäure beschriebene Säure (TSUJIMOTO 1926, 1927) mit der Nervonsäure identisch.

Löslichkeit: Weißes, krystallinisches Pulver**, in Äther, Alkohol, Aceton leicht löslich, aus Alkohol und Aceton durch starke Abkühlung umzukrystallisieren. Schmelzpunkt: Schmp. 40—41°.

Salze: Natriumsalz in heißem Alkohol löslich, beim Abkühlen fast völlig ausfallend, in kaltem Methylalkohol wesentlich leichter löslich, Bleisalz in kaltem Äther sehr schwer, in warmem etwas leichter löslich. Durch Magnesiumacetat wird die Säure aus alkoholischer Lösung nicht gefällt.

Jodzahl: Sie addiert Brom. JZ. 69,29.

Isomere: Eine isomere Säure von derselben Zusammensetzung (Schmp. 59°) ist von MEYER, BROD und SOYKA (1913) über die α-Jodlignocerinsäure aus der Lignocerinsäure dargestellt worden.

Bei der Berührung mit salpetriger Säure geht sie in eine schwerer lösliche Isomere (Schmp. 61°) über.

Hydrierung: Bei der Hydrierung geht die Nervonsäure in die Lignocerinsäure (Schmp. 85°) (n-Tetrakosansäure) über (KLENK 1926a).

---

* Noch nicht veröffentlichte Arbeit aus dem Tübinger physiol.-chemischen Institut.

** Alle Angaben stammen von KLENK (1925).

Ozonisierung: Bei der Ozonisierung entstehen Pelargonsäure und n-Dicarbonsäure $C_{15}H_{28}O_4$ (KLENK 1927a, 1928 S. 218, Fußnote).

α-Oxynervonsäure $C_{24}H_{46}O_3$.

M.G. 382,36 C 75,31 vH H 12,13 vH O 12,55 vH JZ 66,39.

$$CH_3-(CH_2)_7-CH=CH-(CH_2)_{12}-CHOH-COOH.$$

Über die Konstitution siehe obige Formel und S. 38.

Darstellung: Zur Darstellung benutzte KLENK (1926b) eine Cerebrosidfraktion, welche ebenso wie die „Nervonfraktion" aus dem Petrolätherextrakt gewonnen war, von der 10 g mit 50 Teilen 10proz. methylalkoholischer Schwefelsäure 4 Stunden gespalten wurden. Der bei 0° entstehende Esterniederschlag, welcher fast ganz frei von ungesättigter Substanz war, wurde durch Absaugen entfernt, das Filtrat durch Ausschütteln mit Petroläther von den in Lösung gebliebenen (ungesättigten) Estern befreit und der Petrolätherrückstand verseift. Um die α-Oxynervonsäure zu isolieren, diente ein etwas mühsames Verfahren, das auf der Fällung mit Magnesiumacetat (welches die Nervonsäure nicht fällt) und auf der fraktionierten Fällung mit Bleiacetat (Abtrennung noch vorhandener kleiner Mengen gesättigter Fettsäuren) beruht. Ausbeute 0,44 g. Die Einzelheiten siehe im Original.

Löslichkeit: Weißes, krystallinisches Pulver, in Äther, Chloroform, Alkohol, Aceton leicht löslich, etwas weniger in Petroläther. Aus wenig

Art der Abscheidung: 75proz. Alkohol krystallisiert es in Nadeln, meist zu Büscheln vereinigt. Schmp. 65°.

Salze: Natriumsalz in Methyl- und Äthylalkohol nur in der Wärme löslich. Aus der warmen methylalkoholischen Lösung scheidet es sich in Drusen ab, die am Boden und an der Wandung des Gefäßes haften und aus einzelnen spießartigen Krystallen bestehen. Wasser löst das Salz ebenfalls nur in der Wärme. Aus der warmen Lösung fällt es beim Abkühlen als voluminöse Masse aus. Die Säure scheidet sich aus heißer alkoholischer Lösung auf Zusatz von Magnesiumacetat fast quantitativ ab. Das Bleisalz ist auch in heißem Äther unlöslich.

Drehungsvermögen: Sie ist optisch aktiv, und zwar dreht sie in Pyridinlösung rechts (KLENK 1926b), in Chloroformlösung links (KLENK 1928), zeigt also dasselbe Verhalten wie die Cerebronsäure.

$$[\alpha]_D^{20^0} = +2{,}87^0 \ (c = 2{,}44,\ l = 1;\ \alpha = +0{,}70^0) \ \text{(Pyridin)}.$$

Jodzahl: Sie addiert Brom. JZ. 66,39.

Bei der Hydrierung entsteht Cerebronsäure, bei der Oxydation des Hydrierungsproduktes mit Kaliumpermanganat n. Trikosansäure (KLENK 1928). **Hydrierung:**

Bei der Ozonisierung entsteht Pelargonsäure und nach anschließender Oxydation mit Kaliumpermanganat eine Säure $C_{14}H_{26}O_4$, wahrscheinlich Dodekan 1:12 Dicarbonsäure (KLENK 1928). **Ozonisierung:**

B. Konstitution der vier Fettsäuren und ihre Beziehungen zueinander.

Nervonsäure $C_{24}H_{46}O_2$.

$$CH_3 - (CH_2)_7 - CH = CH - (CH_2)_{13} - COOH.$$

Sie hat normale Struktur, denn sie geht bei der Hydrierung in die Säure $C_{24}H_{48}O_2$ über mit dem Schmp. 85° (KLENK 1926a), wie er von verschiedenen Seiten (MEYER, BROD und SOYKA 1913, BRIGL 1915, LEVENE und TAYLOR 1924) für die synthetische normale Tetrakosansäure gefunden worden ist. Auch die Methylester der durch Hydrierung (KLENK 1926a) und der synthetisch gewonnenen Säure (MEYER, BROD und SOYKA 1913, BRIGL und FUCHS 1922, LEVENE und TAYLOR 1924) zeigen den gleichen Schmp. 59,5°.

Vor allem aber ergibt sich die normale Struktur aus dem Ergebnis der Ozonisierung, indem dabei Pelargonsäure bzw. deren Aldehyd und n. Dicarbonsäure $C_{15}H_{28}O_4$ auftritt (KLENK 1927a, 1928 S. 218, Fußnote). Aus diesen Feststellungen geht des weiteren hervor, daß die doppelte Bindung zwischen dem 9. und 10. Kohlenstoffatom (von der endständigen CH_3-Gruppe an gerechnet) liegt (ebenso wie bei Öl- und Erucasäure).

Lignocerinsäure des Kerasins $C_{24}H_{48}O_2$.

$$CH_3 - (CH_2)_{22} - COOH.$$

Sie wird allerdings zunächst mit dem Schmp. 81° erhalten (ebenso wie die Lignocerinsäure anderer Herkunft) und darauf haben MEYER, BROD und SOYKA (1913), denen sich LEVENE und WEST (1914b) anschließen, für die Lignocerinsäure eine verzweigte Kohlenstoffkette angenommen. Die synthetische n. Tetrakosansäure schmilzt bei 85—86°.

Nach BRIGL und FUCHS (1922) stellt aber die Lignocerinsäure (aus Buchenholzteer) ein Gemenge von zwei Säuren dar, deren Schmp. 11° auseinander liegen. Die höher schmelzende ist identisch mit der synthetisch aus der Behensäure von MEYER, BROD und

SOYKA (1913) und auch von BRIGL (1915) dargestellten n. Tetrakosansäure, mit der völlige Übereinstimmung nachgewiesen wurde (Schmelzpunkt der freien Säuren 85°, der Methylester 60°, Phenylester 69°), auch in Löslichkeit und Krystallform kein Unterschied. Die niedriger schmelzende Säure hat die gleiche Zusammensetzung, scheinbar auch normale Struktur und ist vielleicht eine Modifikation der n. Tetrakosansäure (siehe dazu BRIGL und FUCHS 1922).

LEVENE, TAYLOR und HALLER (1924) gelang eine solche Trennung für die Lignocerinsäure aus Erdnußöl und aus Kerasin nicht. Auch durch wiederholtes Umkrystallisieren aus verschiedenen Lösungsmitteln und fraktionierte Destillation der Ester im Vakuum ließ sich der Schmelzpunkt nicht ändern, so daß LEVENE bei seiner Ansicht bleibt.

KLENK (1927) aber machte für die Lignocerinsäure aus Kerasin ähnliche Feststellungen wie BRIGL und FUCHS. Durch fraktionierte Fällung mit Lithiumacetat gelang es, den Schmelzpunkt auf 83—84° zu steigern. In Anbetracht der Übereinstimmung dieser Säure mit der hydrierten Nervonsäure (Krystallform, Schmelzpunkt der Methylester 59,5°, Ausbleiben einer Schmelzpunktdepression bei Mischproben der freien Säuren und der Ester) ist an der normalen Struktur der Lignocerinsäure nicht zu zweifeln.

LEVENE und WEST (1914b) stützen ihre Ansicht von dem verzweigten Bau der Lignocerinsäure auch auf den Schmelzpunkt des aus ihr erhaltenen Kohlenwasserstoffs $C_{24}H_{50}$, den sie bei 51° fanden, während das synthetische n. Tetrakosan bei 55° schmilzt (LEVENE und WEST 1914b). Auf solche Bestimmungen ist nicht viel Gewicht zu legen. Ältere Autoren fanden für das synthetische n. Tetrakosan auch 51° und nach BRIGL (1915) schmilzt das synthetische n. Pentakosan bei 55—56°.

Cerebronsäure $C_{24}H_{48}O_3$.

$$CH_3 - (CH_2)_{21} - CH(OH) - COOH.$$

Sie wurde bis vor kurzem für eine α-Oxypentakosansäure gehalten. Nachdem die Anwesenheit einer Hydroxylgruppe durch die Darstellung eines Acetylderivates festgestellt war (THIERFELDER 1904), erhielt diese Annahme eine feste Stütze durch die Angaben von LEVENE und JACOBS (1912a), daß sie bei der Oxydation mit Kalipermanganat in eine Säure $C_{24}H_{48}O_2$ (Lignocerinsäure) übergeht*.

* LEVENE und Mitarbeiter haben diese Versuche wiederholt (Lit. S. 31) angestellt und immer mit demselben Ergebnis, offenbar auch in guter Ausbeute, bis zu 81 vH (LEVENE und TAYLOR 1922). Sie haben die so erhaltene Säure auch verglichen mit der Lignocerinsäure aus Erdnüssen,

Nach den Befunden von KLENK (1928) entsteht aber hierbei eine Trikosansäure $C_{23}H_{46}O_2$ vom Schmp. 78,5° in einer Ausbeute von 43 vH (74 vH Rohprodukt). Die n. Trikosansäure schmilzt bei 80—81° (LEVENE und TAYLOR 1924), die aus Lignocerinsäure (aus Erdnuß) über α-Brom- und α-Oxylignocerinsäure durch Oxydation mit Kaliumpermanganat erhaltene Trikosansäure bei 73,5° bzw. 76,5—77,5° (LEVENE und TAYLOR 1922, TAYLOR und LEVENE 1928). Der Schmelzpunkt 76,5—77,5° wird als der richtige bezeichnet.

Unter diesen Umständen kann der Cerebronsäure nur eine der beiden Formeln:

$$C_{22}H_{45} - CHOH - CH_2 - COOH \qquad (C_{25}H_{50}O_3)$$
$$\text{oder } C_{22}H_{45} - CHOH - COOH \qquad (C_{24}H_{48}O_3)$$

zukommen. Einen weiteren Einblick ergab die Ozonisation der Oxynervonsäure (welche ja durch einfache Hydrierung in die Cerebronsäure übergeht). Es entsteht dabei (KLENK 1928) als einzige Monocarbonsäure die Pelargonsäure $C_9H_{18}O_2$, welche ja n. Nonylsäure ist, und bei nachfolgender Oxydation des Spaltungsgemisches mit Kaliumpermanganat eine Säure $C_{14}H_{26}O_4$, wahrscheinlich 1 : 12 Dicarbonsäure. Das spricht ebenfalls dafür, daß das Oxydationsprodukt der Cerebronsäure Trikosansäure ist und nicht Lignocerinsäure, da im letzteren Falle neben Pelargonsäure als Hauptprodukt die Säure $C_{15}H_{28}O_4$ hätte auftreten müssen, was nicht der Fall war. Da alles darauf hinweist, daß die Cerebronsäure eine α-Oxysäure ist, so wird man sich für die Formel C_{24} entscheiden müssen.

Diese Formel ist vor kurzem von KLENK (1928a) noch weiter dadurch bestätigt worden, daß es ihm gelang, die Cerebronsäure zu Lignocerinsäure zu reduzieren.

So ist also die Beziehung zwischen den beiden Säuren eine ganz andere, als die früher angenommene. Während man bisher auf Grund der Untersuchungen von LEVENE die Ansicht haben mußte,

---

indem sie von ihr und ihren Estern und Bleisalzen die Schmelzpunkte bestimmten (LEVENE und WEST 1913a) und ferner beide Säuren in Parallelversuchen in eine große Reihe von Derivaten überführten, von denen ebenfalls die Schmelzpunkte festgestellt wurden. Es ergab sich völlige Übereinstimmung auch der Mischschmelzpunkte (LEVENE und TAYLOR 1922). Trotzdem kann es sich hier nicht um Lignocerinsäure gehandelt haben. Auffallend ist schon die Angabe, daß das Lithiumsalz des Oxydationsprodukts im kochenden Methylalkohol schwerer löslich ist, als das der Cerebronsäure (LEVENE und JACOBS 1912a, LEVENE und WEST 1913), was nicht zutrifft (KLENK 1928).

daß die Cerebronsäure durch *Oxydation* in die Lignocerinsäure übergehe, ist tatsächlich dieser Übergang ein *Reduktionsvorgang*. Es liegt also in der Cerebronsäure die α-Oxylignocerinsäure $C_{24}H_{48}O_3$ vor.

In scheinbarem Widerspruch zu dieser Formel steht, daß die Analysen (Kohlenwasserstoff- und Titrationswerte), welche in großer Zahl vorliegen, etwas besser zu der Formel $C_{25}H_{50}O_3$ stimmen, weshalb auch niemals Zweifel an der Richtigkeit der Formel auftraten. Eine Erklärung ergibt sich ohne weiteres aus der Neigung der α-Oxysäuren zur Anhydridbildung. Eine nur geringe Beimengung von Anhydrid muß die analytischen Werte etwas zu hoch erscheinen lassen (KLENK 1928, siehe auch GREY 1913).

α-Oxynervonsäure $C_{24}H_{46}O_3$.

$$CH_3 - (CH_2)_7 - CH = CH - (CH_2)_{12} - CHOH - COOH.$$

Sie geht durch einfache Hydrierung in Cerebronsäure über, hat also die Konstitution einer α-Oxytetrakosensäure. Da bei Ozonabbau Pelargonsäure entsteht, muß die doppelte Bindung ebenso wie in der Nervonsäure zwischen dem 9. und 10. Kohlenstoffatom (von der Methylgruppe an) liegen (KLENK 1928).

Die im vorangehenden vorgetragene Auffassung über die Konstitution der vier Säuren, nach der sie in naher und einfacher Beziehung zueinander stehen, 24 Kohlenstoffe in unverzweigter Kette haben und sich unterscheiden durch das Fehlen oder Vorhandensein von einer Hydroxylgruppe in α-Stellung und einer doppelten Bindung zwischen dem 9. und 10. Kohlenstoffatom (von der Methylgruppe an), ist durch die experimentellen Untersuchungen von KLENK begründet worden.

C. Trennung der vier Fettsäuren voneinander und Bestimmung ihrer absoluten und relativen Menge nach KLENK.

Zur Trennung der Fettsäuren, welche bei der Spaltung eines Gemisches von verschiedenen Cerebrosiden auftreten, hat KLENK (1926a, 1927) ein Verfahren angegeben.

Das Material, welches zur Spaltung benutzt wird, darf andere Substanzen als Cerebroside nicht enthalten, vor allem muß es frei von Phosphatiden sein.

Man spaltet wie beim Cerebron (S. 18) mit methylalkoholischer Schwefelsäure, saugt den beim Abkühlen im Eisschrank auftretenden Niederschlag ab und wäscht gut mit eiskaltem Methylalkohol aus. Dieser Niederschlag kann, falls die Jodzahl des ursprünglichen Cerebrosidgemisches hoch ist, so daß sie den für die stärker ungesättigten Cerebroside berechneten Werten sehr nahe kommt, noch geringe Mengen von ungesättigten Säuren enthalten, besteht aber in der Regel ausschließlich aus den beiden gesättigten Fettsäuren, die in der Hauptsache als Methylester vorliegen (*Fraktion der gesättigten Fettsäuren*).

Dem Filtrat wird der in Lösung verbliebene Teil der Fettsäuren durch wiederholtes Ausschütteln mit Petroläther entzogen. Die petrolätherische Lösung wird zur Entfernung des Methylalkohols mit Wasser ausgeschüttelt. Der nach völligem Verjagen des Petroläthers verbleibende Rückstand enthält die beiden ungesättigten und kleinere Mengen der gesättigten Säuren, die ebenfalls in der Hauptsache als Ester vorliegen (*Fraktion der ungesättigten Fettsäuren*).

Auf diese Weise ist es möglich, die Gesamtmenge der Fettsäuren, ohne daß andere Substanzen mitgehen, aus der Hydrolysenflüssigkeit herauszuholen. Die Gesamtmenge der beiden Fraktionen kommt der von der Theorie geforderten sehr nahe.

Cerebron	enthält	46,4	vH	Säure	= 48,1	vH Methylester
Kerasin (H_2O-haltig)	„	44,4	„	„	= 46,1	„ „
Nervon	„	45,2	„	„	= 47,0	„ „
Oxynervon	„	46,3	„	„	= 48,0	„ „

Ein Verfahren für die annähernde quantitative Bestimmung der Gesamtfettsäuren in Cerebrosidgemischen ist auch von LEVENE und MEYER (1917) angegeben worden.

1. Fraktion der gesättigten Fettsäuren.

Für die Trennung der beiden gesättigten Säuren stehen zwei Verfahren zur Verfügung: **Fraktion der gesättigten Fettsäuren:**

a) Man löst nach THIERFELDER (1913) die Substanz in Äther auf, fügt etwa n/2 alkoholische Natronlauge im Überschuß zu, filtriert das ausgefallene Natriumsalz ab, suspendiert dasselbe nochmals in Äther, filtriert wieder und wäscht gut mit Äther aus. Dann wird das Salz durch Schütteln mit Mineralsäure und Äther im Scheidetrichter zerlegt und so die Säure in ätherische Lösung übergeführt. Nach Schütteln mit Wasser trocknet man mit Natriumsulfat und destilliert den Äther ab. Der Rückstand enthält die Cerebronsäure (*Cerebronsäurefraktion*).

Die vereinigten ätherischen Filtrate, welche die Lignocerinsäure als Methylester enthalten, schüttelt man mit verdünnter Schwefelsäure und anschließend mit Wasser. Der nach Abdestillieren des Äthers verbleibende Ester wird durch 1stündiges Erhitzen unter Rückfluß mit 30 Volumteilen etwa n/2 methylalkoholischer Natronlauge verseift. Man filtriert das beim Abkühlen auf 0° ausfallende Natriumsalz ab und gewinnt daraus wie oben die Säure (*Lignocerinsäurefraktion*).

Dieses Trennungsverfahren, das sich bis jetzt immer gut bewährt hat, dürfte wohl darauf beruhen, daß die Ester der Cerebronsäure offenbar ebenso wie die Ester der Milchsäure äußerst leicht verseifbar sind, während der Lignocerinsäureester unter den eingehaltenen Bedingungen nicht angegriffen wird.

b) Nach dem zweiten Verfahren werden die Ester, wie unter a) für den Lignocerinsäureester angegeben, verseift. Das wie dort erhaltene Säuregemisch löst man in der 70fachen Menge Äthylalkohol, fügt zur siedenden Lösung eine heiß gesättigte methylalkoholische Lösung von Magnesiumacetat im Überschuß und filtriert den Niederschlag, der nur die Cerebronsäure enthält, heiß ab. Das in viel Äther suspendierte Magnesiumsalz wird durch Zugabe von einigen Tropfen konzentrierter Salzsäure und kräftiges Schütteln zerlegt und aus der gut mit Wasser gewaschenen, mit Natriumsulfat getrockneten ätherischen Lösung durch Abdestillieren des Äthers die Säure gewonnen (*Cerebronsäurefraktion*).

Aus dem heißen Filtrat des mit Magnesiumacetat erzeugten Niederschlages fällt beim Abkühlen die Lignocerinsäure als Magnesiumsalz aus. Der Niederschlag wird abfiltriert und daraus die freie Säure wie oben gewonnen (*Lignocerinsäurefraktion*).

Die nach a) oder b) erhaltenen Säurefraktionen werden durch fraktionierte Fällung mit Lithiumacetat auf Einheitlichkeit geprüft.

2. Fraktion der ungesättigten Fettsäuren.

Fraktion der ungesättigten Fettsäuren:

Das Estergemisch wird mit 35 Volumteilen etwa n/2 methylalkoholischer Natronlauge durch 1stündiges Kochen unter Rückfluß verseift und die alkoholische Lösung der Seifen nach dem Abkühlen ohne Rücksicht auf den entstandenen Niederschlag mit dem doppelten Volumen Wasser verdünnt. Man säuert nun mit verdünnter Schwefelsäure an und schüttelt die ausgefallenen Säuren mit Äther aus. Nach Abdestillieren des Äthers löst man das verbleibende Säuregemisch in 15 Volumteilen Alkohol und fällt aus der siedenden Lösung die Oxysäuren mit einer heiß gesättigten methylalkoholischen Lösung von Magnesiumacetat. Der Niederschlag wird heiß abfiltriert und daraus die Säure auf die übliche Weise gewonnen (*Oxynervonsäurefraktion*).

Aus dem Filtrat der Magnesiumacetatfällung scheidet sich beim Abkühlen auf Zimmertemperatur eine sehr kleine Menge Magnesiumsalz ab, die abfiltriert und verworfen wird. Die alkoholische Lösung wird mit demselben Volumen Wasser, das mit Schwefelsäure angesäuert wurde, verdünnt, die ausgefallenen Fettsäuren (im wesentlichen aus Nervonsäure bestehend) mit leicht siedendem Petroläther ausgeschüttelt, die petrolätherische Lösung wiederholt mit Wasser ausgewaschen und der Petroläther abdestilliert (*Nervonsäurefraktion*).

Die so gewonnenen Fraktionen der ungesättigten Säuren enthalten noch zum Teil nicht unbeträchtliche Mengen der entsprechenden gesättigten Säuren, deren Abtrennung ohne Verlust von ungesättigten Säuren nicht möglich ist. Über Einzelheiten der Gewinnung der ungesättigten Säuren aus den Rohfraktionen siehe die Arbeiten von KLENK (1926a und b, 1927).

Bestimmung der Menge: Handelt es sich um eine genauere Bestimmung der Menge der Fettsäuren, so läßt sich die Menge der ungesättigten Fettsäuren aus der Jodzahl der Rohfraktionen von 2. berechnen. Der für die gesättigten Fettsäuren verbleibende Rest kann im Falle der Oxynervonsäurefraktion ohne Bedenken als Cerebronsäure angesprochen werden. Die Menge der bei 1. gefundenen Cerebronsäure ist deshalb um diesen Betrag zu vermehren. Im Falle der Nervonsäurefraktion ist dieser Rest im allgemeinen wesentlich kleiner. Er kann nicht ohne weiteres als Lignocerinsäure angesprochen werden und muß als nicht aufgeteilter Rest unberücksichtigt bleiben.

Sphingosin $C_{18}H_{37}NO_2$.

M.G. 299,31 C 72,17 vH H 12,46 vH N 4,68 vH.

$$CH_3 - (CH_2)_{12} - \overset{5}{C}H = \overset{4}{C}H - \overset{3}{C}HOH - \overset{2}{C}HOH - \overset{1}{C}H_2NH_2{}^{*}.$$

Über die Konstitution siehe obige Formel und S. 49.

Über die Darstellung aus Cerebrosiden siehe S. 18.

Besprechung der Formel: Bis heute wird die Formel des nächstniedrigen Homologen $C_{17}H_{35}NO_2$, also

$$CH_3 - (CH_2)_{11} - CH = CH - CHOH - CHOH - CH_2NH_2,$$

* Verteilung der beiden OH- und der NH_2-Gruppen auf die drei C-Atome willkürlich.

für die richtige gehalten. Sie wird gestützt durch die Analysen des Sulfats und zahlreicher Salze und Derivate, sowie durch Oxydationsversuche, bei denen LAPWORTH (1913) sowie LEVENE und WEST (1914, 1914c) aus Sphingosin und Dihydrosphingosin Tridecyl- bzw. Pentadecylsäure erhielten.

Durch noch nicht veröffentlichte Untersuchungen von KLENK* sind diese letzteren Ergebnisse nicht bestätigt worden. Er erhielt statt Tridecylsäure und Pentadecylsäure Myristin- und Palmitinsäure. Darnach kann die Formel $C_{17}H_{35}NO_2$ nicht aufrecht erhalten, sondern muß durch die Formel $C_{18}H_{37}NO_2$ ersetzt werden. Mit dieser stehen nun allerdings in Widerspruch die Mehrzahl der vorliegenden Analysen, so die meisten Analysen des Sulfats, welche von THUDICHUM, THIERFELDER und LEVENE ausgeführt wurden, ferner die des Dihydrosphingosins, des Dihydrosphingosinsulfats, des Dibromsphingosinsulfats, des Pikrolonats, Dihydrosphingosinpikrolonats und -pikrats, des Sphingosinacetats, welche sämtlich von LEVENE herrühren, und die Analysen einiger von LEVENE hergestellter Derivate: Sphingamin, Sphinginsulfat, Diacetylsphingin. Sie alle stimmen auf die Formel mit 17 und nicht auf die mit 18 Kohlenstoffen. Von einem anderen Derivat, dem Dihydrosphingosol, paßt die Analyse etwas besser zu der Formel mit 18 Kohlenstoffen, und was das Sphingin betrifft, so stimmen manche Analysen auch zu der Formel mit 17 Kohlenstoffen nicht. Es ist zu bemerken, daß fast ausnahmslos nur C- und H-Bestimmungen ausgeführt wurden.

Von dem Sulfat liegt allerdings auch eine Reihe untereinander gut stimmender Analysen vor, bei denen die C- und H-Werte (nicht die H_2SO_4-Werte) der Formel C_{18} entsprechen (THOMAS und THIERFELDER 1912) und dasselbe gilt für eine von LEVENE (1916 p. 89) herrührende. Nach LEVENE und WEST (1916a) und LEVENE (1916 p. 71) ist die Zusammensetzung des Sulfats und ebenso die des Dihydrosphingosin- und des Sphinginsulfats nicht genügend konstant, so daß diese Salze für die Feststellung der Formel nicht so sehr geeignet sein dürften.

Bei Wiederholung der Analyse des Dihydrosphingosinpikrats erhielt KLENK (noch nicht veröffentlicht*) andere Werte als LEVENE, und zwar solche, welche für die Formel C_{18} sprechen,

* Anm. bei der Korrektur: Die Arbeit ist inzwischen erschienen (1929).

und dasselbe gilt für die Analyse des Dihydrosphingosinbromids (KLENK).

	Dihydrosphingosinpikrat berechnet für Sphingosin		Gefunden
	mit 17 C	mit 18 C	
vH C	53,45	54,30	54,4
„ H	7,81	7,98	8,2
„ N	10,85	10,56	10,2

	Dihydrosphingosinbromid berechnet für Sphingosin		Gefunden
	mit 17 C	mit 18 C	
vH C	55,40	56,51	56,7
„ H	10,40	10,55	10,7
„ Br	21,70	20,92	20,5

Ferner: Die Analysen der Mehrzahl der acetylierten und methylierten Sphingosinderivate, welche in der Literatur vorliegen, lassen sich sehr wohl mit der Formel C_{18} in Einklang bringen, zum Teil stimmen sie sogar besser zu ihr:

	Triacetylsphingosin ber. für Sphingosin mit		Gefunden		
	17 C	18 C	LEVENE u. JACOBS (1912)	THOMAS u. THIERFELDER (1912)	KLENK unveröffentlicht*
vH C	67,10	67,71	67,38	67,40	67,7; 67,4; 67,4; 67,7
„ H	9,98	10,19	9,98	10,23	10,2; 9,9; 10,2; 9,9
					verschiedene Präparate

Der auf Grund der Analyse für Dimethylsphingosinchlorid (C_{17}) gehaltene Körper (LEVENE und JACOBS 1912, RIESSER und THIERFELDER 1912, ROSENHEIM 1916) kann, da eine zuverlässige Methylbestimmung nicht vorliegt, auch als Monomethylsphingosinchlorid (C_{18}) aufgefaßt werden.

Eine Schwierigkeit für die Erklärung bietet ein von ROSENHEIM (1916) erhaltenes Chlorid, welches nach der Analyse als Monomethylsphingosin-

* Anm. bei der Korrektur: Die Arbeit ist inzwischen erschienen (1929).

chlorid (C_{17}) angesprochen wurde, was es auch nach der Darstellung sein konnte. Da keine Methylbestimmung ausgeführt wurde, könnte auch Sphingosinchlorid (C_{18}) vorliegen. Indessen spricht gegen eine solche Annahme das große Krystallisationsvermögen der Substanz, während krystallisiertes salzsaures Sphingosin bisher nur von THUDICHUM (1880 p. 155, 1901 p. 188) erhalten wurde. Mit der Annahme, daß hier auch ein Monomethylchlorid (C_{18}) vorliegt, vertragen sich nicht die analytischen Werte und der Schmelzpunkt (Vgl. S. 24 unten und 49 in der Mitte). Hier sind weitere Untersuchungen nötig.

Was das äthylierte Sphingosin und das Chloroplatinat der methylierten Ammoniumbase des Monomethyldihydrosphingosins betrifft, so stimmen die bei der Analyse erhaltenen Werte sogar nur für die Formel mit 18 Kohlenstoffen, wie folgende Zahlen zeigen:

Äthylsphingosinchlorid berechnet für Sphingosin mit		Gefunden RIESSER und THIERFELDER (1912) Mittel aus einer Reihe von gut stimmenden Analysen von Präparaten zum Teil verschiedener Darstellung
C_{17} Diäthylderivat	C_{18} Monoäthylderivat	
vH C 66,75	65,97	66,19
„ H 11,66	11,64	11,43
„ N 3,71	3,85	3,81
„ Cl 9,4	9,75	9,89

Chloroplatinat der methylierten Ammoniumbase des Monomethyldihydrosphingosins berechnet für Sphingosin mit		Gefunden KLENK u. HÄRLE (1928) 2 Präparate verschied. Darstellung, Präparat 1* nicht umkrystallisiert, Präparat 2** 5 × a. Alkohol umkryst.	
C_{17}	C_{18}	1	2
vH C 45,95	46,94	47,8	46,8
„ H 8,46	8,60	8,7	8,2
„ Pt 17,80	17,35	17,0; 17,6; 17,5	17,4
„ OCH_3 5,66	5,51	6,2; 5,5; 5,4	5,5

* Aus Sphingosin.

** Aus methyliertem Dihydropsychosin durch Spaltung.

Wie man sieht, spricht also auch eine Anzahl analytischer Werte für die Formel mit 18 Kohlenstoffen. Entscheidend für uns aber ist in dieser Frage das Ergebnis der Oxydationsversuche von KLENK.

Vorkommen und Eigenschaften des Sphingosins.

Vorkommen: Sphingosin wurde zuerst von THUDICHUM (1880 p. 154, 1899, 1901 S. 187) aus dem Phrenosin als Sulfat erhalten und findet sich außer in den Cerebrosiden auch noch in dem Phosphatid Sphingomyelin (THUDICHUM) und im Hundeharn nach Eingabe von Cerebron (SHIMIZU 1921). Doch erscheint dieser letztere Befund nicht genügend gesichert.

Eigenschaften: Es krystallisiert aus Äther und noch viel leichter aus Petroläther in Nadeln und ist in Alkohol, Methylalkohol, Aceton leicht löslich, in Wasser unlöslich. Es verbrennt unter Entwicklung von Geruch nach verbrennendem Fett.

Sulfat: Sulfat $(C_{18}H_{37}NO_2)_2 \cdot H_2SO_4$* krystallisiert aus heißem Alkohol in Form von Spießen oder Rosetten, die aus radiär gestellten Nadeln bestehen. Es schmilzt unter Zersetzung bei 240—250° oder etwas niedriger, ist hygroskopisch und löst sich in Alkohol bei geringstem Überschuß von Schwefelsäure. Es verändert nach LEVENE (1916 p. 71) beim Umkrystallisieren leicht seine Zusammensetzung, indem basisches oder saures Salz entsteht.

Diacetat: Diacetat $C_{18}H_{37}NO_2 \cdot (C_2H_4O_2)_2$. Analyse stimmt auf $C_{17}H_{35}NO_2 \cdot (C_2H_4O_2)_2$. Krystallisiert aus Eisessig und Petroläther in langen Nadeln (LEVENE und JACOBS 1912).

Pikrolonat: Pikrolonat $C_{18}H_{37}NO_2 . C_{10}H_8N_4O_5$. Analyse stimmt auf $C_{17}H_{35}NO_2 . C_{10}H_8N_4O_5$. Gelbe Nadeln, in Alkohol leicht löslich, in Methylalkohol und Aceton etwas, in Äther sehr wenig löslich, Schmp. 87—89° (LEVENE und WEST 1916a).

Acetylderivat: Triacetylderivat $C_{18}H_{34}NO_2(CH_3CO)_3$. Nadeln, in Alkohol leicht löslich, Schmelzpunkt bei etwa 100°. Es entwickelt keinen Stickstoff nach VAN SLYKE (LEVENE und JACOBS 1912, THOMAS und THIERFELDER 1912). LEVENE und JACOBS erhielten auch ein Diacetylderivat.

Über andere Salze und Verbindungen siehe THUDICHUM (1899, 1901).

Drehungsvermögen: Das Sulfat dreht links: $[\alpha]_D^{20^\circ} = -13{,}12^\circ$ (0,5304 g gelöst in einer Mischung von 5 ccm Chloroform und 1 ccm Eisessig. Gewicht der Lösung 8,7514 g. $\alpha = -1{,}50^\circ$. LEVENE und JACOBS 1912).

$[\alpha]_D^{18^\circ} = -9{,}47^\circ$ (Lösung in methylalkoholischer Schwefelsäure, $l = 1$, $c = 1{,}585$ und $\alpha = -0{,}15^\circ$; ROSENHEIM 1916).

* Bei Angabe der Formeln für das Sulfat und die anderen Verbindungen ist das Sphingosin mit C_{18} zugrunde gelegt worden.

Oxydation: Bei der Oxydation (Chromsäure, Ozonisierung) entsteht nach noch nicht veröffentlichten Untersuchungen* von KLENK Myristinsäure und nicht, wie LAPWORTH (1913) und LEVENE und WEST (1914, 1914c) angeben, Tridecylsäure.

Da die Versuche von KLENK (1929) von entscheidender Bedeutung sind, teilen wir sie im einzelnen mit:

1. Aus 5,7 g Sphingosinsulfat wurden durch Oxydation mit Chromsäure 1,81 g (etwa 50 vH der berechneten Menge) Rohsäure von dem sehr unscharfen Schmelzpunkt von etwa 40° gewonnen und daraus durch fraktionierte Destillation der Ester und öfteres Umkrystallisieren der aus der Hauptfraktion zurückerhaltenen Säure 0,46 g Myristinsäure vom Schmp. 52,5—53°. Eine Mischprobe mit Myristinsäure (Kahlbaum) vom Schmp. 53,5—54° schmilzt bei 53°.

2. Aus 6,46 g Triacetylsphingosin wurden durch Ozonspaltung 3,31 g Fettsäure + Fettsäurealdehyd (etwa 100 vH als Säure berechnet) gewonnen, daraus 1,47 g *Säurefraktion* vom Schmp. 52,5° und durch Umkrystallisieren aus 80 proz. Methylalkohol 1,25 g Myristinsäure vom Schmp. 53,5 bis 54°, welche. mit Myristinsäure (Kahlbaum) von demselben Schmelzpunkt gemischt, keine Depression gibt.

Die Analysen der in beiden Versuchen dargestellten Säuren finden sich in der Tabelle.

	Berechnet für		Gefunden	
	$C_{14}H_{28}O_2$	$C_{13}H_{26}O_2$	Oxydation mit Chromsäure	Ozonspaltung
vH C	73,62	72,83	73,8	73,7
„ H	12,36	12,24	12,4	12,5
M	228,3	214,2	230	229

Die *Aldehydfraktion* wurde im Vakuum destilliert und die dabei erhaltene Hauptfraktion (0,6 g) in das krystallisierende Oxim übergeführt. Schmp. 82,5—83°. KRAFFT (1890) gibt 82° an, LE SUEUR (1905) 82,5°.

	Berechnet für		Gefunden
	$C_{14}H_{29}NO$	$C_{13}H_{27}NO$	
vH C	73,94	73,17	73,64
„ H	12,86	12,74	13,17
„ N	6,16	6,57	6,19

Wir vermögen keine Erklärung zu geben für die abweichenden Ergebnisse von LAPWORTH und LEVENE und WEST, möchten aber auf folgendes hinweisen. Letztere finden als Schmelzpunkt der von ihnen erhaltenen Säuren in einem Falle 46,5—47,5°, in dem anderen 48—49°.

* Anm. bei der Korrektur: Die Arbeit ist inzwischen erschienen (1929).

Die von ihnen über die α-Oxymyristinsäure hergestellte Tridecylsäure schmolz bei einer Darstellung bei 50—51° (LEVENE und WEST 1914a). Eine Mischprobe dieser Säure mit der durch Oxydation aus dem Sphingosin erhaltenen vom Schmp. 48—49° zeigte keine Depression (LEVENE und WEST 1914c). Der Schmelzpunkt der von LEVENE erhaltenen Tridecylsäure ist höher als der in der Literatur angegebene (42,5°, LE SUEUR). So liegt der Verdacht nahe, daß das Präparat vom Schmp. 50—51° mit dem die Mischprobe ausgeführt wurde, im wesentlichen aus Myristinsäure bestand. Tatsächlich nimmt LEVENE in einer späteren Arbeit den hohen Schmelzpunkt zurück und gibt 44,5—45,5° für die n-Tridecylsäure (LEVENE, WEST, ALLEN und VAN DER SCHEER 1915) an.

Hydrierung: Bei der Hydrierung entsteht Dihydrosphingosin (siehe diese Seite unten).

Dibromsphingosin: In Chloroformlösung nimmt Sphingosinsulfat Brom auf und es entsteht das aus Essigsäure krystallisierende, in Alkohol und Äther unlösliche Dibromsphingosinsulfat $(C_{18}H_{37}Br_2NO_2)_2 \cdot H_2SO_4$. Die Analyse (C- und H-Bestimmung) paßt auf $(C_{17}H_{35}Br_2NO_2)_2 \cdot H_2SO_4$ (LEVENE und WEST 1916a).

Einwirkung von salpetriger Säure: Durch salpetrige Säure wird der Stickstoff des Sphingosins als freier Stickstoff entwickelt (LEVENE und JACOBS 1912).

Reaktion: Beim Zusammenbringen mit Zucker und konzentrierter Schwefelsäure entsteht Purpurfärbung (THUDICHUM 1880 p. 155; 1901 S. 187).

Annähernde Bestimmung: Zur annähernden *Bestimmung* des Sphingosins in Cerebrosidgemischen (Hand in Hand mit der Bestimmung der Fettsäuren) haben LEVENE und MEYER (1917) ein Verfahren angegeben.

Dihydrosphingosin.

Bei der Hydrierung des Sphingosins mit Wasserstoff in Gegenwart von kolloidalem Palladium nach PAAL und auch auf andere Weise entsteht Dihydrosphingosin $C_{18}H_{39}NO_2$ (LEVENE und JACOBS 1912, KLENK und HÄRLE 1928), welches als Sulfat, Triacetylderivat, Pikrolonat, Pikrat analysiert wurde (LEVENE und JACOBS 1912, LEVENE und WEST 1916a). Alle diese Analysen paßten auf die Sphingosinformel mit 17 C, während die Analyse des Pikrats und des Bromids von KLENK der Formel mit 18 C entsprach (S. 43).

Von diesem *Dihydrosphingosin* sind verschiedene Umwandlungsprodukte gewonnen worden:

Oxydation: 1. Bei der Oxydation mit Chromsäure entsteht nach KLENK (noch nicht veröffentlicht*) Palmitinsäure und nicht, wie LEVENE

* Anm. bei der Korrektur: Die Arbeit ist inzwischen erschienen (1929).

und WEST (1914, 1914c) angeben, Pentadecylsäure, für die übrigens in dem einen Falle der Schmelzpunkt (60—61°) zu hoch ist, in dem anderen die Titration einen zu hohen Wert ergibt.

Aus 30 g Dihydrosphingosinsulfat wurden mittels Chromsäure 12,8 g Rohsäure von dem sehr unscharfen Schmelzpunkt von etwa 45° (ungefähr 58 vH der berechneten Menge) erhalten und daraus durch langwierige Reinigung etwa 1 g Palmitinsäure vom Schmp. 62°. Eine Mischprobe mit Palmitinsäure Merck vom Schmp. 62,5° zeigte keine Depression (KLENK).

	Berechnet für		Gefunden
	$C_{16}H_{32}O_2$	$C_{15}H_{30}O_2$	
vH C	74,93	74,38	74,9
„ H	12,59	12,40	12,7
M.G.	256,26	242,24	258

Reduktion: 2. Bei der Reduktion mit Jodwasserstoff erhält man eine ungesättigte Base Sphingamin $C_{18}H_{37}N$, die als Sulfat analysiert wurde; die Analysen (C- und H-Bestimmungen) passen auf $(C_{17}H_{35}N)_2 \cdot H_2SO_4$ (LEVENE und JACOBS 1912).

3. Bei der Reduktion mit Jodwasserstoff in Eisessig entsteht ein einwertiger Aminoalkohol (Sphingin)*, dessen Sulfat bei 206—208° schmilzt und das in freiem Zustande krystallisiert. Schmp. 85,5°. Die Analysen des Sulfats (C- und H-Bestimmung) und einiger der freien Base (C- und H-Bestimmung) passen auf $C_{17}H_{34}(OH)NH_2$ (LEVENE und WEST 1916a, LEVENE 1916).

Einwirkung von salpetriger Säure: 4. Salpetrige Säure führt es in Dihydrosphingosol $C_{18}H_{35}(OH)_3$ (Schmp. 54—55°) über. Die Analysen stimmen ebensogut zur Formel mit 17, wie zu der mit 18 C (LEVENE und WEST 1916a).

Methylierung: 5. Bei der Methylierung mit Silberoxyd und Jodmethyl reagiert nur eine Hydroxylgruppe und es entsteht wahrscheinlich die methylierte Ammoniumbase des Monomethyldihydrosphingosins $C_{22}H_{49}NO_3$, die ein schön krystallisierendes Chloroplatinat gibt (KLENK und HÄRLE 1928).

* Sphingin erhält man auch, wenn man Sphingomyelin oder Cerebron nach der sogenannten kombinierten Methode spaltet und die Basenfraktion mit Wasserstoff bei Gegenwart von kolloidalem Palladium hydriert an Stelle von Dihydrosphingosin (LEVENE 1916). Es entsteht hierbei zunächst aus Sphingosin unter Abspaltung eines Mol.Wasser Anhydrosphingosin.

Alkylsphingosine.

Methylsphingosin: Methylsphingosin $C_{18}H_{36}NO_2(CH_3)$. Es ist nicht in den Cerebrosiden enthalten, es entsteht aus Sphingosin bei der Spaltung des Cerebrons mit methylalkoholischer Schwefelsäure (KITAGAWA und THIERFELDER 1906, LEVENE und JACOBS 1912).

Es krystallisiert aus ätherischer Lösung in langen, schmalen, zum Teil fächerförmig zusammenliegenden Blättchen vom Schmp. 87°. Das Sulfat ist in Alkohol sehr viel leichter löslich als das Sphingosinsulfat. Das Chlorid $C_{18}H_{36}NO_2(CH_3) . HCl$ krystallisiert aus Alkohol und Aceton in großen glashellen, cholesterinähnlichen Tafeln vom Schmp. 132—133°.

Äthylsphingosin: Äthylsphingosin $C_{18}H_{36}NO_2(C_2H_5)$. Es entsteht bei der Spaltung des Cerebrons mit äthylalkoholischer Schwefelsäure aus Sphingosin (RIESSER und THIERFELDER 1912).

Das Chlorid scheidet sich aus heißem Aceton in glitzernden Krystallen aus, welche mikroskopisch als vielfach übereinandergeschobene Plättchen mit teils scharfen, teils abgerundeten Ecken erscheinen und abgesaugt eine silberglänzende filzige Masse darstellen. Schmelzpunkt unscharf bei etwa 107°. Es löst sich leicht in Alkohol und warmem Äther. Das Sulfat ist in Alkohol löslich. Die freie Base wurde nicht krystallisiert erhalten.

Das von ROSENHEIM (1916) bei der Spaltung des Kerasins mit methylalkoholischer Schwefelsäure erhaltene Basenchlorid gab bei der Analyse (*eine* CH-Bestimmung) Werte, welche auf die Formel $C_{18}H_{37}NO_2 . HCl$ passen. Die Base wurde für Monomethylsphingosin (C_{17}) gehalten. Das Chlorid krystallisiert aus einer Mischung von Alkohol und Aceton in durchsichtigen Platten wie Cholesterin und schmilzt scharf bei 141°. Das Sulfat ist in Alkohol leichter löslich als das Sphingosinsulfat (siehe dazu S. 43 unten).

Konstitution des Sphingosins.

Konstitution: Sphingosin ist ein ungesättigter zweiwertiger Alkohol mit unverzweigter Kohlenstoffkette, dessen doppelte Bindung zwischen dem 14. und 15. Kohlenstoffatom, von der endständigen Methylgruppe an gezählt, liegt. Die doppelte Bindung ergibt sich aus dem Vermögen, zwei Wasserstoffe (Bildung von Dihydrosphingosin) und zwei Bromatome zu addieren, die unverzweigte Kette und die Lage der doppelten Bindung daraus, daß bei der Oxydation des Sphingosins mit Chromsäure und ebenso bei der Ozonspaltung Myristinsäure und bei der Oxydation des Dihydrosphingosins Palmitinsäure entsteht. Die Anwesenheit der primären Aminogruppe folgt aus der Reaktion mit salpetriger Säure, die Anwesenheit der beiden Hydroxylgruppen aus der Feststellung, daß Sphingosin ein Triacetylderivat, das keinen Stickstoff nach VAN SLYKE entwickelt, bildet. Die Verteilung der beiden Hydroxyl- und der Aminogruppe auf die Kohlenstoffatome 1—3 ist noch unbestimmt.

d-Galaktose $C_6H_{12}O_6$.

Dieser schon längst bekannte Zucker wird keine weitere Besprechung erfahren.

Über die *Darstellung* aus Cerebrosiden siehe S. 18 und 20. Zur *Bestimmung* in Cerebrosiden oder cerebrosidhaltigen Gemischen verfährt man in folgender Weise. Die abgewogene Substanz (0,2 bis 0,3 g) wird mit einem Teil von 5 ccm 15—16proz. Schwefelsäure zerrieben und mit Hilfe des Restes quantitativ in ein kleines Rundkölbchen von etwa 9 ccm Inhalt aus ganz dünnem Glas gebracht, dieses zugeschmolzen, 3 Stunden in siedendem Wasser erhitzt und nach dem Erkalten in einer mit Schnauze versehenen gläsernen Rundschale durch einen kurzen Stoß mit dem Pistill zertrümmert. Man filtriert durch ein kleines Filter in einen Meßzylinder für 20 ccm, zerreibt die zurückbleibenden bröckligen Massen zusammen mit den Glasscherben mit Wasser, filtriert durch dasselbe Filter und wäscht aus. Das Filter mit Inhalt wird in die Glasschale zurückgebracht, wieder mit Wasser zerrieben und die Flüssigkeit durch ein neues Filter in den Meßzylinder filtriert. Man setzt das Waschen mit Wasser so lange fort, bis das Filtrat um so viel weniger als 20 ccm beträgt, als Kubikzentimeter starker Natronlauge zu seiner Neutralisation nötig sind. Nach der Neutralisation folgt nun die Bestimmung nach BERTRAND (1906). Bei der Berechnung ist zu berücksichtigen, daß man bei dieser Methode etwa 10 vH Galaktose zu wenig erhält (aus Cerebron statt 21,7 nur etwa 19,7 vH) (LOENING und THIERFELDER 1912).

Bestimmung der Galaktose:

Produkte unvollständiger Spaltung der Cerebroside.

Schon THUDICHUM (1876 p. 134; 1878 p. 290; 1880 p. 158, 162, 174; 1901 S. 196 und 197) gibt an, daß es ihm gelungen sei, aus dem Phrenosin durch Abtrennung der Fettsäure eine Base, das sogenannte Psychosin, und durch Abtrennung des Zuckers eine Verbindung von Fettsäure und Sphingosin, das sogenannte Ästhesin, erhalten zu haben. Das Psychosin gewann er in unreinem Zustand auch aus dem Kerasin (1901 S. 218).

Die Nachprüfungen von KLENK (1926) zeigten, daß die von THUDICHUM zur Gewinnung des Psychosins benutzte Barytmethode, wenn auch auf etwas umständlichem Weg, zum Ziel führt, während die Darstellung des Ästhesins nach THUDICHUMS Angaben nicht gelang. Übrigens hatte auch dieser keinen reinen Körper erhalten. KLENK erhielt die Substanz auf einem anderen Wege und nannte sie Cerebronyl-N-Sphingosin. Gegen die Beibehaltung des alten Namens sprach schon der Umstand, daß dann auch für die aus den anderen Cerebrosiden erhaltenen entsprechenden Verbindungen neue Phantasienamen eingeführt werden müßten.

Psychosin entsteht auch aus den anderen Cerebrosiden. Das ist von KLENK und HÄRLE (1928) nachgewiesen, welche es nach demselben Verfahren auch aus einem Cerebrosidgemisch, welches nur kleine Mengen Cerebron, dagegen reichliche Mengen von Nervon und Oxynervon enthielten, darstellten.

Psychosin. $C_{24}H_{47}NO_7$.

M.G. 461,39 C 62,42 vH H 10,27 vH N 3,04 vH JZ. 55,02

$$\begin{array}{l} CH_3 - (CH_2)_{12} - CH = CH - \overset{3}{C}HOH - \overset{2}{C}H - \overset{1}{C}H_2NH_2{}^{*} \quad \text{Sphingosin} \\ \qquad\qquad\qquad\qquad\qquad\qquad\qquad\quad | \\ \qquad\qquad\qquad\qquad\qquad\qquad\qquad\quad O \\ \qquad\qquad\qquad\qquad\qquad\qquad\qquad\quad | \\ \qquad CH_2OH - CH - (CHOH)_3 - CH \qquad \text{Galaktose} \\ \qquad\qquad\qquad \diagdown\quad O \quad\diagup \end{array}$$

Über die Konstitution siehe die obige Formel und S. 54.

Darstellung: Zur Darstellung nach KLENK (1926) werden 4g fein gepulvertes Cerebron mit 8 g Ätzbaryt in 80 ccm Wasser in einem zugeschmolzenen Rundkolben 7 Stunden im kochenden Wasserbad erhitzt. Nach dem Erkalten, Absaugen, Waschen und Trocknen im Vakuum über Schwefelsäure kocht man die pulverisierte Substanz zweimal hintereinander mit je 50 ccm 96 proz. Alkohol aus und filtriert von dem aus den Auszügen beim Abkühlen sich abscheidenden unveränderten Cerebron (0,92 g) ab. Aus den vereinigten und auf etwa 30 ccm im Vakuum eingeengten alkoholischen Lösungen, welche in der Hauptsache nur Psychosin enthalten, fällt man die Base mit verdünnter alkoholischer Schwefelsäure (unter Vermeidung eines Überschusses) als Sulfat aus und krystallisiert das Salz aus 500 ccm absolutem Alkohol um. Ausbeute 1,65 g.

* Die Verteilung der OH-Gruppen und der NH_2-Gruppe auf die C-Atome 1, 2 und 3 ist noch unbestimmt.

Die Gewinnung aus Cerebrosidgemenge ist etwas umständlicher, wohl besonders wegen der Anwesenheit der Cerebroside mit ungesättigten Säuren (KLENK und HÄRLE 1928).

Um die freie Base zu gewinnen, fällt man die wässerige Lösung des Sulfats mit Barytwasser, saugt den Niederschlag ab, wäscht ihn gut aus, behandelt ihn nach dem Trocknen mit heißem Alkohol und filtriert das Bariumsulfat ab. Aus dem im Vakuum auf wenige Kubikzentimeter eingeengten Filtrat fällt das Psychosin beim Erkalten amorph aus.

Eigenschaften: Weiße, gut pulverisierbare Substanz, in Äthyl- und Methylalkohol löslich, quillt in heißem Benzol und Chloroform zu einer Gallerte auf, unlöslich in Äther und Petroläther. Sie ist nur schwierig krystallisiert zu erhalten, am besten in der Weise, daß man eine Lösung in etwa 20 Teilen eines Gemisches von gleichen Teilen Chloroform und Alkohol mit etwa 100 Teilen Petroläther versetzt, das Kölbchen verschließt und vorsichtig bis zur Lösung des entstandenen Niederschlages erwärmt. Beim Abkühlen entsteht eine ganz einheitliche Krystallisation schön ausgebildeter, sehr dünner, langgestreckter Nadeln. In der Mutterlauge bleibt nur sehr wenig zurück. Die Krystalle sintern bei 110°, beginnen bei 160° gelb zu werden, schmelzen unscharf bei 215° und zersetzen sich etwa bei 223° (KLENK und HÄRLE 1928).

Sulfat: Sulfat $C_{24}H_{47}NO_7 \cdot {}^1/_2\, H_2SO_4$. In Wasser leicht löslich, ebenso in Pyridin. Die ganz klare wässerige Lösung zeigt große Neigung zur Schaumbildung. Es löst sich in etwa 40 Teilen kochendem Methylalkohol und scheidet sich aus der Lösung langsam in warzenförmigen Gebilden aus, die als harte Krusten an Boden und Wandung des Gefäßes haften und aus dichten Haufen radiär ausstrahlender Spieße bestehen. In Äthylalkohol noch schwerer löslich, in Äther unlöslich.

Es beginnt bei 170° zu sintern und sich braun zu färben, bei 225° schmilzt es unter lebhafter Zersetzung (KLENK 1926).

Phosphat: Phosphat. Es fällt aus der alkoholischen Lösung der Base durch alkoholische Phosphorsäure. Löslich in heißem Wasser und beim Abkühlen in stark gequollenem Zustande ausfallend. Aus Chloroform enthaltendem Alkohol krystallisiert es in langen Nadeln, die aus einem Gemisch von Mono- und Diphosphat bestehen.

Chlorid: Chlorid. Es fällt nicht aus alkoholischer Lösung der Base durch alkoholische Salzsäure.

Pikrat: Pikrat. Es wird aus wässeriger Lösung des Sulfats durch äquivalente Menge Natriumpikrat als harzartige Masse gefällt (KLENK und HÄRLE 1928).

Weitere Angaben über Psychosin, die aber der Nachprüfung bedürfen, bei THUDICHUM.

Drehungsvermögen: Das Sulfat dreht in Pyridinlösung links (KLENK und HÄRLE 1928).

Präparat aus Cerebron gewonnen: $[\alpha]_D^{19^0} = -16{,}6^0$ ($c = 0{,}4947$, $l = 2$, $\alpha = -1{,}64^0$).

„ „ Cerebrosidgemisch gewonnen: $[\alpha]_D^{19^0} = -16{,}0^0$ ($c = 0{,}5000$, $l = 2$, $\alpha = -1{,}60^0$).

„ „ „ „ $[\alpha]_D^{15^0} = -16{,}5^0$ ($c = 0{,}5000$, $l = 2$, $\alpha = -1{,}65^0$).

Dihydropsychosin: Bei der Hydrierung mit Wasserstoff bei Gegenwart von Palladium entsteht Dihydropsychosin $C_{24}H_{49}NO_7$. Nicht deutlich krystallinisches weißes Pulver. In Wasser, Äther, Petroläther unlöslich, leicht löslich in heißem Alkohol und Aceton, in Chloroform beim Erwärmen zu einer Gallerte quellend. Sulfat nicht deutlich krystallinisch, in Alkohol schwer löslich. Das durch erschöpfende Behandlung mit Silberoxyd und Jodmethyl erhaltene Methylierungsprodukt des Dihydropsychosins gibt bei der Spaltung mit wässeriger Schwefelsäure ein methoxylhaltiges Sphingosinderivat, das als Sulfat

$$[CH_3 - (CH_2)_{14} - CHOCH_3 - CHOH - CH_2N(CH_3)_3] \cdot HSO_4 + H_2O^*$$

und als Chloroplatinat

$$[CH_3 - (CH_2)_{14} - CHOCH_3 - CHOH - CH_2N(CH_3)_3]_2 \cdot PtCl_6$$

analysiert wurde. Dieses Platinat ist offenbar identisch mit dem, welches bei der Methylierung des Dihydrosphingosins (S. 48) erhalten wurde (KLENK und HÄRLE 1928).

Einwirkung von salpetriger Säure: Der Stickstoff des Psychosins reagiert nach VAN SLYKE (KLENK 1926).

Reaktionen: Mit konzentrierter Schwefelsäure gibt es Purpurfärbung (THUDICHUM 1901 S. 196). Reaktion von MOLISCH (S. 16) positiv.

Spaltung: Psychosin zerfällt bei der Spaltung in Sphingosin und Galaktose

$$C_{24}H_{47}NO_7 + H_2O = C_{18}H_{37}NO_2 + C_6H_{12}O_6.$$

64,9 vH Sphingosin, 39,0 vH Galaktose.

---

* Bei Annahme des Sphingosins mit 18 C stimmt die Analyse besser auf 1 H_2O. Die ursprünglich aufgestellte Formel mit $^1/_2$ H_2O bezog sich auf Sphingosin mit 17 C.

Konstitution: Da das Psychosin mit salpetriger Säure reagiert und kein Reduktionsvermögen besitzt, so muß die Bindung seiner beiden Komponenten vermittelt sein durch die Hydroxylgruppe des Kohlenstoffes mit Aldehydfunktion in der Galaktose und einer Hydroxylgruppe im Sphingosin. Daß die Bindung eine reine glucosidische ist, daß also im Psychosin nur eine der beiden Hydroxylgruppen des Sphingosins an der Bindung mit Galaktose beteiligt ist, haben KLENK und HÄRLE (1928) bewiesen. Es gelang ihnen, aus dem methylierten Dihydropsychosin durch Spaltung mit verdünnter Schwefelsäure ein methoxylhaltiges Dihydrosphingosinderivat (S. 53) zu erhalten, woraus hervorgeht, daß eine der Hydroxylgruppen des Sphingosinkomponenten im Psychosin frei ist. Daß weiterhin die Sauerstoffbrücke im Galaktosekomponenten vom 1. zum 5. Kohlenstoffatom verläuft, ergibt sich aus Versuchen von PRYDE und HUMPHREYS (1927) welche zeigten, daß bei der Spaltung eines methylierten Cerebrosidgemisches 2, 3, 4, 6-Tetramethylgalaktose entsteht.

Schließlich hat es, allerdings unter der Voraussetzung, daß die Aminogruppe in Stellung 1 oder 3 sitzt, wahrscheinlich gemacht werden können, daß diejenige Hydroxylgruppe des Sphingosinkomponenten, welche die Verbindung mit Galaktose vermittelt, in Stellung 2 sich befindet: Bei der Methylierung des Dihydrosphingosins zeigte es sich, daß eine Hydroxylgruppe nicht oder nur sehr schwer methylierbar ist. Da die Methylierung zunächst wohl sicher am Stickstoff einsetzt, so dürften sich hier ähnliche Verhältnisse geltend machen wie beim Cholin, in welchem die alkoholische Hydroxylgruppe ebenfalls schwer methylierbar ist. Ebenso wie für dieses Verhalten beim Cholin wohl mit Recht die Nachbarschaft der Gruppe $- CH_2 \cdot N(CH_3)_3OH$ verantwortlich zu machen ist, so ist vermutlich auch im Dihydrosphingosin die schwer methylierbare Hydroxylgruppe diejenige, welche der NH_2-Gruppe benachbart ist, so daß dem methylierten Dihydrosphingosin die Formel

$$CH_3 - (CH_2)_{14} - CHOCH_3 - CHOH - CH_2N(CH_3)_3OH$$

zukommen dürfte. Eine offenbar mit dieser identische Base erhält man aber auch bei der Spaltung des Methylierungsproduktes von Dihydropsychosin. So ergibt sich mit einiger Wahrscheinlichkeit, daß die Hydroxylgruppe, welche im Psychosin die Verbindung mit der Galaktosekomponente vermittelt, am 2. Kohlenstoffatom sitzt (KLENK und HÄRLE 1928).

Cerebronyl-N-Sphingosin. $C_{42}H_{83}NO_4$.

M.G. 665,66 C 75,71 vH H 12,56 vH N 2,10 vH JZ 38,1.

$$
\begin{array}{l}
\qquad\qquad\qquad\qquad CH_3 - (CH_2)_{21} - CHOH - CO \quad \text{Cerebronsäure} \\
\qquad\qquad\qquad\qquad\qquad\qquad\qquad\qquad\quad | \\
\qquad\qquad\qquad\qquad\qquad\qquad\qquad\qquad\quad NH \\
\qquad\qquad\qquad\qquad\qquad\qquad\qquad\qquad\quad | \\
CH_3 - (CH_2)_{12} - CH = CH - \overset{3}{C}HOH - \overset{2}{C}HOH - \overset{1}{C}H_2{}^{*} \quad \text{Sphingosin}
\end{array}
$$

Über die Konstitution siehe die Formel und weiter unten.

Zur Darstellung werden nach KLENK (1926) 10g Cerebron in einem Gemisch von 270 ccm Eisessig und 30 ccm 10 proz. Schwefelsäure durch Erwärmen in einem mit Steigrohr versehenen Kolben gelöst und 42 Minuten im siedenden Wasserbad erhitzt. Zu der farblosen Flüssigkeit gibt man nach dem Erkalten, ohne Rücksicht auf den auftretenden Niederschlag zu nehmen, 500 ccm Wasser und so viel 33 proz. Natronlauge, daß die Reaktion gerade noch schwach sauer bleibt, schüttelt im Scheidetrichter mit etwa 2 Liter Äther durch, wobei der Niederschlag in Lösung geht und trennt die wässerige Schicht, die die abgespaltene Galaktose enthält, ab. Die ätherische Lösung wird jetzt mit einem Überschuß von verdünnter Natronlauge geschüttelt, wobei ein voluminöser Niederschlag ausfällt. Die Trennung erfolgt durch Zentrifugieren. Es bilden sich drei Schichten. Nachdem die obere, klare, ätherische Schicht (A) abgegossen ist, läßt sich der zum Kuchen gepreßte Niederschlag (B) leicht von der unteren alkalischen Schicht abheben. Darstellung:

A. Nach Abdestillieren des Äthers wird der Rückstand (2,7 g) in 20 ccm Aceton durch Erwärmung aufgenommen. Eine kleine Menge zuckerhaltige Substanz bleibt ungelöst und wird heiß abfiltriert. Beim Abkühlen im Eisschrank scheidet sich das Cerebronylsphingosin aus. Zur Reinigung löst man es in 15 ccm heißem Methylalkohol, fügt wenig methylalkoholische Bleiacetatlösung und methylalkoholisches Ammoniak zu, kocht kurz auf und filtriert heiß. Aus dem Filtrat fällt die Substanz beim Abkühlen größtenteils aus. Sie wird aus Aceton umkrystallisiert und der dabei ungelöst bleibende kleine Teil abfiltriert. Um noch vorhandene Bleispuren zu entfernen, löst man in 15 ccm Methylalkohol, leitet Schwefelwasserstoff ein, filtriert heiß, nötigenfalls unter Verwendung von etwas Kieselgur. Der beim Abkühlen im Eisschrank entstehende Niederschlag wird aus Aceton umkrystallisiert. Ausbeute 0,57 g.

* Verteilung der OH- und NH_2-Gruppen auf die Kohlenstoffatome 1, 2 und 3 noch unbestimmt.

B. Aus dem Niederschlag wurden nach einem etwas umständlicheren Verfahren noch 0,9 g erhalten.

Eigenschaften: Es ist in Methylalkohol und Aceton in der Wärme löslich, in Äther bei gewöhnlicher Temperatur sehr schwer, beim Erwärmen leicht löslich. Es krystallisiert aus Aceton in Sphärolithen mit zentrisch radialfaseriger Struktur und stachliger Oberfläche. Vereinzelt treten auch solche ohne Struktur und mit glatter Oberfläche auf.

Die geschmolzene und wieder erstarrte Substanz schmilzt bei 83—84°.

Jodzahl: Es addiert Brom; Jodzahl 38,1, gefunden 38,8.

Nitrobenzoylderivat: Mit m-Nitrobenzoylchlorid entsteht Tri-m-Nitrobenzoyl- [Cerebronyl-N-Sphingosin], Schm. 96—97°. In Äther und Aceton leicht löslich, aus abs. Alkohol einheitlich in Nadeln krystallisierend (KLENK 1926)].

Spaltung: Bei der Spaltung zerfällt es in Cerebronsäure und Sphingosin.

$$C_{42}H_{83}NO_4 + H_2O = C_{24}H_{48}O_3 + C_{18}H_{37}NO_2.$$

57,7 vH Cerebronsäure, 45 vH Sphingosin.

Konstitution: Da die Verbindung neutralen Charakter zeigt, so müssen ihre beiden Komponenten mittelst der Amino- und Carboxylgruppe aneinander gefügt sein.

Lignoceryl- und Nervonyl-N-Sphingosin sind bisher aus Kerasin und aus Nervon nicht dargestellt worden.

Lignoceryl-N-Sphingosin.

Lignoceryl-N-Sphingosin: Eine Substanz, welche als unreiner Körper dieser Zusammensetzung aufzufassen ist, wurde bei der Verarbeitung von Cerebrosidfraktionen ohne vorangegangene Hydrolyse isoliert (THIERFELDER 1914).

Konstitution der Cerebroside.

```
                         CH3 - (CH2)21 - CHOH - CO
                                                |
                                     OH         NH
                                     |          |
                                     3     2    1
CH3 - (CH2)12 - CH = CH - CH - CH - CH2*
                                          |
                                          O
                                          |
           CH2OH - CH - (CHOH)3 - CH
                     \_____________O_____________/
```

Cerebron (Phrenosin)

* Die Verteilung der OH- und NH_2-Gruppen auf die mit 1, 2 und 3 bezeichneten C-Atome ist noch unbestimmt.

$$
\begin{array}{l}
\qquad\qquad\qquad\qquad CH_3 - (CH_2)_{21} - CH_2 - CO \\
\qquad\qquad\qquad\qquad\qquad\qquad OH \qquad\quad NH \\
\qquad\qquad\qquad\qquad\qquad\qquad\;\; 3 \qquad 2 \qquad 1 \\
CH_3 - (CH_2)_{12} - CH = CH - CH - CH - CH_2{}^{*} \\
\qquad\qquad\qquad\qquad\qquad\qquad\qquad\quad O \\
\qquad CH_2OH - CH - (CHOH)_3 - CH \\
\qquad\qquad\qquad\qquad O \text{ (Brücke)}
\end{array}
$$

Kerasin

$$
\begin{array}{l}
\qquad CH_3 - (CH_2)_7 - CH = CH - (CH_2)_{13} - CO \\
\qquad\qquad\qquad\qquad\qquad\qquad OH \qquad\quad NH \\
\qquad\qquad\qquad\qquad\qquad\qquad\;\; 3 \qquad 2 \qquad 1 \\
CH_3 - (CH_2)_{12} - CH = CH - CH - CH - CH_2{}^{*} \\
\qquad\qquad\qquad\qquad\qquad\qquad\qquad\quad O \\
\qquad CH_2OH - CH - (CHOH)_3 - CH \\
\qquad\qquad\qquad\qquad O \text{ (Brücke)}
\end{array}
$$

Nervon

Nachdem die Konstitution des Psychosins behandelt worden ist, bleibt zunächst nur noch zu besprechen, wie dieses mit der Säure verbunden ist. Da die Cerebroside keine freie Aminogruppe enthalten (sie reagieren nicht mit salpetriger Säure) und völlig neutralen Charakter besitzen, so muß die Bindung eine säureamidartige sein. Das Formelbild für das Cerebron steht in vollem Einklang mit allen seinen Reaktionen, insbesondere auch mit seiner Fähigkeit, ein Hexaacetylderivat und bei der Spaltung mit methyl- oder äthylalkoholischer Schwefelsäure Monomethyl- bzw. Monoäthylsphingosin zu geben. Auch die Reaktionen des Kerasins (speziell die Fähigkeit, ein Pentaacetylderivat zu bilden) finden ihre Erklärung in der aufgestellten Formel bis auf das von ROSENHEIM beobachtete Auftreten einer Base von der Formel $C_{18}H_{37}NO_2$, deren Natur noch der Aufklärung bedarf. Vergl. S. 43 unten, S. 49 in der Mitte.

Das Formelbild des Nervons ergibt sich ohne weiteres.

---

* Die Verteilung der OH- und NH_2-Gruppen auf die mit 1, 2 und 3 bezeichneten C-Atome ist noch unbestimmt.

Die Menge der Cerebroside im Nervengewebe und ihre quantitative Bestimmung.

Die Menge der im Nervengewebe enthaltenen Cerebroside hat man, wenn auch nur annähernd, auf einem indirekten Wege zu ermitteln gesucht, indem man die bei der Hydrolyse frei werdende Galaktose mittels ihres Reduktionsvermögens bestimmte und aus diesem Wert die Menge der Cerebroside berechnete. Um zunächst die Cerebroside dem Gewebe zu entziehen (zusammen mit anderen Stoffen), wurde das getrocknete Gehirn mit kaltem Äther und dann mit kochendem 85 proz. Alkohol erschöpft. Die aus dem ätherlöslichen Teil von 100 g Gehirnpulver durch Hydrolyse erhaltene Menge Galaktose betrug* 0,6 g und die aus dem (ätherunlöslichen) alkohollöslichen Teil** erhaltene 1,56 g. 0,6 g entsprechen etwa 3 g Cerebrosid (Cerebron)*** und 1,56 g etwa 8 g, so daß auf 100 g Trockengehirn etwa 11 g Cerebroside oder auf 100 g frisches Gehirn (73,75 vH Wasser) etwa 2,9 g kommen (LOENING und THIERFELDER 1912).

Diese Art der Cerebrosidbestimmung setzt natürlich voraus: 1. daß die Cerebroside dem Gewebe durch heißen Alkohol vollständig entzogen werden, 2. daß Galaktose ausschließlich in Cerebrosiden vorkommt und 3. daß sie die einzige Kupferoxyd reduzierende Substanz ist, welche sich in den Auszügen nach der Hydrolyse findet. Bis jetzt liegt kein Grund vor, zu bezweifeln, daß diese Voraussetzungen zutreffen. Was Punkt 3 betrifft, so gibt NOLL (1899) an, daß der wässerige Auszug der Gehirnsubstanz FEHLINGsche Lösung beim Kochen nicht reduziere, um so weniger wird es der alkoholische tun.

---

* Die Bestimmung erfolgte nach S. 50.

** Bei der Extraktion mit heißem Aceton erhält man, wie KLENK (1927) fand, dieselbe Menge. Berechnet auf getrocknetes und mit Äther erschöpftes Gehirn betrug die Menge Galaktose, welche durch Alkohol extrahiert wurde, 2,42 bzw. 2,55 vH, und die, welche durch Aceton extrahiert wurde, 2,23 vH.

*** Die Umrechnung wurde vorgenommen unter Berücksichtigung des Umstandes, daß die benutzte Galaktosebestimmung auch bei reinem Cerebron und reinem Nervon immer nur etwa 19,7 vH ergab, gegenüber den theoretischen Werten (21,7 vH für Cerebron und 22,2 vH für Nervon). Es wurde deshalb der Galaktosewert nicht mit 4,6, sondern mit 5,1 multipliziert.

Vermutlich wird es gelingen, auf Grund dieses Prinzips ein einfaches und genaues Verfahren zur Bestimmung der Cerebroside in kleinen Mengen von Nervengewebe auszuarbeiten. Siehe dazu NOLL (1899), KOCH (1904).

Anders liegt die Sache nach KIMMELSTIEL, wenn man als Reduktionsmittel Ferricyankalium benutzt. Er fand, daß in den alkoholischen Auszug Ferricyankalium reduzierende Substanzen übergehen, deren Menge von vornherein zu bestimmen ist, um sie von dem nach der Hydrolyse erhaltenen Wert abzuziehen.

Methode von KIMMELSTIEL:

Die von KIMMELSTIEL benutzte Mikromethode (0,2—0,4 g) besteht in einer Erschöpfung der ganz frischen und sofort in flüssiger Luft zu einem Pulver zerriebenen Gehirnsubstanz mit siedendem Alkohol, Bestimmung des „Anfangswertes", d. h. des Reduktionswertes der in dem alkoholischen Auszug enthaltenen, in Wasser übergehenden Substanz in Milligramm Galaktose, Bestimmung des „Hydrolysewertes", d.h. des Gesamtreduktionswertes des hydrolysierten alkoholischen Auszuges, ebenfalls in Milligramm Galaktose, Abziehen des Anfangswertes vom Hydrolysenwert und Umrechnen auf Cerebrosid (Multiplikation mit 4,6). Die Reduktionsbestimmungen erfolgen nach HAGEDORN und JENSEN (1923), wobei die Flüssigkeit mit alkalischem Ferricyankalium in der Wärme behandelt, das gebildete Ferrocyankalium als Zinkverbindung ausgefällt und das überschüssige Ferricyankalium jodometrisch bestimmt wird. Über das Nähere siehe die Originalarbeiten (KIMMELSTIEL 1929, 1929a).

Die sofortige Behandlung des Untersuchungsmaterials mit flüssiger Luft soll nötig sein, um einer Zersetzung der Cerebroside (Abspaltung von Galaktose) vorzubeugen (JUNGMANN und KIMMELSTIEL 1929, KIMMELSTIEL 1929a). Sie beträgt nach KIMMELSTIEL 10—15 vH, gleichgültig, ob nach dem Tode 2 oder 24 Stunden vergangen sind. Siehe dazu S. 14.

Methode von SMITH und MAIR:

Eine andere direkte Methode zur quantitativen Bestimmung ist von SMITH und MAIR (1912/13a) angegeben worden. Sie extrahieren abgewogene Mengen trockenen Gehirns im SOXHLET-Apparat mit heißem Chloroform, kochen den Chloroformrückstand mit methylalkoholischer Ätzbarytlösung zur Verseifung der Phosphatide, bringen nach Zuführen von Eisessig zur Trockene, extrahieren den Rückstand im SOXHLET-Apparat mit heißem Aceton und bringen die aus dem Aceton beim Erkalten erfolgenden Abscheidungen als Cerebroside zur Wägung.

Es sind aber keine Belege dafür beigebracht, daß die Cerebroside während des 4—5stündigen Kochens mit der methylalkoholischen Barytlösung unzersetzt bleiben. Wahrscheinlich sind die erhaltenen Werte (z. B. 7,4 vH des trockenen oder 1,6 vH des frischen menschlichen Gehirns) zu niedrig.

Über das Mengenverhältnis der Cerebroside des Nervengewebes zueinander.

Hierüber können noch keine genaueren Angaben gemacht werden. Einen ersten Versuch in dieser Richtung hat KLENK (1927) ausgeführt. Durch stufenweise Extraktion des mit kaltem Aceton und Petroläther vorbehandelten Gehirnpulvers (Mensch) mit heißem Aceton in einem großen SOXHLET-Apparat wurde dem Material fast die Gesamtmenge der Cerebroside entzogen. Aus den erhaltenen Protagonfraktionen entfernte man die phosphorhaltigen Substanzen durch wiederholtes Umkrystallisieren aus Chloroform-Methylalkohol und durch Fällung mit Cadmiumacetat. Aus 1400 g Gehirnpulver wurden insgesamt 284 g Protagon, die 31,24 g Galaktose enthielten, gewonnen. Die Gesamtmenge der daraus erhaltenen Cerebrosidfraktionen betrug 125 g, die noch 24,2 g Galaktose enthielten.

Diese Cerebrosidfraktionen wurden nun gespalten und die auftretenden Fettsäuren wie oben (S. 38) bestimmt.

Es kamen auf 100 Teile der gewonnenen Gesamtfettsäuren (bzw. deren Methylester):

Cerebronsäure. . . .	46 Teile
Nervonsäure	18 „
Oxynervonsäure . .	14 „
Lignocerinsäure . . .	10 „

Da der für die verschiedenen Cerebroside berechnete Fettsäuregehalt annähernd übereinstimmt (siehe S. 39), so geben die Zahlen auch das Mengenverhältnis dieser Cerebroside in dem gespaltenen Material an. Es ist anzunehmen, daß sie in etwa demselben Verhältnis in der menschlichen Gehirnsubstanz vorliegen. Demnach wäre die Menge des Cerebrons größer als die Menge der drei anderen Cerebroside zusammen. Dies war nach allem, was man bis jetzt darüber wußte, zu erwarten.

Phosphatide.

Allgemeines.

Mit diesem von THUDICHUM eingeführten Namen* bezeichnet man Verbindungen, welche zumeist Phosphorsäure, Glycerin, höhere Fettsäuren und eine organische Base enthalten, denen aber auch Glycerin oder die organische Base fehlen können. Sie finden sich, worauf zuerst die zahlreichen Untersuchungen von HOPPE-SEYLER (1881 S. 57) hingewiesen haben, in allen darauf untersuchten tierischen und pflanzlichen Zellen und Geweben und kommen besonders reichlich in den Spermatozoenschwänzen (Lachs), dem Eidotter, der Nervensubstanz vor. Auch im Blut, in Transsudaten, in der Milch, im Colostrum, in der Galle, im Sputum fehlen sie nicht. In der Galle mancher Tiere sind sie sehr reichlich vertreten. Sie sind sowohl im freien Zustand, als auch in lockerer, schon durch Alkohol zerlegbarer Verbindung mit anderen Stoffen vorhanden und lassen sich den Geweben durch Äther und Alkohol entziehen, in die sie zusammen mit Stoffen anderer Natur übergehen. Auch eine Reihe anderer organischer Flüssigkeiten sind Extraktionsmittel für Phosphatide, z. B. Chloroform, bis zu einem gewissen Grade auch Aceton, obgleich Aceton kein Lösungsmittel für sie ist. Vorkommen:

Sie enthalten C, H, O und P, meist auch N, und werden im allgemeinen in amorphem Zustand erhalten. Sie lösen sich nicht in Wasser, quellen aber und bilden Emulsionen und kolloidale Lö- Allgemeine Eigenschaften:

* Für diese Substanzen ist von LEATHES (1910) der Name Phospholipine (Phospholipines) vorgeschlagen worden, den auch MACLEAN (1927) benutzt (Phospholipins) [ohne e!]. Es werden unter ihm Substanzen verstanden, welche Phosphor und Stickstoff enhalten. Wir ziehen vor den alten Namen Phosphatide, die nach THUDICHUM auch stickstoffrei sein können, beizubehalten, um so mehr als neuerdings eine stickstoffreie Verbindung, welche in nächster Beziehung zu Lecithin und Kephalin steht, die sogenannte Phosphatidsäure, aufgefunden worden ist. Wir befinden uns in dieser Beziehung in Übereinstimmung mit CHANNON und CHIBNALL (1927 S. 1114), den Entdeckern dieser Säure.

sungen. Gegen organische Lösungsmittel verhalten sich die einzelnen in reinem Zustand verschieden. Sie beeinflussen sich aber gegenseitig sehr in ihrer Löslichkeit und vermitteln durch ihre Gegenwart auch die Lösung anderer Stoffe in Flüssigkeiten, die an und für sich keine Lösungsmittel für diese sind. Manche sind schon an der Luft leicht oxydabel. Alles das macht ihre Trennung und Reindarstellung sehr schwierig.

Verhalten zu Farbstoffen: Über ihr Verhalten zu Farbstoffen siehe KAWAMURA (1911) u. a. Ihr Nachweis in den Geweben mit Hilfe von Färbemethoden ist bis jetzt ebensowenig möglich wie der der Cerebroside (siehe BERBERICH und JAFFÉ 1925, KUTSCHERA-AICHBERGEN 1925, 1929, KAUFMANN und LEHMANN 1928).

Historisches

Wenn auch die Geschichte der Phosphatide mit der Feststellung der Anwesenheit organisch gebundenen Phosphors in fettartigen Substanzen des Gehirns durch VAUQUELIN (1812) beginnt, so waren doch erst die Untersuchungen von GOBLEY (1846—1858) von grundlegender Bedeutung. Er gewann aus Eidotter (1846, 1847, 1847a) eine Substanz in noch nicht reinem Zustand, die er Lecithin* nannte. Sie stellt nach seiner Beschreibung eine weiche, klebrige, orangefarbige Masse von neutraler Reaktion dar, mit Wasser eine Emulsion bildend, wenig löslich in kaltem Alkohol, wohl aber in kochendem, aus dem sie sich beim Erkalten zum großen Teil wieder abscheidet, völlig löslich in Äther, an der Luft nicht veränderlich. In der Wärme bläht sie sich auf, ohne zu schmelzen, und hinterläßt beim Veraschen Phosphorsäure. Unter dem Einfluß von Mineralsäuren und Alkalien gibt sie als Spaltungsprodukte Ölsäure, Margarinsäure und Glycerinphosphorsäure (welche bei dieser Gelegenheit zum erstenmal in der Natur nachgewiesen wurde). GOBLEYs anfängliche Meinung, daß diese Säuren an Ammoniak gebunden seien, nahm er wieder zurück, ohne sich weiter darüber auszusprechen, in welcher Form der Stickstoff vorhanden sei oder ob er vielleicht ganz fehle. Das Vorhandensein einer ganz analogen Substanz nimmt GOBLEY (1847) im Gehirn (Vögel, Schafe, Menschen) an. Er hat sie auch in Karpfeneiern (1850, 1850a), Karpfenmilch (1851), Blut (1852), Galle (1856), Weinbergschnecken (1858) festgestellt.

(Margin: Untersuchungen von GOBLEY:)

Untersuchungen von DIAKONOW: Die Untersuchungen von GOBLEY wurden im Laboratorium von HOPPE-SEYLER in Tübingen von DIAKONOW (1867, 1868, 1868a, b

* λέκιθος = Eigelb.

und c) fortgesetzt. Es gelang ihm, das Lecithin aus Eigelb, Störeiern und Gehirn in größerer Reinheit zu gewinnen und den Nachweis zu führen, daß der stickstoffhaltige Komponent Cholin ist, welches STRECKER (1862) schon früher aus der Galle dargestellt hatte. Seine Versuche führten ihn zu dem Schluß, daß das Lecithin lediglich aus höheren Fettsäuren, von denen er Stearinsäure und Ölsäure nachwies, Glycerinphosphorsäure und Cholin aufgebaut sei. Er stellte auf Grund der gefundenen Spaltungsprodukte und der elementaren Zusammensetzung eine Konstitutionsformel auf, die bis auf einen Punkt, der später berichtigt wurde, sich als zutreffend erwiesen hat (Formelbild siehe S. 77). Auch nahm er schon, wie um dieselbe Zeit auch STRECKER (1868), die Existenz verschiedener Lecithine an, die sich nur in bezug auf die Fettsäurekomponenten unterscheiden.

Mit diesen Untersuchungen schien die Lecithinforschung nach der rein chemischen Seite hin abgeschlossen. Man glaubte, daß aller Phosphor, welcher in tierischen und pflanzlichen Geweben und Flüssigkeiten in ätherlöslicher Form vorhanden sei, dem Lecithin angehöre und berechnete die Lecithinmenge einfach aus der Menge Phosphorsäure, die man in dem ätherlöslichen Teil der Alkoholauszüge nach dem Veraschen fand.

Untersuchungen von THUDICHUM:

Eine wesentliche Änderung unserer Anschauungen, eine Erweiterung des Lecithinbegriffes, ergab sich aus den Untersuchungen von THUDICHUM über das Gehirn, deren Veröffentlichung im Jahre 1874 in den Reports of the medical officer London begann und die in dem Buch „Die chemische Konstitution des Gehirns des Menschen und der Tiere", Tübingen (1901), zusammengefaßt sind. THUDICHUM fand in dem Gehirn neben dem Lecithin andere mehr oder weniger ähnliche Substanzen, in welchen ebenfalls auf 1 Phosphor- 1 Stickstoffatom kam (Kephalin, Paramyelin, Myelin), außerdem auch solche, in welchen auf 1 Phosphor- 2 Stickstoffatome kamen (Amidomyelin, Amidokephalin, Sphingomyelin, Apomyelin), und solche, welche nur Phosphor, aber keinen Stickstoff enthielten.

Er faßte alle diese Stoffe als Phosphatide zusammen und unterschied als Untergruppen einstickstoffhaltige, zweistickstoffhaltige, stickstoffreie. Das Lecithin, bisher der einzige Vertreter der ätherlöslichen Stoffe, in welchen Phosphor in organischer Bindung vorhanden war, erscheint also jetzt als ein Glied einer Untergruppe der Gesamtgruppe der Phosphatide.

Eine Übertragung der Untersuchungen von THUDICHUM auf andere Gewebe führte auch hier zu ähnlichen Befunden.

In weitester Verbreitung fanden sich als Vertreter der Monaminophosphatide neben Lecithin (N:P = 1:1) das in vieler Beziehung ähnliche, aber durch seine Alkoholschwerlöslichkeit sich unterscheidende Kephalin (N:P = 1:1) und Diaminophosphatide (N:P = 2:1). Daneben wurden aber auch Phosphatide von ganz anderem Stickstoff-Phosphorverhältnis (3:1, 3:2, 5:1, 1:2 usw.) beschrieben.

Es mag hier gleich bemerkt werden, daß bis jetzt nur die Existenz von

Lecithinen } P:N = 1:1
Kephalinen }
Phosphatidsäuren, N-frei
Sphingomyelinen, P:N = 1:2

als gesichert angenommen werden kann, und daß möglicherweise alle Phosphatide einem dieser vier Typen angehören.

Manche von den anderen isolierten und als chemische Individuen angesprochenen Substanzen haben sich als Gemenge herausgestellt und von manchen der übrigen kann man schon jetzt sagen, daß sie demselben Schicksal verfallen werden.

Als reine Substanzen beschriebene, aber als Gemenge erkannte Phosphatide:

Im folgenden sollen von den vielen Substanzen, welche in der Literatur als rein beschrieben worden sind, ohne es zu sein, nur diejenigen verzeichnet werden, denen ein besonderer Name gegeben worden ist.

Carnaubon, von DUNHAM und JACOBSON (1910) aus Rindernieren gewonnen und für ein Triaminophosphatid gehalten, ist ein Gemenge im wesentlichen von Cerebrosiden und Sphingomyelin (ROSENHEIM und MAC LEAN 1915).

Cuorin, von ERLANDSEN (1907) aus Ätherextrakt des Herzmuskels gewonnen und für ein Monaminodiphosphatid gehalten, ist ein Gemenge von Kephalin und phosphorreicheren Abbauprodukten (LEVENE und KOMATSU 1919a, MAC LEAN und GRIFFITHS 1920).

Neottin, von FRÄNKEL und BOLAFFIO (1908) als Triaminomonophosphatid aus Eigelb beschrieben, ist eine Mischung von Sphingomyelin und Cerebrosiden (ROSENHEIM und MAC LEAN 1915).

Vesalthin, von FRÄNKEL und PARI (1909) und von FRÄNKEL, LINNERT und PARI (1909) aus Rinderpankreas dargestellt und für ein besonderes Monoaminophosphatid gehalten, ist ein Gemenge von Lecithin und Kephalin (MAC LEAN 1914).

Sahidin, von FRÄNKEL und LINNERT (1910) aus menschlichem Gehirn dargestellt und als Triaminodiphosphatid bezeichnet, ist unreines Lecithin (FRÄNKEL und KÄSZ 1921).

Leukopoliin von FRÄNKEL und ELIAS (1910) aus menschlichem Gehirn gewonnen und als Pentaaminomonophosphatid beschrieben, hat keinerlei Berechtigung für eine einheitliche Substanz gehalten zu werden. Dasselbe gilt von dem von FRÄNKEL und KAFKA (1920) aus Gehirn dargestellten und als *Dilignoceryl-diglucosamin-phosphorsäureester* angesprochenen Stoff (THIERFELDER und KLENK 1925).

Myelin und *Paramyelin*. Die Untersuchung dieser beiden von THUDICHUM (1901 S. 93 und 156, 1901 S. 91, 108 und 151) beschriebenen Monaminophosphatide ist seither nicht wieder aufgenommen worden. Ihre Existenz muß einstweilen als unsicher bezeichnet werden.

Über *Apomyelin* und *Amidomyelin* siehe S. 127.

Monaminophosphatide.

Lecithin und Kephalin.

Wie schon erwähnt, wurde Lecithin in einigermaßen reinem Zustande zuerst von DIAKONOW (1868) aus Eigelb und bald darauf aus Gehirn (1868a) dargestellt, und zwar in beiden Fällen aus dem alkoholischen Auszug, dem eine Extraktion mit Äther vorangegangen war. Wie aus den Untersuchungen von GOBLEY und HOPPE-SEYLERS Schülern PARKE (1867) und DIAKONOW (1867) sich ergibt, geht schon in den primären Ätherauszug des Eigelbs eine beträchtliche Menge organischer phosphorhaltiger Substanz über. GOBLEY hat sein Lecithin aus diesem Ätherauszug erhalten. Die Reingewinnung dieser phosphorhaltigen Substanzen scheiterte an dem Gehalt des Ätherauszugs an Fett und Cholesterin, deren dem Lecithin so ähnliche Lösungsverhältnisse einer Trennung im Wege standen. Diese Schwierigkeit hat GILSON (1888) dadurch zu überwinden gesucht, daß er den Ätherextrakt verdunstete, den Rückstand mit Petroläther aufnahm und die petrolätherische Lösung mit 75proz. Alkohol ausschüttelte. Als wesentlich geeigneter für die Trennung von Fett und Cholesterin einerseits und von Phosphatiden andererseits erwies sich das Aceton, das in die Phosphatidchemie eingeführt zu haben das große Verdienst von ALTMANN (1889) ist. ZÜLZER (1899) benützte es anfangs zur Entfernung des Cholesterins, das sich in ihm löst. Es zeigte sich aber bald, daß es auch zur Beseitigung des Fettes, wie schon ALTMANN gefunden hatte, dient. Versetzt man eine ätherische Lösung, welche Phosphatide, Fett und Cholesterin enthält, mit Aceton, so bleiben die letzteren beiden in Lösung, während die Phosphatide gefällt werden. Bei Benützung von Aceton konnte ZÜLZER gleich feststellen, daß im ätherischen Gehirnauszug neben dem in Alkohol löslichen Lecithin noch ein weiteres Phosphatid vorhanden ist, welches sich durch seine Unlöslichkeit in Alkohol von jenem trennen ließ. Er brachte diesen Befund sofort in Zusammenhang mit dem Kephalin, das von THUDICHUM (1874, 1876, 1901 S. 127) viele Jahre vorher, ebenfalls aus dem Gehirn, dargestellt worden war. THUDICHUM beschreibt es als ein Monaminophosphatid wie das Lecithin und, abgesehen von seiner *Unlöslichkeit* oder *Schwerlöslichkeit in Alkohol,* in seinen Löslichkeitsverhältnissen mit ihm übereinstimmend. Bei der Spaltung erhielt er auch Fettsäuren, Glycerinphosphorsäure und Cholin, daneben noch 2 weitere Basen, von denen es aber offen gelassen wird, ob sie nicht durch sekundäre Zersetzung aus dem Cholin entstanden sind. Als charakteristisch für das Kephalin sieht THUDICHUM die in ihm enthaltene Kephalinsäure an, wie für das Lecithin die Ölsäure. Er schreibt ihm dieselbe Konstitution zu wie dem Lecithin (1876), während er später (1901 S. 106 und 151) eine andere bevorzugt, die auch dem Lecithin zukommen soll.

Ein in Alkohol unlösliches Phosphatid wurde in den folgenden Jahren neben Lecithin von COUSIN (1906a) auch aus Gehirn, ferner aus Herzmuskel (ERLANDSEN 1907, MAC LEAN 1909), quer gestreiften Muskeln (ERLANDSEN 1907), Eigelb (STERN und THIERFELDER 1907, MAC LEAN 1908b, 1909b), Leber (BASKOFF 1908) und Nieren (MAC LEAN 1912) dargestellt. Das Darstellungsverfahren war in allen Fällen im wesentlichen das gleiche. Das getrocknete Gewebe wurde erschöpfend mit Äther extrahiert, die ätherische Lösung eingeengt und mit Aceton gefällt, die Fällung wieder mit Äther aufgenommen, die Lösung abermals mit Aceton gefällt und dieses Verfahren (Aufnehmen mit Äther, Fällen mit Aceton) unter Umständen mehrfach wiederholt, um Fett und Cholesterin völlig zu entfernen und mitgeschleppte, an und für sich in Äther unlösliche Substanzen (Cerebroside, Sphingomyeline) durch Filtrieren oder Centrifugieren abzutrennen. Die klare ätherische Lösung wurde schließlich mit absolutem Alkohol gefällt und so eine in Alkohol unlösliche oder schwer lösliche Fraktion (*Kephalinfraktion*) und eine alkohollösliche, welche in Lösung bleibt und durch Fällung mit Aceton zur Abscheidung gebracht werden kann (*Lecithinfraktion*), erhalten.

Aus letzterer ließ sich Lecithin, dessen Reinheit anscheinend allen Anforderungen (Löslichkeit, Analyse, Stickstoff-Phosphorverhältnis 1:1) genügte, gewinnen, so aus Gehirn (COUSIN 1906), Herz und quer gestreiften Muskeln (ERLANDSEN 1907), Herz (MAC LEAN 1908a), Leber (BASKOFF 1908), Eigelb (MAC LEAN 1909a). Lecithinfraktion:

Aus der Kephalinfraktion des Gehirns erhielt COUSIN (1906a) ein dem THUDICHUMschen ganz entsprechendes Kephalin (P:N = 1:1). Die aus der Kephalinfraktion der anderen Gewebe gewonnenen Präparate zeigten aber alle ein zugunsten des Phosphors verschobenes Stickstoff-Phosphorverhältnis. Beim Herzmuskel fand ERLANDSEN N:P = 1:2, woraufhin er die Substanz für ein neues Phosphatid hielt und Cuorin nannte. Phosphatide mit demselben Stickstoff-Phosphorverhältnis (1:2) wurden auch aus der Kephalinfraktion des Eigelbs (MAC LEAN 1908b, 1909b) und der Nieren (MAC LEAN 1912) erhalten, während die entsprechenden Substanzen von STERN und THIERFELDER aus Eigelb 1:1,3 und von BASKOFF aus Leber 1:1,5 („Heparphosphatid“) ergaben. Nachdem schon MAC LEAN (1918, S. 52) Zweifel an der Einheitlichkeit des Cuorin geäußert, zeigten LEVENE und KOMATSU (1919a) und MAC LEAN und GRIFFITHS (1920), daß in dem Cuorin ein durch phosphorreichere Zersetzungs- (oder auch Stoffwechsel)produkte verunreinigtes Kephalin vorliegt. Es kann kein Zweifel darüber bestehen, daß dasselbe auch für die erwähnten, aus den anderen Organen (Nieren, Leber, Eigelb) gewonnenen Phosphatide, in denen ein zugunsten des Phosphors abweichendes Stickstoff-Phosphorverhältnis gefunden wurde, gilt. Für das Phosphatid aus der Leber ist das schon nachgewiesen, indem LEVENE und INGVALDSEN (1920a) statt des „Heparphosphatids“ (N:P = 1:1,5) eine Substanz von den Eigenschaften des Kephalins (N:P = 1:1) erhielten. Kephalinfraktion:

Die oben benützte Bezeichnung Lecithin- und Kephalinfraktion hat also ihre Berechtigung.

Kephalin mit seinen charakteristischen Eigenschaften und dem Verhältnis N:P = 1:1 wurde nach etwas anderem Verfahren auch von KOCH (1902), FRÄNKEL und NEUBAUER (1909), PARNAS (1909) aus Gehirn, von FALK (1908) aus peripheren Nerven, von FRANK (1913) aus Leber dargestellt.

Während das isolierte Kephalin von niemandem für eine reine Substanz gehalten wurde, auch von THUDICHUM nicht, ging doch Charakterisierung von Lecithin und Kephalin:

wohl die allgemeine Meinung dahin, daß das Lecithin ein einheitlicher Körper sei, abgesehen davon, daß sich die einzelnen Individuen durch die in ihnen enthaltenen Fettsäuren unterscheiden können, wie das ja auch bei den Fetten der Fall ist.

Begründete Zweifel an der Einheitlichkeit des klassischen Lecithins (in Alkohol und in Äther lösliches Monaminophosphatid) ergaben sich aus den Arbeiten von MORUZZI (1908) und besonders von MAC LEAN (1908, 1908a, 1909, 1909a, 1909c) aus THIERFELDERS Laboratorium. Aus ihnen geht hervor, daß die bei der Spaltung des Lecithins erhaltenen Cholinmengen nicht der angenommenen Formel entsprechen, sondern weit geringer sind. So wurden in Herzmuskellecithin (MAC LEAN 1908a) nur etwa 37—42 vH, im Eigelblecithin (MAC LEAN 1909a) nur etwa 66 vH der berechneten Menge gefunden. Ähnlich geringe Ausbeuten waren schon vorher von anderen erhalten, z. B. von ERLANDSEN (1907) beim Herzmuskellecithin. Da die großen Fehlbeträge sich nicht durch die Unvollkommenheit der Isolierungsmethode oder durch eine Zersetzung des Cholins erklären lassen, wie MAC LEAN durch eingehende Untersuchungen feststellte, so war man zu der Annahme eines zweiten stickstoffhaltigen Atomkomplexes in den untersuchten Präparaten gezwungen. Diese Schlußfolgerung zog denn auch MAC LEAN und bald darauf auch BASKOFF (1908, S. 435) auf Grund von ähnlichen Untersuchungen an Leberlecithin. Der so indirekt nachgewiesene zweite Stickstoffträger wurde einige Jahre später von TRIER (1911) zunächst in einem pflanzlichen Lecithin, dann auch in dem Eigelblecithin des Handels (1911/12) aufgefunden und als Aminoäthylalkohol (Colamin) erkannt. Diese Angabe konnte EPPLER (1913), welcher die Untersuchungen von MAC LEAN fortsetzte und gleichzeitig mit TRIER arbeitete, für das Eigelblecithin bestätigen. Wenn auch in den von TRIER benutzten Präparaten vielleicht kein typisches Lecithin vorlag, so galt das doch von EPPLERS Körper. Es zeigte speziell die Eigenschaft der vollständigen Löslichkeit in Alkohol. Trotzdem ist, wie sich bald zeigen sollte, das Colamin kein Bestandteil des reinen Lecithins, vielmehr enthält dieses allen Stickstoff als Cholin. Eine Beobachtung von THUDICHUM (1901 S. 147) ließ den richtigen Zusammenhang erkennen. Er gibt an unter den Spaltungsprodukten des Kephalins neben dem Cholin noch zwei weitere Basen als Platinate isoliert zu haben, von denen er für die eine auf Grund der Analyse des Platinsalzes auch das Colamin in Betracht zieht. So wiesen die Untersuchungen von THUDICHUM auf das Kephalin als Träger des Colamins hin. Das Verdienst, dieser Annahme eine experimentelle Unterlage gegeben zu haben, gebührt PARNAS und seinem Mitarbeiter BAUMANN (1913). Sie bedienten sich dabei der gleichzeitig für diesen Zweck von TRIER (1913a) benützten Methode von VAN SLYKE (1910), nach der Colamin, aber nicht Cholin reagiert, sowie der Identifizierung des Colamin als Goldsalz. Sie konnten in einem von ihnen aus menschlichen Gehirnen dargestellten Monaminophosphatid, das alle Eigenschaften des Kephalins und P:N = 1:1 zeigte, bis zu 96 vH des Gesamtstickstoffes in dem Hydrolysat als Aminostickstoff nachweisen und bis zu etwa 58 vH der theoretischen Menge Colamin als Goldsalz isolieren (BAUMANN 1913, PARNAS 1913 S. 20, Fußnote 4). Sie konnten auch zeigen, daß kein Cholin vorhanden war, und daß unter den benützten Versuchsbedingungen aus Cholin kein nach VAN SLYKE reagierender Aminostickstoff gebildet wird. Die zu geringe Menge des erhaltenen Goldsalzes erklärt sich ohne weiteres aus der Schwierigkeit der Isolierung. Immerhin ist die Möglichkeit, daß noch eine andere nach VAN SLYKE reagierende Base vorhanden ist, nicht ganz auszuschließen, wenn auch recht unwahrscheinlich*.

Ebenso hohe oder etwas niedrigere Prozente des Gesamtstickstoffes an Aminostickstoff wurden erhalten bei der Spaltung von Nebennierenrinde-Kephalin (96,7 vH, WAGNER 1914), Rindergehirnkephalin (87 vH, RENALL 1913), Schafsgehirnkephalin (97,5 vH, RENALL), Thymusdrüsenkephalin (über 50 vH, SCHULZE 1915 S. 20). In diesen Fällen handelte es sich auch um Präparate mit dem Verhältnis P:N = 1:1. Es konnte auch Colamin als Goldsalz isoliert oder wie bei WAGNER seine Anwesenheit aus anderen Reaktionen festgestellt werden.

Alles das macht es so gut wie sicher, daß Colamin die Base des Kephalins und Cholin die Base des Leci-

* THIERFELDER und SCHULZE (1915/16) fanden bei der Anwendung ihrer „Kalkäthermethode" (zur Isolierung und Bestimmung von Cholin und Colamin in Phosphatiden) auf ein käufliches Lecithinpräparat weniger Colamin als der Bestimmung nach VAN SLYKE entsprach und schlossen daraus auf das Vorhandensein eines weiteren stickstoffhaltigen Atomkomplexes. Dieser Schluß erscheint heute nicht mehr gerechtfertigt. Der Fehlbetrag dürfte auf andere Weise zu erklären sein.

thins ist. Die Fehlbeträge in den zuletzt angeführten Versuchen erklären sich einfach daraus, daß dem Kephalin noch Lecithin beigemischt war; ebenso wie die zu geringe Ausbeute an Cholin bei der Spaltung des „Lecithin" und der Nachweis des Colamins unter seinen Abbauprodukten durch die unvollständige Entfernung des Kephalins verursacht ist.

In Übereinstimmung mit dieser Anschauung stehen Versuche von MAC LEAN (1915). Er bestimmte in „Lecithin" aus Eigelb, Ochsenherz, Pferdeniere nach der Hydrolyse gleichzeitig den Stickstoff des Cholins (als Cholinplatinchlorid) und den Aminostickstoff nach VAN SLYKE quantitativ und fand, daß die erhaltenen Stickstoffwerte in Prozenten des Gesamtstickstoffes sich zu 100 ergänzten. Wie schon gesagt, liegt zur Zeit keine Veranlassung vor, anzunehmen, daß außer dem Colamin noch eine andere Aminobase vorhanden ist.

Reines, kephalinfreies Lecithin gibt nach der Spaltung Cholin in der theoretischen Menge, reines lecithinfreies Kephalin nach der Spaltung allen Stickstoff als Aminostickstoff.

Darstellung von Lecithin + Kephalin.

Vorkommen: Was von den Phosphatiden im allgemeinen gesagt ist, gilt auch im besonderen von den beiden Monaminophosphatiden: sie scheinen in den Organismen überall vorzukommen, immer beide nebeneinander und das stets gleichzeitig vorhandene Sphingomyelin an Menge zu übertreffen.

Zur Ausgestaltung des Darstellungsverfahrens haben viele Forscher seit HOPPE-SEYLERS Tagen ihr Teil beigetragen, in neuerer Zeit ganz besonders MAC LEAN (1915), dessen Untersuchungen im folgenden weitgehende Berücksichtigung finden.

Vorbemerkungen: Entfernung des Wassers: *Vorbemerkungen.* a) Vorangehen muß eine *Entfernung des Wassers* aus dem zu benutzenden Material. Das kann auf verschiedene Weise geschehen: 1. Behandeln des Eigelbs oder des mit Hilfe der Maschine hergestellten Organbreis in dünner Schicht auf einer Glasplatte bei einer Temperatur bis zu 30° mit einem lebhaften Luftstrom (Flügelventilator, Föhn). Statt des Ventilators kann auch der Vakuumschrank benutzt werden. 2. Verreiben des Breies mit wasserfreien Salzen, welche ihm das Wasser entziehen, indem sie es binden. Vor dem Natrium- und Calciumsulfat, welche auch empfohlen worden sind, hat das Dinatriumphosphat besondere

Vorteile (FRÄNKEL und ELFER 1912). ROSENBLOOM (1913) benutzt Calciumcarbid. 3. Einbringen des Breies in Aceton, welches das Wasser verdrängt.

Gegen das *erste* Verfahren hat man geltend gemacht, daß die in dünner Schicht ausgebreitete Substanz der oxydierenden Einwirkung der Luft ausgesetzt sei, und daß auch autolytische und bakterielle Zersetzungen vor sich gehen könnten. Diese Einwände bestehen gewiß zu Recht, soweit es sich um Organbrei handelt, aber nicht dem so schnell trocknenden Eigelb gegenüber. Bei dem *zweiten* Verfahren wird das Volumen beträchtlich vermehrt. Es empfiehlt sich deshalb nicht, ist auch wohl für die Phosphatidgewinnung nur selten benutzt worden*. Gegen das *dritte* Verfahren ist nichts einzuwenden, und besonders wenn es sich um die Entfernung des Wassers aus Geweben handelt, ist es ausschließlich anzuwenden.

Eine Härtung der Organe durch Formalin ist nicht zweckmäßig, da die Menge der Phosphatide (nicht die der Cerebroside), welche durch Extraktion aus den formalinbehandelten Geweben erhalten werden, geringer ist als die aus den nicht dieser Behandlung unterworfenen (CRUICKSHANK 1912/13; MLADENOWIĆ und LIEB 1929; KIMMELSTIEL 1929b; WEIL 1929).

Schutzmaßregeln:

b) Die Darstellung soll zur Vermeidung von Zersetzungen möglichst schnell und unter Benutzung von ganz frischem Material und ganz reinen Reagenzien geschehen. Besonders ist auf die Reinheit des Äthers zu achten. Einwirkung von Luft und Licht ist möglichst auszuschalten. Verdrängung der Luft aus den Lösungen und Gefäßen durch Kohlensäure, Benutzung von Gefäßen und Exsiccatoren aus braunem Glase, von schwarzen Tüchern zum Zudecken. Besonders kommt das in Betracht nach Isolierung der Phosphatide aus den Geweben und vor allem nach Entfernung des sie schützenden Fettes. Solange sie noch in ihrem natürlichen Verband sind, sind sie viel weniger empfindlich gegen Licht, Luft und Wärme. Siehe darüber REWALD (1928c).

Extraktionsmittel:

c) Wahl der Extraktionsmittel. Als solche kommen in erster Linie Äther und Alkohol in Betracht.

Als Extraktionsmittel ist auch Aceton benutzt worden (FRÄNKEL, LEVENE). Es extrahiert aber nur einen Teil der Phosphatide, die vermutlich unter Vermittelung des Fettes in Lösung gehen. LEVENE beobachtete,

* BIENENFELD (1912) verwendete es bei der Untersuchung der Placenta.

daß dieser primäre Acetonauszug besonders geeignet ist zur Gewinnung von reinem Lecithin und Kephalin, weil nur wenig von den Zersetzungs- oder Stoffwechselprodukten mit hineingehen. Siehe auch SANO (1922). Neuerdings stellte REWALD (1928a und c) fest, daß die Menge der aus frischen Organen in Aceton übergehenden Phosphatide sehr erheblich sein kann, z. B. 68% der Gesamtphosphatide bei Corpus luteum, Pankreas, Nebenniere, noch mehr bei Schilddrüse und Eigelb.

Der Äther entzieht nur einen Teil der Phosphatide, der andere geht erst bei nachfolgender Behandlung mit Alkohol in Lösung. Jedenfalls gilt das für Lecithin. Das Kephalin scheint vollständig in den Äther zu gehen. Dieses Vorkommen in zwei Formen, einer freien ätherlöslichen und einer (an Eiweiß) gebundenen, in Äther unlöslichen, die erst durch Alkohol zerlegt wird, wurde zuerst von HOPPE-SEYLER (1867) am Eigelb beobachtet und richtig erklärt, ist aber weiterhin für alle Organe, soweit sie untersucht sind, festgestellt, z. B. für Herzmuskel und quergestreifte Muskeln (RUBOW 1905; ERLANDSEN 1907; ROSENBLOOM 1913a), Fischsperma (SANO 1922). In der Milch ist sogar alles Phosphatid an Eiweiß gebunden und wird erst durch Alkoholbehandlung ätherlöslich. Ebenso läßt sich dem an der Luft getrockneten Blut mit Äther kein Phosphatid entziehen (BANG 1918a, BLIX 1926).

Als ERLANDSEN den primären Ätherauszug des Herzmuskels und den sekundären Alkoholauszug gesondert untersuchte, fand er in beiden verschiedene Phosphatide, in dem ersteren eines von dem N:P-Verhältnis 1:1 (Lecithin) und ein anderes von dem N:P-Verhältnis 1:2 (Cuorin), in dem zweiten eines von dem N:P-Verhältnis 2:1. Nach diesem Ergebnis schien sich also eine stufenweise Extraktion zunächst mit Äther und dann mit Alkohol zu empfehlen, da auf diese Weise schon von vornherein eine Trennung erreicht werden konnte. Indessen haben die Untersuchungen von ERLANDSEN eine Berichtigung erfahren. Das Cuorin hat sich als ein mit phosphorreicheren Zersetzungs- oder Stoffwechselprodukten verunreinigtes Kephalin herausgestellt (LEVENE und KOMATSU 1919a; MAC LEAN und GRIFFITHS 1920) und MAC LEAN (1912a, 1913) konnte an Nieren, quergestreiften Muskeln und am Herzmuskel zeigen, daß das Diaminophosphatid ein durch stickstoffreiche Bestandteile verunreinigtes Lecithin ist.

So bietet die stufenweise Extraktion keine Vorteile, und es empfiehlt sich, gleich mit Alkohol auszuziehen. In diesen geht unter den vorliegenden Bedingungen auch das Kephalin, obgleich es ja nach seiner Isolierung nur wenig in Alkohol löslich ist. Allerdings wird von dem Alkohol auch in beträchtlicher Menge die oben erwähnte stickstoffreiche Substanz, welche nicht zu den Phosphatiden gehört und welche im Lauf der Darstellung wieder entfernt werden muß, aufgenommen (MAC LEAN). In den Äther geht diese Verunreinigung nicht hinein oder doch wenigstens in sehr viel geringerer Menge, und darin besteht ein Vorteil der primären Ätherextraktion. Da aber der Ätherextraktion ja doch eine Alkoholextraktion folgen muß, so scheint, alles in allem genommen, die sofortige Alkoholextraktion den Vorzug zu verdienen. Dem entspricht auch das im folgenden zu beschreibende Verfahren.

Will man doch aus irgendeinem Grunde zunächst mit Äther ausziehen, so kann die Untersuchung ebenfalls nach den folgenden Angaben geschehen.

Ausführung. Das *Eigelb* wird in dünner Schicht auf einer Glasplatte ausgebreitet und bei einer Temperatur bis zu 30° einem lebhaften Luftstrom (Flügelventilator, Föhn) ausgesetzt. Bringt man durch häufiges Behandeln mit einem Spatel immer wieder neue Teile an die Oberfläche, so schreitet das Trocknen schnell voran und die Masse läßt sich in einem Mörser zu einem feinen Pulver zerreiben. *Organe* werden nach Entfernung des sichtbaren Fettes zweckmäßig zunächst mit Aceton entwässert. Man verwandelt sie mit Hilfe einer Fleischhackmaschine in einen feinen Brei, läßt ihn eine Zeitlang in Aceton liegen, koliert und preßt in einer Handpresse trocken, zerbröckelt die Masse mit der Hand, breitet sie auf einer Glasplatte aus und verfährt wie oben. Zum Pulverisieren benutzt man eine Kaffeemühle. Ausführung:

Es folgt eine erschöpfende Extraktion mit absolutem Alkohol bei Zimmertemperatur, indem man mit mehrmals (4—6mal) erneutem Alkohol je einige Stunden auf der Maschine schüttelt. Zur Verdrängung der Luft aus der Flasche wird Kohlensäure eingeleitet und nach jedem Wechsel des Alkohols das Einleiten wiederholt. Die Entfernung des Alkohols nach dem Schütteln geschieht je nachdem durch Dekantieren, Centrifugieren, Absaugen. Eine völlige Klarheit der alkoholischen Lösung ist nicht nötig. Von dem Alkohol werden aufgenommen außer Lecithin und Kephalin noch Sphingomyelin, Cerebroside, Fett, Fettsäuren, Cholesterin, Cholesterinester, die oben erwähnte stickstoffreiche Substanz und anorganische Salze.

Der vereinigte alkoholische Auszug wird unter vermindertem Druck bei 30—40° eingeengt, der Sirup mit Äther aufgenommen (wobei nur ein Teil in Lösung geht) und ohne zu filtrieren mit einem Überschuß von Aceton versetzt. Der dabei auftretende Niederschlag wird mit einem Pistill durchgeknetet, von der überstehenden Flüssigkeit* befreit, wieder mit Äther aufgenommen und nochmals der gleichen Behandlung unterzogen. Der Prozeß ist dann noch mehrmals in derselben Weise zu wiederholen. Auf diese Weise werden acetonlösliche Substanzen (Fett, Cholesterin, Cholerinester) entfernt.

Man verreibt nun nach MAC LEAN (1912a, 1913) die Masse in einer Schale mit viel Wasser zu einer Emulsion und fügt zu dieser $^1/_4$—$^1/_2$ ihres Volumens Aceton. Dabei fällt das Phosphatidgemenge in auf der Oberfläche schwimmenden Flocken aus, während anorganische Salze und stickstoffhaltige Beimengungen, die nichts mit Phosphatiden zu tun haben, in Lösung bleiben**. Die Flocken werden entfernt, wieder mit Wasser emulgiert, mit Aceton gefällt und der Reinigungsprozeß mehrmals wiederholt. Es ist aber nötig, um eine gute Abscheidung zu erhalten, der Emulsion ein wenig Kochsalz zuzusetzen oder für die Emulsionierung etwas Kochsalz enthaltendes Wasser zu verwenden.

---

* Diese Flüssigkeit enthält noch Phosphatide, indem die aus den Geweben durch Äther und Alkohol extrahierten Phosphatide aus ihrer ätherischen Lösung nicht vollständig durch Aceton ausgefällt werden. Ein Teil bleibt in Lösung, wie das wohl zuerst von ERLANDSEN (1907) für die Phosphatide des Ätherauszuges des Herzmuskels festgestellt wurde. MAC LEAN (1914) zeigte, daß es sich hier um ein gewöhnliches acetonunlösliches Lecithin handelt, welches nur durch die gleichzeitige Anwesenheit anderer Stoffe in Lösung gehalten wird. Er gewinnt es, indem er die acetonätherische Lösung (Ochsenherz) zum Sirup verdunstet und diesen tropfenweise in einen großen Überschuß von Aceton (auf 4 ccm Sirup 100 ccm Aceton), welches eine Spur Calciumchlorid enthält, fließen läßt, den erhaltenen flockigen Niederschlag abtrennt und das Verfahren (Einengen der Lösung zum Sirup und tropfenweises Eingießen des Sirups in calciumchloridhaltiges Aceton) mehrmals wiederholt. Die ätherische Lösung der vereinigten Fällungen wird mit Aceton gefällt und die Fällung dem Wasserreinigungsverfahren (siehe diese Seite oben) unterworfen. Die so erhaltene Substanz hatte alle Eigenschaften und die Zusammensetzung der Monaminophosphatide (P 4,05 vH, N 1,85 vH, N:P = 1,01:1), sie wurde aus ihrer ätherischen Lösung fast quantitativ durch Aceton gefällt und gab bei der Spaltung Cholin.

** Beim Verdunsten des abgetrennten Acetonwassers (die bei den Wiederholungen erhaltenen Acetonwässer enthalten nur noch ganz wenig

Sano (1922) empfiehlt die Entfernung der wasserlöslichen Verunreinigungen durch wiederholtes Schütteln der Chloroformlösung der Phosphatide mit 1proz. Kochsalzlösung im dunklen Scheidetrichter nach Entfernung der Luft durch Kohlensäure vorzunehmen. Eine etwa auftretende Emulsion läßt sich durch Zusatz von wenig Alkohol trennen. Bei dieser Modifikation sollen die Verluste geringer sein.

Nach Entfernung des Wassers durch Durchkneten mit mehrmals gewechseltem Aceton und möglichst vollständigem Auspressen des Acetons nimmt man die Masse mit Äther auf, klärt die ätherische Lösung durch Centrifugieren (unreines Sphingomyelin), fällt mit überschüssigem Aceton und wiederholt dieses Verfahren (Aufnehmen mit Äther, Centrifugieren, Fällen mit Aceton) mehrfach, bis eine klare Lösung in Äther erfolgt.

Jetzt wird wieder mit Aceton gefällt und die Substanz mit Alkohol behandelt. In der Regel scheidet sich beim Stehen am Boden des Gefäßes ein Teil des Kephalins ab. Die filtrierte Flüssigkeit wird unter vermindertem Druck bei 40° verdunstet, der Rückstand mit Äther aufgenommen und die ätherische Lösung mit Aceton gefällt. Nach mehrmaligem Durchkneten mit Aceton trocknet man im Vakuum über Schwefelsäure (Lecithin + Kephalin).

Gelegentlich (nach Mac Lean dann, wenn die Darstellung möglichst schnell und unter Benutzung von besonders gut gereinigten Reagenzien, besonders Äther, erfolgt ist) löst sich auch das ganze Gemenge in absolutem Alkohol auf, indem das in Alkohol an und für sich schwer- oder unlösliche Kephalin in einer alkoholischen Lecithinlösung löslich ist. Man beobachtet auch oft, daß ein zunächst in Alkohol lösliches Präparat

Substanz) hinterbleibt ein weicher, klebriger Sirup, welcher von Mac Lean untersucht worden ist. Er ist unlöslich in Äther und in absolutem Alkohol, leicht löslich in eine Spur Wasser enthaltendem Alkohol und äußerst leicht löslich in Wasser. Er stellt ein Gemisch dar, aus dem zur Puringruppe gehörige Substanzen mit bis zu 40 vH N isoliert werden konnten, ferner ein Komplex, welcher aus alkoholischer Lösung mit Cadmiumchlorid, Platinchlorid, Aceton gefällt wird,etwa 6 vH N (zum Teil Aminostickstoff) und zuweilen auch Spuren Phosphor enthält. Siehe dazu das in mancher Beziehung ähnliche Substanzgemenge, welches Erlandsen (1907 S. 125) aus dem Alkoholauszuge des Herzmuskels erhielt und dessen unvollständige Entfernung die Anwesenheit eines Diaminophosphatids vortäuschte.

Neuerdings hat Mac Lean (1927, S. 82) diesem aus der wässerigen Emulsion durch Aceton erhaltenen Gemisch aus praktischen Gründen einen Namen gegeben und zwar hat er es Carnithin genannt. Dieser Name ist nicht glücklich gewählt, da er bereits für eine aus Säugetiermuskeln isolierte und einigermaßen gut charakterisierte Substanz benutzt wird.

(auch wenn es im dunkeln Exsiccator aufbewahrt worden war) teilweise seine Löslichkeit verliert. MAC LEAN ist geneigt, als Grund für diese Erscheinungen eine oxydative Veränderung des Kephalins anzunehmen, infolge deren es seine Löslichkeit in der alkoholischen Lecithinlösung verliert.

Die so gewonnene Substanz ist ein Gemenge von Lecithin und Kephalin. Es enthält ungefähr 1,85 vH N und 4 vH P; NP-Verhältnis annähernd 1 : 1 und keinen anderen Stickstoff als Cholin- und Aminostickstoff.

Plasmalogen: Voraussichtlich wird auch das so erhaltene Phosphatid noch verunreinigt sein durch kleine Mengen von Plasmalogen, einer in tierischen Geweben weit verbreiteten, bisher nur in Gesellschaft von Phosphatiden gefundenen Substanz (FEULGEN und VOIT 1924; FEULGEN, IMHÄUSER und BEHRENS 1929). Sie wird den Geweben zusammen mit den Phosphatiden durch Alkohol entzogen, ist wasserunlöslich, löslich in organischen Lösungsmitteln, aus ätherischer Lösung durch Aceton, aus alkoholischer durch Cadmiumchlorid fällbar. In Phosphatiden aus Gehirn und Fleisch findet sie sich viel reichlicher als z. B. in solchen aus Eigelb und kommt sowohl in der Lecithin- als der Kephalinfraktion vor, vielleicht vorwiegend in ersterer. Plasmalogen konnte bisher als solches nicht isoliert werden. Durch Verseifen (5stündiges Kochen mit 5proz. Natronlauge) scheint es keine wesentliche Veränderung zu erleiden, wohl aber durch Einwirkung schwacher Säure (3stündige Behandlung mit n/10 Salzsäure bei 37°) und augenblicklich durch Sublimat. Das Plasmalogen geht dabei vermutlich unter Abspaltung eines unbekannten Körpers in Plasmal über, welches wahrscheinlich ein Gemisch von Aldehyden höherer Fettsäuren darstellt. Das Plasmal wird nicht mehr durch Aceton gefällt und ist durch eine Reaktion mit fuchsinschwefeliger Säure ausgezeichnet.

Auf dieser Bildung von Plasmal beruht der Nachweis der Plasmalogenbeimengung: Man tränkt einen Filtrierpapierstreifen mit der ätherischen Phosphatidlösung, taucht ihn nach Verdunsten des Äthers für eine Minute in eine saure Sublimatlösung (1 vH Sublimat enthaltende 0,3 n Salzsäure) und darauf nach Auswaschen mit Wasser in ein Gefäß mit fuchsinschwefliger Säure, worauf sofort blauviolette Färbung des Streifens eintritt (Plasmalreaktion).

Um eine Phosphatidemulsion vom Plasmalogen zu befreien führt man es durch eine ganz milde Säurewirkung in Plasmal über und fällt dann mit Aceton, wobei das Plasmal in Lösung bleibt.

Aus einem solchen Gemenge (aus Ochsenherz) hat MAC LEAN (1915) reines Lecithin, welches nur Cholin enthielt, als Chlorcadmiumverbindung erhalten durch Fällung der alkoholischen Lösung mit Cadmiumchlorid und Reinigen des Niederschlages mit Hilfe von Äther, in dem es unlöslich ist. Eine Reindarstellung des Kephalins aus dem Gemenge gelang ihm nicht.

Lecithine.

Zusammensetzung der Lecithine.

```
CH2 – Fettsäure              CH2 – Fettsäure
|                            |
CH  – Fettsäure              CH  – O ——————————┐
|                            |                 |
CH2 – O\                     CH2 – Fettsäure   |
        \                                      |
    HO – PO                          HO – PO ——┘
        /
C2H4 – O                     C2H4 – O
|                            |
N ≡ (CH3)3                   N   (CH3)3
 \                           |
  OH                         OH

α-Lecithin                   β-Lecithin
```

Das Lecithinmolekül enthält ein Molekül Glycerinphosphorsäure, die wohl in der Hauptmenge die β-Säure ist (die α-Säure scheint quantitativ zurückzutreten S. 116, vielleicht ganz zu fehlen), 1 Molekül Cholin, und 2 Moleküle höhere Fettsäuren, die unter Austritt von 3 Molekülen Wasser zusammengetreten sind in der Weise, wie oben stehende Formeln zeigen.

Die bisher nachgewiesenen Fettsäuren sind: Palmitinsäure, Stearinsäure, Ölsäure, Linolsäure, Linolensäure (?), Arachidonsäure ($C_{20}H_{32}O_2$)*. Vielleicht kommt dazu noch eine dreifach ungesättigte Säure mit 20 C (HART und HEYL 1926, 1927). Fettsäuren:

Im einzelnen sind gefunden worden**:

Im *Eigelblecithin* Eigelblecithin:

in einem Fall: Palmitinsäure, Stearinsäure und von ungesättigten Säuren nur Ölsäure (LEVENE und ROLF 1921);

in einem anderen: Ölsäure, Linolsäure, Arachidonsäure. Auf gesättigte Säuren wurde nicht geprüft (LEVENE und ROLF 1922);

in einer Fraction eines bromierten Lecithins: Palmitinsäure, Stearinsäure, Tetrabromstearinsäure (LEVENE und ROLF 1926).

Im *Gehirnlecithin* Gehirnlecithin:

in einem Fall: Palmitinsäure, Stearinsäure und Ölsäure (LEVENE und ROLF 1921a);

in einem anderen: Ölsäure und Arachidonsäure. Auf gesättigte Fettsäuren wurde nicht geprüft (LEVENE und ROLF 1922b).

---

* Für ihre Isolierung hat WESSON (1924, 1925) eine wie es scheint sehr gute Methode, welche auf der Unlöslichkeit des Oktabromids in Alkohol und Äther beruht, angegeben.

** Es sind hier nur die Untersuchungen, welche an kephalinfreien Präparaten ausgeführt wurden, berücksichtigt worden.

Leberlecithin: Im *Leberlecithin*

in einem Fall: Stearinsäure, eine ungesättigte Säure, vielleicht Linolsäure, keine Ölsäure (LEVENE und INGVALDSEN 1920a);

in einem anderen: Palmitinsäure, Stearinsäure und zwei ungesättigte Säuren, von denen die eine zu Stearinsäure, die andere (wahrscheinlich Arachidonsäure) zu Arachinsäure hydriert werden konnte (LEVENE und SIMMS 1921).

in einem dritten: Ölsäure und Arachidonsäure, erstere überwiegend, vielleicht auch Linolensäure. Auf gesättigte Säuren wurde nicht geprüft (LEVENE und SIMMS 1922);

in einer Fraktion eines bromierten Lecithins: Palmitinsäure, Stearinsäure, Octabromarachinsäure (LEVENE und ROLF 1926).

Leberlecithin enthält verhältnismäßig viel hoch ungesättigte Säuren gegenüber dem Eigelblecithin (LEVENE und ROLF 1922).

Die Cadmiumchloridverbindungen der Leberlecithine hatten Jodzahlen von 59—84, die der Eigelblecithine von 30—54 (LEVENE und ROLF 1922).

Corpus luteum-Lecithin: Im *Corpus luteum-Lecithin* glauben HART und HEYL (1926, 1927) außer auch in anderen Lecithinen aufgefundenen Fettsäuren noch eine Säure von der Formel $C_{20}H_{34}O_2$ nachgewiesen zu haben.

Lecithingemenge: Aus der Vielheit der gefundenen Fettsäuren geht hervor, daß es mehrere Lecithine, welche sich durch die in ihnen enthaltenen Fettsäuren unterscheiden, geben muß. Durch diese Untersuchungen von LEVENE ist also die Richtigkeit der schon 1868 von DIAKONOW (1868b, 1868c) und STRECKER (1868) ausgesprochenen Meinung von dem Vorkommen mehrerer Lecithine bestätigt worden.

Aus den allerdings noch nicht zahlreichen Arbeiten über bromierte Lecithine (Leber, Eigelb) scheint hervorzugehen (LEVENE und ROLF 1926), daß jede ungesättigte Säure sich mit jeder der beiden gesättigten (Palmitinsäure, Stearinsäure) im Lecithinmolekül findet. Wenn in den Leberlecithinen vier ungesättigte Säuren vorhanden wären, so würden ihnen also acht untereinander verschiedene Lecithine entsprechen. Die Zahl würde noch größer, wenn es sich ergeben sollte, daß neben der Glycerin-β-phosphorsäure auch die α-Säure in den Lecithinen vorkommt. Die älteren Angaben von der Isolierung eines Lecithins (aus Eigelb), welches nur Stearinsäure enthielt (DIAKONOW 1868), und eines anderen mit 2 Molekülen Ölsäure (BERGELL 1900, ULPIANI 1901) haben keine Beweiskraft mehr. Man ist bisher keinem Lecithin begegnet, welches kein Brom addiert hätte (siehe z. B. CRUICKSHANK 1913/14a). LEVENE und ROLF (1921) erhielten bei der Spaltung eines Eigelblecithins gleiche Mengen gesättigter und ungesättigter Fettsäuren. BLOOR (1926, 1927, 1928a) hat aus zahlreichen Organen (Herz- und andere Muskeln, Leber, Niere, Pankreas, Lunge), die Phosphatide extrahiert, sie in eine Lecithin- und Kephalinfraktion zerlegt und in jeder der beiden Fraktionen die Menge der Gesamtfettsäuren und die Mengen der in den Gesamtfettsäuren enthaltenen flüssigen und festen Fettsäuren zu bestimmen versucht. Da diese Bestimmungen aber wegen der unzulänglichen Methodik nur ganz ungenau ausfallen konnten, so vermögen sie über das wirklich vorhandene Verhältnis zwischen gesättigten und ungesättigten Säuren nichts Sicheres auszusagen.

Die allgemeine Meinung geht wohl dahin, daß jedes Lecithin neben einer gesättigten auch eine ungesättigte Säure enthält. Indessen steht dieses keineswegs fest. Das Vorkommen von pflanzlichen Phosphatiden, in denen beide Säuren ungesättigt sind, scheint nachgewiesen (Hefe, S. 175; Kohlblätter, S. 183; Sojabohnen, S. 171).

Contardi und Latzer (1928) glauben aus Versuchen, die sie an tierischem Lysocithin angestellt haben, den Schluß ziehen zu können, daß Lecithine vorkommen, in welchen beide Fettsäuren ungesättigt sind. Diese Versuche geben zu Bedenken Anlaß, so daß die aus ihnen gezogenen Folgerungen uns nicht bindend erscheinen.

Ein Lecithin, in dem die in ihm enthaltenen beiden Fettsäuren und ihre Stellung zueinander feststeht, ist aus den Geweben noch nicht dargestellt worden. Die bisher isolierten sind keine chemischen Individuen, sondern Gemenge solcher.

Gegen die Annahme einer komplexen Natur des Lecithins (z. B. zwei unter Wasseraustritt miteinander verbundene Moleküle) spricht u. a. das Molekulargewicht des Hydrolecithins, welches mit dem eines distearylglycerinphosphorsauren Cholins übereinstimmend gefunden wurde (Levene und Simms, 1921). Kürzlich fanden auch Price und Lewis (1929) für das Lecithin in alkoholischer Lösung ähnliche Werte.

Hier folgen die errechneten Formeln einiger Lecithine und ihr Gehalt an den einzelnen Elementen in Prozenten (s. Tabelle S. 80).

Reine (kephalinfreie) Lecithingemenge scheinen bis jetzt nur aus Eigelb (Mac Lean 1915; Levene und West 1918a p. 185; Levene und Rolf 1927), Herzmuskeln (Mac Lean 1915), Gehirn (Levene und Rolf 1921a, p. 362, 1927) und Leber (Levene und Ingwaldsen 1920a, p. 364; Levene und Simms 1921 p. 196; Levene und Rolf 1926, 1927) dargestellt worden zu sein. Reines Lecithin aus d. Geweben:

	Palmityl-oleyl-Lecithin $C_{42}H_{84}NPO_9$	Palmityl-arachidonyl-Lecithin $C_{44}H_{82}NPO_9$	Stearyl-oleyl-Lecithin $C_{44}H_{88}NPO_9$	Stearyl-arachidonyl-Lecithin $C_{46}H_{86}NPO_9$
M-G.	777,7	799,7	805,7	827,7
vH C	64,81	66,02	65,53	66,69
„ H	10,89	10,34	10,98	10,47
„ N	1,80	1,75	1,73	1,69
„ P	3,99	3,88	3,84	3,75
JZ.	32,64	126,95	31,50	122,65

Errechnete Lecithinformeln:

Von den Präparaten von MacLean, welcher *als erster kephalinfreies Lecithin* isoliert hat, liegen für das Herzlecithin keine Analysen vor, für das Eigelblecithin nur N- und P-Bestimmungen. Die anderen sind teils als solche, teils als Hydrolecithin analysiert worden. Die Analysen stimmen zu der Theorie, abgesehen von den Stickstoffwerten, die verschiedentlich etwas zu hoch gefunden wurden. Dasselbe, d. h. die Übereinstimmung mit der Theorie, gilt allerdings auch von vielen älteren Präparaten, z. B. aus Gehirn (Thudichum*), aus Herzmuskel (Erlandsen 1907 S. 110; MacLean 1908a; Eppler 1913 S. 250), obgleich alle diese mehr oder weniger mit Kephalin verunreinigt gewesen sein müssen. In der Analyse kommt auch die größte Beimengung von Kephalin nicht zum Ausdruck, da die theoretischen Werte für Lecithin und Kephalin nahe beieinander liegen.

Als Chlorcadmiumverbindungen sind kephalinfreie Lecithingemenge erhalten worden, und zwar aus Eigelb (Malengreau und Prigent 1912; Levene und Rolf 1921, 1922), Herzmuskel (Levene und Komatsu 1919), Gehirn (Levene und Rolf 1922b), Leber (Levene und Simms 1922), Corpus luteum (Hart und Heyl 1925 p. 650; 1926 p. 668). Soweit Analysen vorliegen (Malengreau und Prigent, Levene und Rolf, Levene und Komatsu, Hart und Heyl) stimmen sie mit der Theorie.

Darstellung der Lecithine.

Die Verfahren stimmen darin überein, daß sie die Fällbarkeit des Lecithins aus alkoholischer Lösung durch Cadmiumchlorid benutzen.

* Diese Analyse (C 66,75 vH, H 18,67 vH [?], N 1,81 vH, P 4,00 vH) ist bei Levene und West (1918) erwähnt und soll sich bei Thudichum (1884) finden. Wir haben sie weder in diesem Buch noch in einer anderen Veröffentlichung von Thudichum feststellen können.

Darstellung von Lecithin-Cadmiumchlorid und Lecithin aus Eigelb nach MAC LEAN (1915 p. 374). Getrocknetes (S. 70) und pulverisiertes Eigelb wird mit Alkohol extrahiert, der alkoholische Auszug mit alkoholischer Cadmiumchloridlösung gefällt, der Niederschlag mit Alkohol gewaschen und mit der etwa 15fachen Menge eine Spur Alkohol enthaltenden Äthers verrieben. Durch Zentrifugieren erhält man einen braunen Niederschlag und eine überstehende klare Flüssigkeit. Der Niederschlag wird mit Äther gründlich gewaschen, getrocknet und mit Ammoniumcarbonat (S. 95) zersetzt. Man filtriert die alkoholische Lösung heiß, konzentriert, nimmt den Rückstand mit Äther auf, fällt mit Überschuß von Aceton und reinigt den Niederschlag durch Emulsionieren mit Wasser und Fällen mit Aceton wie S. 74 beschrieben. Die Substanz wird dann in Alkohol gelöst und wieder mit Chlorcadmium gefällt, der Niederschlag nach WILLSTÄTTER und LÜDECKE (S. 94) aus einer Mischung von 2 Teilen Essigester und 1 Teil 80 proz. Alkohol umkrystallisiert. Aus diesem Doppelsalz erhielt MAC LEAN durch Zersetzung mit Ammoniumcarbonat und wiederholte Reinigung des erhaltenen Phosphatids mit Wasser und Aceton (S. 74) ein Präparat, das keinen anderen Stickstoff als Cholinstickstoff enthielt. Die Analyse ergab 1,87 vH N und 4,15 vH P, N : P = 1 : 1. Darstellung aus Eigelb nach MAC LEAN:

Darstellung von Lecithin aus Eigelb nach LEVENE (LEVENE und ROLF 1921). Dieses Verfahren geht von der Beobachtung LEVENES (S. 71 unten) aus, daß Aceton dem trockenen Gewebe ein Phosphatidgemenge entzieht, welches zwar nur einen sehr kleinen Teil der Gesamtphosphatide ausmacht, aus dem aber die Gewinnung eines reinen Lecithins verhältnismäßig leicht gelingt. nach LEVENE:

Trockenes Eigelb wird erschöpfend mit Aceton behandelt, der Acetonauszug eingeengt, wenigstens 24 Stunden bei 0° stehen gelassen und die ausgeschiedene krystallinische Masse bei unter 10° abgesaugt. Sie enthält neben Fett, welches die Hauptmenge ausmacht, Lecithin und nur sehr wenig Kephalin.

Man schmilzt die Masse auf dem Wasserbad mit 2—3 Volumen Alkohol, mischt und läßt bei 0° krystallisieren. Nach dem Abfiltrieren des Fettes wird die Flüssigkeit unter vermindertem Druck auf die Hälfte eingeengt und mit alkoholischer Cadmiumchloridlösung ausgefällt. Das abgesaugte und pulverisierte Salz suspendiert man in annähernd seinem eigenen Volumen Toluol, in dem es sich, wenn noch etwas feucht, sofort oder nach leichtem Erwärmen klar löst. Ist die Lösung kolloidal, so fügt man einige Tropfen Wasser hinzu. Eine etwaige Opaleszenz, die von Cerebrosiden herrührt, wird durch Zentrifugieren beseitigt. Die klare Lösung gießt man in das 4fache Volumen kalten Äthers, welcher 1 vH Wasser enthält, worauf in wenigen Minuten ein Niederschlag auftritt. Dieser wird abzentrifugiert, mit Äther gut gewaschen, zur Entfernung des Toluols in Aceton suspendiert und abgesaugt. Die Isolierung des Lecithins aus der Chlorcadmiumverbindung geschieht nach S. 95.

Aus etwa 11 kg trockenem Eigelb wurden 80—100 g des Cadmiumchloridsalzes erhalten.

Eine weitere Menge (250 g) reines Cadmiumchloridsalz ließ sich aus dem Acetonfiltrat der krystallisierten Fettmasse gewinnen.

In prinzipiell ähnlicher Weise hat LEVENE auch aus *Leber* (LEVENE und INGWALDSEN 1920a) und aus Gehirn (LEVENE und ROLF 1921a) Lecithin erhalten.

Darstellung aus Eigelb und Organen nach LEVENE:

Darstellung des Lecithins aus Eigelb, Leber und Gehirn nach LEVENE und ROLF (1927). Die ersten Manipulationen sind etwas verschieden voneinander, je nachdem es sich um das eine oder andere Ausgangsmaterial handelt.

Eier. Die mittels eines Schlägers in eine Emulsion verwandelte Eigelbmasse wird durch ein Tuch getrieben und in das doppelte Volumen heißen Alkohols gegossen, der alkoholische Auszug nach dem Erkalten mit einer kalt gesättigten methylalkoholischen Cadmiumchloridlösung ausgefällt. — *Leber.* Von Fett befreite, fein zerkleinerte und getrocknete Leber wird mit Alkohol (auf 20 kg etwa 30 Liter) extrahiert, der Auszug auf $^1/_3$ eingeengt, über Nacht bei 0^0 stehen gelassen und nach Abfiltrieren des entstandenen Niederschlages ebenfalls mit methylalkoholischer Lösung von Chlorcadmium gefällt. — *Gehirn.* Von anhängendem Gewebe befreites Gehirn (20 kg) wird fein zerkleinert, im Vakuumtrockenofen getrocknet und zweimal mit Aceton (18 Liter) und daran anschließend mit heißem Alkohol (27 Liter) extrahiert. Hierauf folgt die Fällung mit Cadmiumchlorid wie oben. Die weitere Behandlung ist immer die gleiche.

Das Cadmiumsalz wird mit Äther geschüttelt, zentrifugiert und diese Behandlung 8—10mal wiederholt. Auf diese Weise läßt sich das Kephalin bis auf eine kleine Menge entfernen.

Man suspendiert nun in Chloroform (auf 100 g 400 ccm), schüttelt bis zur Bildung einer leicht opalescierenden Lösung, fügt 25 vH Ammoniakgas enthaltenden trockenen Methylalkohol hinzu solange sich ein Niederschlag bildet, aber unter Vermeidung eines großen Überschusses, und zentrifugiert. Der Rückstand wird wieder mit Chloroform extrahiert und die Lösung mit methylalkoholischem Ammoniak behandelt. Die vereinigte Lösung wird im Wasserbad (35—40°) bei 10—15 mm Druck eingeengt, der Rückstand in trockenem Äther gelöst, die Lösung unter denselben Bedingungen zur Trockene gebracht und das Verfahren 3 mal wiederholt. Der auf diese Weise möglichst trocken erhaltene Rückstand wird mit 99 proz. Alkohol behandelt, wobei gelegentlich Kephalin zurückbleibt, das abfiltriert wird.

Man fällt wieder mit methylalkoholischer Cadmiumchloridlösung, zerlegt das Cadmiumsalz wie oben angegeben, löst den trockenen Rückstand in sehr wenig Äther und fällt mit Aceton. 500 ccm Aceton genügen für den Rückstand, den man von 100 g Cadmiumsalz erhält. Die Fällung mit Cadmiumchlorid wird mehrmals wiederholt.

Das so erhaltene Präparat gibt bei der Analyse zuviel Stickstoff, was von kleinen Ammoniakbeimengungen herrührt. Um diese zu entfernen, löst man 50 g in 50 ccm Äther, fügt das gleiche Volumen 10 proz. Essigsäure hinzu und schüttelt eine halbe bis eine Stunde. Die dabei entstehende dicke Emulsion wird in 500 ccm Aceton gegossen, die Flüssigkeit von dem entstehenden Niederschlag abgegossen und dieser wiederholt mit trockenem Aceton gewaschen. Er beträgt ungefähr 25 g. Aus der abgegossenen Flüssigkeit und dem Waschaceton erhält man durch Einengen unter vermindertem Druck, Lösen des Rückstandes in trockenem Äther und Fällen mit Aceton nochmals etwa 12 g.

Die Präparate sind alle völlig frei von Amino-N, die Analysen geben richtige Werte, nur die Stickstoffwerte sind etwas zu hoch.

Ausbeute aus 20 kg Leber bei 3maliger Wiederholung der Cadmiumchloridfällung etwa 55 g.

Ausbeute aus 20 kg Gehirn bei 6maliger Wiederholung der Cadmiumchloridfällung gegen 30 g.

Darstellung aus Eigelb nach ESCHER:

An dieser Stelle sollte noch erwähnt werden, daß ESCHER (1925) ein Verfahren, allerdings nur skizzenhaft, beschrieben hat, mit dem er aus Eigelb und Gehirn in einfacher Weise unter Benutzung von niedrigen Temperaturen (bis zu —35°), im wesentlichen durch fraktionierte Krystallisation aus Äther, schneeweiße, krystallisierte Lecithinpräparate erhielt. Eine Fraktion zeigte den scharfen Schmp. 244—245°, die Jodzahl 50 und gab richtige P- und N-Werte. Daß es sich hier um einheitliche Substanzen handelt, ist ganz unwahrscheinlich, jedenfalls wurde es nicht bewiesen. Die Krystallisationsfähigkeit dieser Substanzen ist kein Beweis für ihre Reinheit. Bei *sehr hoher Kälte* sah HOPPE-SEYLER (bei DIAKONOW 1867, S. 224) das „Lecithin" und THUDICHUM (1901, S. 320) das „Kephalin" krystallisieren. Beide waren gewiß keine reinen Substanzen.

Immerhin ist es bemerkenswert, daß es ESCHER gelang, bei der Herstellung seiner Präparate Zersetzungen, wie sie sich durch Veränderung der Farbe kund tun, ganz auszuschließen.

Prüfung der Lecithine auf Reinheit.

Ein reines Lecithin muß Phosphor und Stickstoff in der berechneten Menge enthalten, also auch ein P:N-Verhältnis wie 1:1 zeigen. Das Hydrolysat muß die ganze Menge des Stickstoffs als Cholinplatinchlorid liefern und darf nach dem Verfahren von VAN SLYKE keinen Stickstoff entwickeln (siehe dazu S. 96).

Eigenschaften der Lecithine.

Lecithin* ist eine Substanz von weißer Farbe und kann bei vorsichtiger Darstellung und Anwendung niedriger Temperatur auch so erhalten werden (DIAKONOW 1868a, ESCHER 1925). Es ist aber wegen seines Gehaltes an ungesättigten Fettsäuren sehr zersetzlich und zeigt deshalb gewöhnlich eine gelbe Farbe, die allmählich dunkler wird. Die Darstellung hat auf diese Empfindlichkeit Rücksicht zu nehmen und ist schnell und unter möglichstem Ausschluß von Licht und Luft zu bewerkstelligen. Die Aufbewahrung hat im dunklen evakuierten Exsiccator zu geschehen.

Das aus den Lösungen gefällte Lecithin ist eine plastische, wachsartige Masse, welche im Vakuum schnell konstantes Gewicht annimmt, aber ein feuchtes Ansehen behält, äußerst hygroskopisch und deswegen auch nach dem Trocknen schwer pulverisierbar ist. Es ist im allgemeinen amorph, kann aber gewiß bei sehr niedriger Temperatur auch krystallisiert erhalten werden.

---

* Für die Untersuchungen sind vielfach Präparate benutzt worden, welche mehr oder weniger Kephalin enthielten.

Angaben über den Schmelzpunkt des reinen (kephalinfreien) Lecithins haben wir nicht finden können. Von einem noch kephalinhaltigen Präparat schreibt ERLANDSEN (1907 S. 109): „Der Schmelzpunkt läßt sich nicht genau bestimmen, scheint jedoch um 60° zu liegen, erst bei Erwärmung auf etwa 110° fängt die Substanz an braun zu werden und sich zu zersetzen.“ **Schmelzpunkt:**

Es ist löslich in den gewöhnlichen organischen Lösungsmitteln (Chloroform, Äther, Petroläther, Schwefelkohlenstoff, Tetrachlorkohlenstoff, Benzol, Alkohol) aber nicht in Methylacetat und Aceton. **Löslichkeitsverhältnisse:**

Es ist daher durch Aceton fällbar (ALTMANN 1889), und ebenso durch Methylacetat (WINTERSTEIN und HIESTAND 1907/08). Die Fällung wird durch die Anwesenheit von Fett beeinträchtigt, aber auch aus einer reinen Chloroform- oder Ätherlösung wird durch Aceton nur etwa 50 vH Lecithin niedergeschlagen (NERKING 1908a). Vollständige Fällung erfolgt durch Aceton, welches ein wenig einer gesättigten Lösung von Magnesiumchlorid enthält (NERKING 1910). Aus ätherischer Lösung wird es auch durch Paraldehyd gefällt (COOPER 1924). **Fällbarkeit:**

In Wasser quillt es auf zu kleisterartigen Massen und trüben Lösungen und zeigt unter dem Mikroskop schleimige, ölige Fäden (Myelinformen). Aus diesen kolloidalen Lösungen kann es durch Säuren und durch Neutralsalze, besonders durch Calcium- und Magnesiumchlorid, zur Abscheidung gebracht werden, ebenso durch Aceton bei Gegenwart von etwas Kochsalz (MAC LEAN 1912a, 1913) und durch eine wässerige gesättigte Paraldehydlösung (COOPER 1924). **Verhalten zu Wasser:**

Durch Bleizucker und Ammoniak wird es aus seiner alkoholischen Lösung nicht gefällt (THUDICHUM 1901 S. 121).

Wässerige Lösungen gallensaurer Salze vermögen bis zu 80 vH des Gewichtes der Salze Lecithin zu lösen, von dem ein beträchtlicher Teil durch Aceton gefällt wird. Die Anwesenheit mancher anorganischen Salze, z. B. Bariumchlorid, beschleunigt die Lösung (LONG und GEPHART 1908a). Lecithin vermag die Fällbarkeit gallensaurer Salze in alkoholischer Lösung durch Äther zu verhindern (HAMMARSTEN 1905). HAMMARSTEN nimmt an, daß Verbindungen von Lecithin mit gallensauren Salzen existieren, die in Äther, Chloroform, Benzol löslich sind. **Verhalten zu gallensauren Salzen:**

THUDICHUM (1901 S. 119) beschreibt eine krystallisierende molekulare Verbindung mit Salzsäure, die aber seitdem nicht **Verbindung mit Salzsäure:**

wieder dargestellt worden ist. Ein solches Salz ist auf jeden Fall höchst unbeständig (siehe darüber S. 89).

Verbindungen mit Salzen: Es verbindet sich locker mit Salzen, z. B. Kochsalz, Sublimat, Cadmiumchlorid, Platinchlorid. Die Kochsalzverbindung ist löslich in Äther, schwer löslich in Alkohol, unlöslich in Aceton (Bing 1901). Die Verbindung mit Sublimat ist löslich in Äther, Alkohol und Aceton (Bing).

mit Cadmium- u. Platinchlorid: Über die Verbindungen mit Cadmiumchlorid und Platinchlorid siehe S. 92 und 96.

Über Verbindungen mit Molybdän siehe Ehrenfeld (1908).

mit Zucker: Lecithin gibt auch mit Zucker lockere Verbindungen. Die Lecithinglucose ist in Äther löslich, hat aber keine konstante Zusammensetzung (Bing 1899, Mayer 1906a).

mit Glykosiden und Alkaloiden: Über Beziehungen zwischen Lecithin und Glykosiden und Alkaloiden hat Bing (1901) einige Angaben gemacht.

mit Eiweiß: Lecithin verbindet sich mit Eiweiß, und in Form solcher Verbindungen ist vermutlich ein Teil des Lecithins in den Geweben enthalten. Sie sind von Hoppe-Seyler (1867), Weyl (1877/78), Osborne und Campbell (1900) aus Eigelb erhalten worden. Sie lösen sich in Salzlösungen und scheiden sich aus ihnen durch Verdünnen mit Wasser oder bei der Dialyse ab. Durch Äther kann ihnen das Lecithin nicht entzogen werden, wohl aber durch Alkohol. Siehe auch die Arbeiten von Liebermann (1891, 1893). Künstlich wurden solche Substanzen, Verbindungen mit Ovalbumin und Zein (Galeotti und Giampalmo 1908) und mit Casein (Parsons 1928), dargestellt und untersucht. Sie lösen sich in Chloroform.

Addition von Brom: Lecithin addiert Brom. Aus einem solchen gebromten Lecithin (aus Leber) haben Levene und Rolf (1926) ein Oktobrom- und ein Hexabrom-Lecithin, aus einem anderen (aus Eigelb) ein Di- und ein Tetrabrom-Lecithin isoliert. Bei der Hydrolyse gab das Oktobrom-Lecithin Oktobromarachinsäure, das Hexabrom-Lecithin Hexabromstearinsäure, das Tetrabrom-Lecithin Tetrabromstearinsäure und jedes von ihnen Palmitin- und Stearinsäure.

Jodzahl: Die Jodzahlen können schwanken je nach den in dem Lecithin enthaltenen ungesättigten Fettsäuren. Die berechnete Jodzahl ist für das Palmityl-oleyl-Lecithin 32,64, für das Palmityl-arachidonyl-Lecithin 126,95, für das Stearyl-oleyl-Lecithin 31,5, für das Stearyl-arachidonyl-Lecithin 122, 65. Es ist aber zu berücksichtigen, daß während der Darstellung oder nachher Oxydationsprozesse vor sich gehen, welche die ursprüngliche Jodzahl herabsetzen. So fand ERLANDSEN (1907 S 111), daß ein Lecithin mit der Jodzahl 100 nach monatelangem Aufbewahren im nicht evakuierten Exsiccator die Jodzahl 29 zeigte. Hier war die Oxydation auch durch die Analyse deutlich nachweisbar. Siehe auch SIGNORELLI (1910). Es ergibt sich daraus, daß die Jodzahlen stets zu niedrig gefunden werden. Im folgenden sind Jodzahlen zusammengestellt, welche kephalinfreie Lecithine gegeben haben: Eigelblecithin 47 (LEVENE und ROLF 1926), 70 (LEVENE und ROLF 1927), Gehirnlecithin 61 (LEVENE und ROLF 1927), Leberlecithin 72,7 (LEVENE und INGWALDSEN 1920a), 76 (LEVENE und ROLF 1926), 90 (LEVENE und ROLF 1927). Andere Angaben über Jodzahlen, unter ihnen auch die von CRUICKSHANK (1913/14a), welcher sich eingehend mit ihnen beschäftigt hat, können übergangen werden, da sie von offenbar kephalinhaltigem Material stammen.

Addition von Wasserstoff: Lecithin addiert Wasserstoff. Über das Hydrolecithin siehe S. 91.

Drehungsvermögen: Kephalinhaltiges Lecithin (aus Eigelb), unter Vermeidung von Wärme über die Chlorcadmiumverbindung hergestellt, zeigte Rechtsdrehung. Es wurde inaktiv, als man seine Lösung bei 50—60° eindunstete (ULPIANI 1901). Durch mehrstündiges Erhitzen eines rechtsdrehenden Handelslecithins (Agfa-Lecithin) mit der spezifischen Drehung $+9{,}84^{0}$ in absolut alkoholischer Lösung auf 90—100° in geschlossenem Rohr erfolgte Racemisierung. Aus einer solchen inaktiven Substanz entstand durch Einwirkung von Steapsin Grübler eine linksdrehende $[\alpha]_D = -8{,}59^{0}$ (MAYER 1906). Die Versuche sollten wiederholt werden.

Einfluß auf Fermente: Über sich in ihren Ergebnissen zum Teil widersprechende Versuche betreffend den Einfluß von Lecithin (unreine Präparate) auf Eiweiß-, Fett- und Amylum- spaltende Fermente im Magensaft, Pankreassaft, Speichel, Serum siehe KÜTTNER (1906/07), NEUMANN (1908), LAPIDUS (1911), MINAMI (1912).

Reaktionen: Lecithin gibt die PETTENKOFERsche Reaktion, d. h. Purpurfärbung auf Zusatz von etwas Zucker und konzentrierter Schwefelsäure (THUDICHUM 1901 S. 121).

Reaktion von CASANOVA (1911): Zu dem eingeengten ätherischen Auszug der von Alkohol ganz befreiten Substanz fügt man 2 ccm 10proz. Ammonmolybdatlösung und unterschichtet mit konz. Schwefelsäure: Kirschrote Zone, allmählich über Grüngelb in Tiefblau übergeheud. Cholesterin stört nicht.

Beschleunigung der Autooxydation:

Die Autooxydation des Lecithins wird sehr beschleunigt bei schwach saurer Reaktion durch minimale Mengen von Eisensalzen und zwar von zwei- und dreiwertigem Eisen (THUNBERG 1909, 1911; WARBURG und MEYERHOF 1913; WARBURG 1914). Es findet dabei ein Verschwinden von doppelten Bindungen statt. Linolensäure* verhält sich ebenso (WARBURG). Von anderen Salzen fand THUNBERG (1911a, 1916) nur noch Kupfersulfat und Silbernitrat wirksam, aber in geringerem Grade, ferner Kaliumbichromat.

Im System Lecithin—Thioglykolsäure wird nach MEYERHOF (1923) bei schwach saurer Reaktion 10mal soviel Sauerstoff aufgenommen, als der Übergang $2\ SH + O = S{-}S + H_2O$ erfordert. Es findet dabei ebenfalls eine Abnahme der doppelten Bindungen statt. Die wirksame Komponente im Lecithin ist nur die Linolensäure*, bei deren Benutzung die Sauerstoffübertragung dieselbe ist. Diese erfolgt auch, wenn man statt Thioglykolsäure Cystein verwendet (MEYERHOF) oder Glutathion (HOPKINS 1925). WIELAND und FRANKE (1928) beobachteten, daß die Wirkung des Eisens in bezug auf die Sauerstoffaufnahme des Lecithins (und der Linolensäure) erheblich beschleunigt und gesteigert wird durch gleichzeitige Anwesenheit *kleiner* Mengen von Dioxymaleinsäure, Dioxyweinsäure und Thioglykolsäure.

Der Zusatz einer bestimmten Menge von Lecithin und ebenso auch von Kephalin zu dem System $H_2O_2+FeCl_3$ beschleunigt die katalytische Wirkung des Eisensalzes auf H_2O_2 (KIMURA 1924).

Nach TSUNEYOSHI (1927) vermehrt Lecithin (nicht aber Hydrolecithin und Kephalin) das Sauerstoffaufnahmevermögen von Gewebepulver, und ebenso steigert Lecithin die Oxydation von Aminosäuren (Glykokoll) an der Oberfläche von Holzkohle.

Lecithin hat, in nicht zu großen Mengen zugefügt, keinen Einfluß auf das Dehydrogenisierungsvermögen des Muskelpulvers (Entfärbung von Methylenblau bei Gegenwart von Bernsteinsäure) (TSUNEYOSHI 1927a).

Spaltung der Lecithine.

Spaltung:

Nach PAAL (1929) werden schon beim Lösen des Lecithins in warmem Alkohol (60—70°) erhebliche Cholinmengen abgetrennt, ja es findet schon beim Stehen einer alkoholischen Lecithinlösung

* Linolensäure ist bisher nicht mit Sicherheit im Lecithin festgestellt. Arachidonsäure wird sich wohl ebenso wie diese verhalten.

an der Luft im Laufe einer halben Stunde eine Spaltung statt, die sich mit Hilfe der Titration feststellen ließ.

Durch Basen und Säuren in wässeriger und alkoholischer Lösung erfolgt Zerfall in Fettsäuren (Fettsäureester), Cholin und Glycerinphosphorsäure (bei der Säurespaltung weiter in Glycerin und Phosphorsäure). Bei mehrstündigem Schütteln von Lecithincadmiumchlorid mit 10proz. Barytwasser bei Zimmertemperatur erfolgt Bildung von Glycerinphosphorsäure (WILLSTÄTTER und LÜDECKE 1904). Über den Umfang der Abspaltung findet sich keine Angabe. LEVENE und ROLF (1919) erhielten bei 16stündigem Schütteln von Lecithin mit gesättigtem Barytwasser bei Zimmertemperatur 90 vH der theoretischen Menge an roher Glycerinphosphorsäure. Bei einstündigem Kochen mit gesättigter methylalkoholischer Barytlösung im Wasserbad oder zweieinhalbstündigem Kochen mit gesättigtem Barytwasser am Rückflußkühler wird alles Cholin abgespalten (MACLEAN 1908). Spaltung durch Barytwasser:

Beim Kochen mit n/10 alkoholischer Kalilauge am Rückflußkühler war nach 2 Stunden noch keine völlige Spaltung eingetreten, wohl aber nach 6 Stunden (PAAL 1929). Spaltung durch Kalilauge:

Beim Schütteln mit wässeriger verdünnter Schwefelsäure bei Zimmertemperatur erfolgt Abspaltung von Cholin (DIAKONOW 1868b). GRÜN und LIMPÄCHER (1926) beobachteten, daß in Wasser gelöstes Lecithin auf Zusatz von Salzsäure Cholin abspaltet, unter Bildung von Cholinchlorid und zwar gerade so viel als sich aus der Menge der zugesetzten Salzsäure berechnete. Spaltung durch Säure:

Beim Kochen (der Lecithinchlorcadmiumverbindung) mit der 50fachen Gewichtsmenge n/10 Schwefelsäure am Rückflußkühler ist nach 14 Stunden (wahrscheinlich schon in kürzerer Zeit) eine völlige Abspaltung von Cholin und Fettsäuren und eine teilweise Spaltung der Glycerinphosphorsäure erfolgt (MALENGREAU und PRIGENT 1912). MACLEAN (1909a) empfiehlt für die Spaltung besonders mit Rücksicht auf die Gewinnung des Cholins zwei- bis fünfstündiges Kochen mit Salzsäure (auf 1 g 90 ccm Wasser und 10 ccm konzentrierte Salzsäure). LEVENE und INGVALDSEN (1920a) kochen für die Gewinnung der Säuren 8 Stunden mit 10proz. Salzsäure, LEVENE und SIMMS (1921) 8—15 Stunden mit 10proz. Salzsäure.

Alkoholische Salzsäure spaltet schon bei gewöhnlicher Temperatur in kurzer Zeit Cholin als Chlorid ab, wobei das Cholin Spaltung durch Säure i. alkohol. Lösung:

durch Äthyl ersetzt wird (Umesterung) (Grün und Limpächer 1926).

Zur vollständigen Spaltung ist auch Kochen mit absolutem Alkohol, der mit Salzsäuregas gesättigt ist (Baskoff 1908 S. 435), oder mit 5fach normaler methylalkolischer Salzsäure (8 Stunden) in Gegenwart von Zinn oder Zink [um eine Anlagerung von Halogen an die ungesättigten Fettsäuren zu verhindern (Rollett 1909)] benutzt worden. Die nach der Reaktion auf der Flüssigkeit schwimmenden Ester der Fettsäuren können mit Petroläther ausgeschüttelt und nach Entfernung der anhaftenden Salzsäure und Trocknen mit Natriumsulfat im Vakuum destilliert werden. Bei 21 mm gingen zwischen 205 und 245°, und zwar die Hauptmenge zwischen 215 und 226°, gegen 90 vH der theoretischen Menge über (Rollett 1909). Später ist diese Art der Spaltung, die sich auch für die Gewinnung von Cholin und Glycerinphosphorsäure eignet, auch von Fourneau und Piettre (1912) angewendet worden.

Spaltung durch Bakterien: Bei der Fäulnis entstehen dieselben Spaltungsprodukte unter allmählicher weiterer Zersetzung (siehe dazu Hasebroek 1888). Von in Reinkultur geprüften Bakterien haben manche spaltende Wirkung gezeigt, z. B. Bac. prodig., pyocyan., fluorescens liquefaciens; andere, z. B. Bact. coli, nicht (Kraaij und Wolff 1923). Brugsch und Masuda (1911) fanden Bact. coli wirksam.

Spaltung durch Fermente: Im Körper sind spaltende Fermente (Lecithasen) in weitester Verbreitung vorhanden. Das Material, an dem die Versuche angestellt wurden, war aber niemals reines Lecithin, sondern Handelsware oder selbst dargestellte Präparate (die alle mehr oder weniger Kephalin enthielten) oder phosphatidhaltige Gewebe. Die eingetretene Spaltung wurde erschlossen durch Titration (Auftreten von Säure), durch Nachweis von anorganischer Phosphorsäure, von Cholin oder auch aus dem Verschwinden von Lecithin. Es wirken spaltend Pankreasauszug (Bókay 1877/78), Pankreassaft (Wohlgemuth 1912), Pankreassaft, Glycerinauszug der Magenschleimhaut, Rizinuslipase, nicht aber Serumlipase (Schumoff-Simanowski und Sieber 1906), Darmsaft (Bergell 1901; Clementi 1910; Brugsch und Masuda 1911), Mekonium (Schmidt 1914), Rizinuslipase (Contardi und Latzer 1928; Piutti und De'Conno 1929), Wespengift (Belfanti 1928 S. 58). Nach Contardi und Latzer (1928) wirkt Wespengift auf Eigelb sowie auf die Chlorcadmiumverbindung von Lecithin und Lysocithin unter Bildung von Fettsäuren, Cholin und Phosphorsäure.

Einige dieser Befunde sind auch von anderer Seite bestätigt worden. Was den Pankreassaft betrifft, so geben STASSANO und BILLON (1903) an, daß er auch in aktiver Form das Lecithin nicht angreife. Dasselbe fanden KALABOUKOFF und TERROINE (1909). PAAL (1929) fand bei Benutzung einer nach WILLSTÄTTER gewonnenen Pankreaslipase in Glycerin- und Wasseremulsion von Lecithin trotz Gegenwart von Aktivatoren und für die Fermentwirkung optimaler p_H keine Spaltung, wohl aber eine deutliche im alkoholischen Medium.

Das Steapsin Grübler wirkt nur auf d-Lecithin, so daß MAYER (1906) mit seiner Hilfe aus dem racemischen l-Lecithin erhalten konnte (S. 87).

Lecithase wurde auch nachgewiesen in Blut, Chylus und Blutkörperchen (THIELE 1913), Blut und Eiterleukocyten (FIESSINGER und CLOGNE 1917), in der Takadiastase (AKAMATSU 1923a), in Organen, bei deren Autolyse sie sich anzeigt: bei der Autolyse des Pankreas (KUTSCHER und LOHMANN 1903), des Gehirns (CORIAT 1905; SIMON 1911; SLOWTZOFF 1922; STAMM 1926), der Leber (ARTOM 1925), des Eigelbs (WOHLGEMUT 1905), der pneumonischen Lunge (MÜLLER 1902). Von KUTSCHER und LOHMANN, CORIAT und WOHLGEMUT wurde Cholin isoliert. PORTER (1916) fand, daß der Glycerinauszug aller von ihm untersuchten Organe Lecithin spaltet. KAY (1926) stellt das speziell für den Nierenauszug fest. DA CRUZ (1928) fand, daß Leber- und Nebennierengewebe Lecithin spaltet (Nachweis durch Isolierung von Cholin). THIELE (1913a) gibt dasselbe an für Leber, Pankreas, Milz.

Einwirkung von Schlangengift:

Über das durch Einwirkung von Schlangengift aus Lecithin entstehende Lysocithin siehe S. 110.

Einwirkung von Röntgenstrahl., von Ultraviolettlicht:

Intensive Röntgenstrahlung vermag aus Lecithin kein Cholin abzuspalten (GUGGENHEIM und LÖFFLER 1916). Die Angabe von MAGISTRIS (1929), daß bei der Bestrahlung mit Ultraviolettlicht Cholin frei wird, bedarf der Nachprüfung, da bei salzsaurer Reaktion gearbeitet wurde und bei dieser Cholin leicht abgespalten wird.

Hydrolecithine.

Darstellung:

Hydrolecithin wurde von PAAL und OEHME (1913) (siehe auch I. D. RIEDEL 1913, 1913a, 1914) aus Eigelblecithin Merck, über dessen Kephalinfreiheit nichts angegeben ist, durch Hydrierung in alkoholischer Lösung mit Wasserstoff bei Gegenwart von kolloidalem Palladium dargestellt.

Eigenschaften: Weißes Krystallmehl, unter dem Mikroskop würfelförmig ausgebildete Kryställchen. Bei langsamer Abscheidung aus wässerigem Alkohol kann es auch in Form makroskopischer derber Krystalle erhalten werden. Nicht hygroskopisch und nicht zersetzlich. Es ist in allen Lösungsmitteln des Lecithins schwerer löslich als dieses. In Wasser unlöslich, in Aceton, Methylacetat, kaltem Essigester so gut wie unlöslich, in Äther schwerlöslich, in kaltem Methyl- und Äthylalkohol, Schwefelkohlenstoff, Benzol wenig löslich, mehr in der Wärme, in Chloroform leicht löslich.

Es sinterte bei 83—84° und zersetzte sich über 150° unter Schwärzung, Jodzahl 3,13. Die bei der Hydrolyse erhaltene Säure war in der Hauptsache Stearinsäure.

Präparat von RITTER: Ein von RITTER (1914) aus (der Darstellung nach) recht reinem Lecithin bereitetes Hydrolecithin war ebenfalls krystallinisch, nahezu geruch- und geschmacklos, zeigte dieselben Löslichkeitsverhältnisse und gab Fällungen mit Cadmium- und Platinchlorid. Es gab bei der Analyse Zahlen, welche auf Distearyl-Lecithin stimmten und bei der Spaltung als einzige Säure Stearinsäure.

Kephalinfreies Hydrolecithin: Kephalinfreies Hydrolecithin wurde aus Eigelb (LEVENE und WEST 1918a) und Gehirn (LEVENE und ROLF 1921a) ebenfalls als krystallisierte Substanz dargestellt. Letztere zeigte in Chloroformlösung bei verschiedenen Konzentrationen folgende Drehung: $[\alpha]_D^{20^0} = +5{,}75^0$ (c = 0,2 g in 10 ccm, l = 2), $[\alpha]_D^{20^0} = +5{,}5^0$ (c = 0,6 g in 10 ccm, l = 1), $[\alpha]_D^{20^0} = +6{,}0^0$ (c = 1 g in 10 ccm, l = 0,5). Bei der Spaltung wurde nicht ganz reine Stearinsäure erhalten.

Dieselbe spezifische Drehung (+5,2° bis +5,4°) zeigten auch Hydrolecithinpräparate, welche noch Kephalin enthielten (LEVENE und WEST 1918).

Chlorcadmiumverbindung der Lecithine.

Wie STRECKER (1868) zuerst feststellte, fällt aus einer alkoholischen Phosphatidlösung Lecithin durch alkoholische Cadmiumchloridlösung als Chlorcadmiumverbindung in Form eines weißen, flockigen Niederschlages aus. Die Verhältnisse zwischen Lecithin und Cadmiumsalz waren nicht konstant. Dasselbe ergibt sich aus den Untersuchungen von ULPIANI (1901), ERLANDSEN (1907), EPPLER (1913). Alle diese Präparate enthielten Kephalin.

Es handelt sich bei dieser Fällung nicht um eine selektive, sondern es fallen außer Lecithin noch andere Stoffe (Kephalin u. a.) aus*. Die Niederschläge sind aber relativ reicher an Lecithin und ärmer an Kephalin als diejenige Lösung, welche zur Fällung benutzt wurde (MAC LEAN 1909a; TRIER 1913a, S. 148; EPPLER 1913).

Zur Reinigung der Fällung sind verschiedene Maßnahmen empfohlen. THUDICHUM (1901 S. 117) verwendet Extraktion mit heißem Äther, in dem sie unlöslich ist, während die Kephalinfällung sich löst, ferner Extraktion mit kaltem Benzol, und darauf längeres Kochen des Ungelösten mit Benzol in einem mit LIEBIGschem Kühler versehenen Gefäß, bis das Benzol klar, also wasserfrei, übergeht, Abtrennen der Benzollösung und Fällen der ganz klaren Lösung mit Alkohol. Siehe dazu auch die Erfahrungen von MAC LEAN (1915 S. 370). BERGELL (1900) benutzt ebenfalls Äther. Reinigung:

LEVENE hat mehrere Verfahren angegeben: Lösen der in Äther suspendierten Fällung durch Erwärmen unter tropfenweisem Zusatz von Wasser und entweder Stehen bei 0° und Absaugen oder Fällen mit Alkohol, ferner Suspendieren der gepulverten Substanz in einem Minimum von Toluol, Lösen, wenn nötig unter Zusatz von einigen Tropfen Wasser, und Eingießen der klaren (wenn nötig zentrifugierten) Lösung in das 4fache Volumen auf 0° abgekühlten Äther, welcher 1 vH Wasser enthält (LEVENE und KOMATSU 1919; LEVENE und INGWALDSEN 1920a; LEVENE und ROLF 1921, 1921a; LEVENE und SIMMS 1921).

ULPIANI (1901) schüttelt in einem Scheidetrichter mit Schwefelkohlenstoff unter allmählichem Zusatz von Alkohol. Die dabei entstehenden trüben Schichten trennen sich auf Zusatz von mehr Alkohol und werden klar. Die untere enthält die Chlorcadmiumverbindung in einer Konzentration bis zu 7 vH.

---

* In der Literatur findet sich nur ein Fall, in dem reines Lecithincadmiumchlorid gefällt wurde. MALENGREAU und PRIGENT (1912) erhielten durch Fällung der alkoholischen Lösung eines Eigelblecithins Kahlbaum ein Präparat von 3,13 vH P und 1,385 vH N, P:N = 1:1 und keinem anderen Stickstoff als Cholinstickstoff. Eine vollständige Analyse wurde nicht ausgeführt. Der Grund liegt offenbar darin, daß das KAHLBAUMsche Handelspräparat ein sehr reines Lecithinpräparat ist, denn MAC LEAN (1915, p. 361) konnte aus ihm bis zu 92 vH des Gesamtstickstoffes als Cholinplatinchlorid erhalten.

WILLSTÄTTER und LÜDECKE (1904) benutzen zum Umkrystallisieren eine Mischung von Essigester und 80proz. Alkohol (2:1), in der die Verbindung sich in der Wärme leicht löst und beim Erkalten in schneeweißen mikroskopischen Nadeln abscheidet.

Verhältnismäßig leicht gelingt es zu einer reinen Lecithinchlorcadmiumverbindung zu gelangen, wenn man von dem Acetonauszug des getrockneten Materials ausgeht (LEVENE und INGWALDSEN 1920a; LEVENE und ROLF 1921, 1921a; siehe auch SANO 1922). Siehe darüber S. 71 u. 81. Auch der „sekundäre" Alkoholextrakt des Eigelbs (nach vorausgegangener Ätherextraktion) scheint ein geeignetes Ausgangsmaterial zu sein (EPPLER 1913 S. 238).

Eigenschaften: THUDICHUM (1901 S. 119) beschreibt das reine Lecithincadmiumchlorid aus Gehirn als „weißes, ganz krystallisiertes Produkt, das unter dem Mikroskop in Kugeln und Sternen von schönen Nadeln erscheint, auch in kochendem Äther ganz unlöslich, aber aus heißem Alkohol ohne Veränderung krystallisierbar." THUDICHUM (1884 p. 48; 1901 S. 119) hält das Salz für eine molekulare Verbindung, hat aber nur eine P- und N-Bestimmung ausgeführt, die auf ein Palmityl-oleyl-Lecithin-Cadmiumchlorid stimmt (gef.: 1,34 vH N und 3,28 vH P, ber.: 1,46 vH N und 3,24 vH P). Wie weit das Präparat kephalinfrei war, ist unbekannt.

Zusammensetzung: Von den kephalinfreien Chlorcadmiumsalzen ist nur eines (aus Herzmuskel) vollständig analysiert worden (LEVENE und KOMATSU 1919). Die Analysen stimmen für ein Dicadmiumsalz, das vielleicht eine unbedeutende Beimengung von dem Monosalz enthielt. Von den anderen liegen nur Phosphor- und Stickstoffbestimmungen vor, die alle für ein Monocadmiumchlorid-Lecithin passen und nicht für ein Dicadmiumsalz.

Drehungsvermögen: Die Chlorcadmiumverbindung zeigt Rechtsdrehung. LEVENE und WEST (1918a) fanden für ein aus Eigelb dargestelltes Präparat in Xylol (in dem es sich in der Hitze löste und beim Erkalten gelöst blieb) $[\alpha]_D^{20^0} = +2,0^0$ bis $+4,25^0$ und stellten fest, daß ein Kephalingehalt keinen Einfluß auf die Drehung hat. ULPIANI (1901) fand für ein ebenfalls aus Eigelb gewonnenes nicht reines Salz (dessen Analyse auf $[\text{Lecithin}]_3 \cdot [CdCl_2]_4$ paßte) in Schwefelkohlenstoff-Alkohollösung $[\alpha]_D^{24^0} = +11,41^0$ (c = 0,9968). Die Unterschiede können darauf beruhen, daß ULPIANI bei der Darstellung Anwendung von Wärme vermied und daß nach seinen Beobachtungen Lecithin unter dem Einfluß der Wärme schnell racemisiert wird.

Indessen beobachteten FRÄNKEL und KÄSZ (1921) für ein Präparat, bei dessen Darstellung Wärme nicht vermieden war, in Toluollösung $[\alpha]_D^{13^0} = +29,08^0$ (c = 0,6362). Diese Substanz war stark kephalinhaltig (etwa 30 vH).

Bei der Dialyse des mit Wasser angerührten Chlorcadmiumsalzes geht das Chlorcadmium vollständig in das Außenwasser, daneben auch Lecithin (THUDICHUM 1901 S. 91 und 97). Dialyse:

Die Zerlegung des Salzes nimmt man nach BERGELL (1900) mit Ammoniumcarbonat vor und zwar zerreibt man es mit absolutem Alkohol, erhitzt zum Sieden und fügt fein gepulvertes Ammoniumcarbonat in kleinen Mengen unter Umschütteln zu, bis die Flüssigkeit schwach alkalisch reagiert und schwach nach Ammoniak riecht (SCHULZE und WINTERSTEIN 1903/04 S. 107). Zerlegung:

LEVENE und SIMMS (1921) bewerkstelligen die Zerlegung in Chloroformlösung, welche sie mit ammoniakalischem Methylalkohol zusammenbringen.

Zerlegung mit Schwefelwasserstoff in alkoholischer Suspension in der Wärme, welche THUDICHUM (1901 S. 119) anwendete, empfiehlt sich nicht (BERGELL 1900; ULPIANI 1901; ERLANDSEN 1907 S. 139; GRÜN und LIMPÄCHER 1926). Die hierbei auftretenden Zersetzungen erklären sich jedenfalls zum Teil aus der Einwirkung der frei werdenden Salzsäure (siehe S. 89).

COUSIN (1906) zerlegt die Chlorcadmiumverbindung durch gelegentliches Schütteln ihrer Benzinlösung während 24 Stunden mit Silberoxyd. Ältere Versuche von ULPIANI (1901), das in Alkohol suspendierte Lecithinchlorcadmium durch Schütteln mit Bleioxyd oder Silberoxyd zu zersetzen, sind weniger befriedigend ausgefallen.

Bei der Rückgewinnung des Lecithins aus seiner *reinen* (*kephalinfreien*) *Chlorcadmiumverbindung* nach dem Verfahren von LEVENE findet keine Veränderung des Lecithins statt (LEVENE und WEST 1918a).

Schließlich ist noch einer Beobachtung von ERLANDSEN (1907) zu gedenken. Er fand, daß bei der Fällung eines „Lecithins" von richtiger Zusammensetzung mit Cadmiumchlorid der organische Teil des Niederschlags eine Veränderung erfahren hatte, indem er weniger C, H und O enthielt. Dieser auffallende Befund erklärt sich daraus, daß das benutzte Lecithin nicht rein, sondern kephalinhaltig war und daß der Kephalinanteil eine Zersetzung erlitten hatte. Diese Erklärung, daß hier Zersetzungsprodukte eine Rolle spielen, zieht schon EPPLER (1913), welcher dieselben Beobachtungen wie ERLANDSEN machte, in Betracht. Als richtig ist sie durch LEVENE und WEST erwiesen (siehe oben).

Platinchloridverbindung der Lecithine.

Wie ebenfalls STRECKER (1868) fand, fällt auch eine alkoholische Platinchloridlösung Lecithin aus seiner alkoholischen Lösung und zwar als gelben flockigen Niederschlag, der sich leicht und reichlich in Äther, Schwefelkohlenstoff, Chloroform und Benzol löste und bei der Analyse Werte gab, die mit der Formel $(C_{42}H_{83}NPO_8Cl)_2 \cdot PtCl_4$ stimmten.

	C	H	N	P	Cl	Pt
Berechnet für Palmityl-oleyl-Lecithin:	52,23 vH	8,67 vH	1,45 vH	3,2 vH	11,04 vH	10,1 vH
Gefunden:	51,93 vH	8,63 vH	—	3,55 vH	9,5 vH	9,9 vH
	52,2 vH	8,9 vH	—	3,2 vH	—	9,23 vH

THUDICHUM (1901 S. 120) beschreibt ein Platinat von denselben Eigenschaften und derselben Formel, gibt aber keine Analyse an. LÜDECKE (1905) stellte es ebenfalls dar und fand bei der Analyse 10,30 vH Pt und 3,31 vH P, desgleichen HAMMARSTEN (1902) (aus Eisbärengalle) N 1,73 vH, P 3,27 vH, Pt 10,22 vH. Die Analyse eines Präparates von FRÄNKEL und KÄSZ (1921) aus Gehirn stimmt für $(C_{44}H_{88}NPO_9)_2 \cdot PtCl_4$ (?). Alle diese Präparate enthielten jedenfalls Kephalin, das von FRÄNKEL und KÄSZ etwa 30 vH.

Die ätherische Lösung des Doppelsalzes scheidet beim Stehen allmählich ein hellgelbes Pulver ab, das sich als Cholinplatinchlorid erwies (STRECKER).

Die Platinfällung ist selten zur Isolierung des Lecithins benutzt worden und doch scheint sie gegenüber der Cadmiumfällung Vorzüge zu haben.

Quantitative Bestimmung der Elemente der Lecithine, sowie ihrer Spaltprodukte Glycerin, Fettsäuren und Cholin (zugleich Prüfung auf Abwesenheit von Kephalin).

Bestimmung des Glycerins:

Der Stickstoff wird am besten nach KJELDAHL, der Phosphor nach EMBDEN (1921) bestimmt. Das *Glycerin* läßt sich annähernd nach FANTO-ZEISEL (Temperatur 112°, Reaktionsdauer 2—3 Stunden) ermitteln. Aus dem Gewicht des Jodsilbers erhält man durch Multiplikation mit 0,3921 die Menge des Glycerins. Doch wurden die

Werte zu niedrig gefunden; im Durchschnitt 9,55 vH statt 11,8 vH für Palmityl-oleyl-Lecithin oder 11,4 vH für Stearyl-oleyl-Lecithin oder 11,5 vH für Palmityl-arachidonyl-Lecithin. Das benutzte Präparat enthielt bestimmt noch Kephalin, doch hätte diese Beimengung das Resultat erhöhen müssen. Übrigens gibt die Methode auch für reines Glycerin keine ganz befriedigenden Werte (FOSTER 1915).

Bestimmung der Fettsäuren und des Cholins:

Der Bestimmung der *Fettsäuren* und des *Cholins* muß die Hydrolyse vorangehen. Man kocht eine gewogene Menge, 1 g oder etwas mehr, mit n/10 Schwefelsäure* etwa 12 Stunden am Rückflußkühler und filtriert nach dem Erkalten auf 0°.

Fettsäuren:

Der *Filterrückstand* wird mit Wasser ausgekocht, wieder filtriert und das Verfahren mehrmals wiederholt. Zuletzt wird er in wasserfreiem Äther aufgenommen, der Ätherrückstand nach dem Verdunsten und Trocknen bei 100° gewogen. Man erhält so das Gewicht der Fettsäuren. Die theoretische Menge beträgt für Palmityl-oleyl-Lecithin 69,2 vH, für Palmityl-arachidonyl-Lecithin 70,1 vH, für Stearyl-oleyl-Lecithin 70,3 vH, für Stearyl-arachidonyl-Lecithin 71,1 vH.

In den Fettsäuren wurde stets eine kleine Menge Stickstoff gefunden, welcher auch durch das sorgfältigste Auswaschen nicht entfernt werden konnte. Wenn die Vermutung, daß er von Colamin herrührt (S. 108), richtig ist, so müßten die Fettsäuren bei der Spaltung von reinem Lecithin stickstofffrei gefunden werden.

Die vereinigten Filtrate. Nach Entfernung der Schwefelsäure durch Ätzbaryt und des überschüssigen Baryts durch Kohlensäure und gründlichem Auswaschen der Niederschläge mit heißem Wasser säuert man mit Salzsäure an und dampft auf dem Wasserbad zur Trockne. Der Rückstand wird mit absolutem Alkohol wiederholt ausgezogen und das Filtrat auf ein bestimmtes Volumen (etwa 30 ccm) gebracht.

Prüfung auf Abwesenheit von Kephalin:

Ein bestimmter Teil (etwa die Hälfte) dient zur Prüfung auf die Abwesenheit von Kephalin. Er wird zu diesem Zweck mit Salzsäure angesäuert, durch Eindampfen auf dem Wasserbad vollständig von Alkohol befreit, der Rückstand mit wenig Wasser aufgenommen und nach Neutralisation mit Alkali für die Bestimmung nach VAN SLYKE benutzt. Das entwickelte Gas darf nicht mehr betragen als in einem blinden Versuch.

* Statt dieser kann man auch verdünnte Salzsäure nehmen. In diesem Fall erübrigt sich die spätere Behandlung des Filtrats mit Baryt.

Cholin: Die andere Hälfte der alkoholischen Lösung (ebenfalls gemessen) wird für die Bestimmung des Cholins mit einer alkoholischen Platinchloridlösung versetzt (unter Vermeidung eines großen Überschusses), nach 24stündigem Stehen im Exsiccator über Chlorcalcium der Niederschlag durch gewogenes Filter filtriert, mit absolutem Alkohol sorgfältig gewaschen, bei 105—110 getrocknet und gewogen. Cholinplatinchlorid enthält 4,55 vH N, die Lecithine 1,7—1,8 vH.

Um das erhaltene Cholinplatinchlorid auf seine Reinheit zu prüfen wird eine Platinbestimmung ausgeführt. Das reine Chlorid enthält 31,68 vH Pt.

Kephaline.

Zusammensetzung der Kephaline.

α-Kephalin	β-Kephalin
CH_2 – Fettsäure	CH_2 – Fettsäure
CH – Fettsäure	CH – O – –
CH_2 – O	CH_2 – Fettsäure
HO – PO	HO – PO
CH_2 – O	CH_2 – O
CH_2NH_2	CH_2NH_2

Das Kephalin enthält wie das Lecithin höhere Fettsäuren, Glycerinphosphorsäure (wie es scheint hauptsächlich Glycerin-α-phosphorsäure, S. 116) und eine Base, die aber — und darin besteht ein Unterschied gegenüber jenem — nicht Cholin, sondern Colamin ist. Die Annahme, daß der Bau dem des Lecithins entspreche, das heißt also, daß ein Molekül Glycerinphosphorsäure mit 2 Molekülen Fettsäure und 1 Molekül Colamin unter Austritt von 3 Molekülen Wasser, in der Weise wie es die obigen Formeln zeigen, miteinander verbunden sind, ist naheliegend.

Fettsäuren: Die bisher nachgewiesenen Fettsäuren* sind Stearinsäure, Ölsäure, Linolsäure** und Arachidonsäure ($C_{20}H_{32}O_2$)***,

* Es sind nur Untersuchungen zugrunde gelegt, welche mit lecithinfreiem Kephalin ausgeführt wurden.

** Diese Säure wurde (allerdings in ganz unreinem Zustande) zuerst von THUDICHUM (1901, S. 148) isoliert und als Kephalinsäure bezeich-

*** Siehe Fußnote S. 99.

und zwar sind sie alle im Gehirnkephalin festgestellt, dem einzigen, das bisher in Bezug auf die in ihm enthaltenen Säuren untersucht wurde. PARNAS (1909, 1913), welcher als erster ein lecithinfreies Kephalin in Händen hatte, stellte fest, daß von gesättigten Säuren ausschließlich Stearinsäure (mindestens 24 vH des Kephalins) vorhanden ist und fand von ungesättigten Kephalinlinolsäure (18 vH des Kephalins „die Hauptsäure neben Stearinsäure"), wahrscheinlich ein wenig Ölsäure, ferner höher ungesättigte Säuren. MAC ARTHUR und BURTON (1916) erhielten ebenfalls von gesättigten Säuren nur Stearinsäure (über 25 vH) der Gesamtfettsäuren, von ungesättigten Ölsäure (über 50 vH der Gesamtfettsäuren) ferner zwei höher ungesättigte Säuren, deren Zusammensetzung aber nicht sicher festgestellt werden konnte. LEVENE und ROLF (1922a) isolierten Stearinsäure und Ölsäure und glauben auch Arachidonsäure* nachgewiesen zu haben.

Bei der Untersuchung von nicht lecithinfreiem Gehirnkephalin fanden auch THUDICHUM (1901, S. 148), COUSIN (1906a) sowie LEVENE und WEST (1913b) von gesättigten Säuren ausschließlich oder fast ausschließlich Stearinsäure, COUSIN auch Linolsäure.

Aus diesen Ergebnissen der Spaltungsversuche geht hervor, daß es mehrere Kephaline geben muß, und es gilt dasselbe, was von dem Lecithin gesagt worden ist (S. 78).

Hier folgen die unter Zugrundelegung der angenommenen Konstitution errechneten Formeln einiger Kephaline und ihr Gehalt an den einzelnen Elementen in Prozenten. Elementare Zusammensetzung:

net. Er stellte schon fest, daß sie der Menge nach eine der Hauptsäuren des Kephalins sei und hielt sie für dasjenige Radikal, welches ihm seine besonderen Eigenschaften verleiht.

* Nach einer noch unveröffentlichten Untersuchung von E. KLENK, welche die Fettsäuren des Rohkephalins aus Menschengehirn betrifft, ist das Vorhandensein einer Säure der C_{20} ...-Gruppe sehr unwahrscheinlich. Aus dem Gemisch der ungesättigten Fettsäuren konnte nach der Hydrierung nur Stearinsäure und eine Säure $C_{22}H_{44}O_2$, wahrscheinlich Behensäure, isoliert werden, Schmp. 78,5—79°. Das Gemisch der ungesättigten Fettsäuren lieferte bei der Bromierung einen unlöslichen Bromkörper, der nach dem Entbromieren eine ungesättigte Fettsäure von der Jodzahl 296 gibt. Es liegt hier wahrscheinlich eine Säure $C_{22}H_{36}O_2$ (JZ. berechnet 305,5) vor, denn die Hydrierung führte zu obiger Säure $C_{22}H_{44}O_2$.

	Stearyl-linolyl-Kephalin $C_{41}H_{78}NPO_8$	Stearyl-arachidonyl-Kephalin $C_{43}H_{78}NPO_8$
M.G.	743,7	767,67
vH C	66,16	67,22
„ H	10,57	10,24
„ N	1,88	1,83
„ P	4,17	4,04
JZ.	68,25	132,24

Wie ersichtlich liegen die Werte denen des Lecithins sehr nahe (siehe S. 80). Der Unterschied beider betrifft ja nur die Base und kommt analytisch nicht zum Ausdruck. Vergleicht man diese Werte mit denen bei der Analyse der Kephaline verschiedener Organe gefundenen, so zeigen sich erhebliche Abweichungen, während andererseits diese Analysen unter sich große Übereinstimmung zeigen und zu der Formel $C_{41}H_{78}NPO_{13}$ passen. Diese Formel verlangt: C 59,73, H 9,55, N 1,70, P 3,77 vH, und solche Zahlen sind von THUDICHUM (1901 S. 132), KOCH (1902), LEVENE und WEST (1916) für Gehirnkephalin, von STERN und THIERFELDER (1907), LEVENE und WEST (1916b) für Eigelbkephalin, von LEVENE und WEST (1916b) für Leber- und Nierenkephalin erhalten worden. Allerdings waren alle diese Präparate lecithinhaltig. Das sollte aber keinen Einfluß auf die Analysenergebnisse haben. Zudem liegt auch eine Analyse eines lecithinfreien Kephalins (aus Gehirn) vor, welche ganz ähnlich ist (LEVENE und ROLF 1927a) und eine andere, welche ein nahezu lecithinfreies Präparat aus Nebennierenrinde betrifft mit 59,27 vH C und 10,06 vH H (WAGNER 1914).

Versuche durch Benutzung verschiedener Lösungs- und Fällungsmittel die Zusammensetzung zu ändern, schlugen fehl, ebensowenig gelang es, in Form von Blei- oder Ureidoderivaten zu Verbindungen mit der Theorie entsprechenden Werten zu gelangen. Die Bleiverbindung hatte die Zusammensetzung $C_{41}H_{74}NPO_{13}Pb_2$ und das aus ihr zurückgewonnene Kephalin die Zusammensetzung $C_{41}H_{78}NPO_{13}$ (LEVENE und WEST 1916). Die Analysen des Phenyl- und des Naphtyl-Ureido-Kephalins stimmten auf Derivate der Substanz $C_{41}H_{78}NPO_{13}$ (LEVENE und WEST 1916c).

Besprechung der Kephalinformel: Zur Erklärung dieser Unstimmigkeiten, mit denen sich schon THUDICHUM (1901 S. 132) beschäftigte, liegt es am nächsten, an eine Aufnahme von Sauerstoff seitens der ungesättigten Säuren zu denken. Ein Eintritt von einem Atom Sauerstoff und einem Molekül Wasser würde den Kohlenstoff schon um 3—4 vH, den Wasserstoff um ein halbes Prozent erniedrigen. Indessen sind niemals Oxysäuren im Kephalin gefunden worden, obgleich darauf geprüft wurde (LEVENE und KOMATSU 1919a), so daß die oxydative Veränderung jedenfalls keine erhebliche sein kann. LEVENE und KOMATSU (1919a) suchen die Erklärung in der leichten Zersetzlichkeit der Kephaline, wobei unter Abspaltung von Fettsäure Abbauprodukte entstehen, zunächst Monostearyl-glycerinphosphorsäure-colaminester, dann Monostearyl-glycerinphosphorsäure u. a. Sie haben auch Substanzen mit niedrigerem Kohlenstoff- und Wasserstoffwert isoliert, von denen z. B. eine die Zusammensetzung eines Monostearyl-glycerinphosphorsäure-colaminesters C 56,93, H 9,23, N 2,14, P 6,05 vH hatte. Sie nehmen an, daß das von den Autoren erhaltene Kephalin ein Gemenge von wahrem Kephalin und diesen Zersetzungsprodukten (die vielleicht auch Stoffwechselprodukte darstellen, siehe Phosphatidsäuren S. 180), welche dem Kephalin fest anhaften, sei, und daß auf diese Weise die niedrigen Kohlenstoff- und Wasserstoffwerte zustande kommen. Eine solche Annahme (Abspaltung von Fettsäure) würde auch den Fehlbetrag an Säure verständlich machen, welcher bei der quantitativen Hydrolyse des Kephalins beobachtet wurde [statt der berechneten 75,9 vH nur 62,6—64 vH (LEVENE und WEST 1916) und 66 vH (MAC ARTHUR und BURTON 1916)].

Nicht recht in Einklang zu bringen mit dem Erklärungsversuch von LEVENE, der ja vieles für sich hat, ist der niedrige Phosphorgehalt. Er müßte durch Beimengung von Produkten, aus denen Fettsäure und Colamin ausgetreten sind, höher werden, ist aber stets unter dem theoretischen (4,17 vH) gefunden worden (etwa 3,77 vH).

Wie dem auch sein mag, entscheidend ist, daß man dem Ziel, zu einem Präparat zu gelangen, dessen Zusammensetzung dem des theoretischen Kephalins entspricht, näher gekommen ist. Nachdem schon früher einmal von FRÄNKEL und NEUBAUER (1909) aus Gehirn und von STERN und THIERFELDER (1907) aus Eigelb ein Kephalin mit höherem Kohlenstoffgehalt dargestellt worden war, gelang es LEVENE und ROLF (1921a) aus Rindergehirn und LEVENE und INGVALDSEN (1920a) aus der Leber Präparate zu erhalten, deren analytische Werte den von der Theorie verlangten sehr nahe lagen:

C 65,80 vH	H 10,37 vH	N 1,41 vH	P 3,77 vH	N : P = 1 : 1,2 (L. u. R.)
66,0 vH	9,5 vH	1,487 vH	3,60 vH	= 1 : 1,09 (L. u. I.)
66,16 vH	10,57 vH	1,88 vH	4,17 vH	= 1 : 1 berechnet f. Stearyl-oleyl-Kephalin.

Allerdings enthielten beide Präparate nicht allen Stickstoff als Aminostickstoff, sondern ersteres nur 82, letzteres nur 66,4 vH, was einer Lecithinbeimengung von 18 bzw. 33,6 vH entspricht, aber die Analysen hätten ganz anders ausfallen müssen (erheblich weniger C), wenn dem in den Präparaten enthaltenen Kephalinanteil die sonst von den Autoren gefundene Zusammensetzung zukäme. Vergleiche dazu auch LEVENE und WEST (1918). In demselben Sinne ist auch die analytische Übereinstimmung der reinen (kephalinfreien) Lecithine und der kephalinhaltigen (S. 80) eine Stütze für die Auffassung des Kephalins als eines mit zwei Fettsäureradikalen verbundenen Glycerinphosphorsäure-colaminesters. Weiter: LEVENE und seine Mitarbeiter erhielten aus hydrierten Gemengen von Lecithin und Kephalin Präparate, welche bei der Analyse Werte gaben, welche einem hydrierten Distearylglycerinphosphorsäure-colaminester entsprachen und von denen eines nur ganz wenig Lecithin enthielt:

C vH	H vH	N vH	P vH	N : P	NH_2-N in vH d. Ges.-N	Lecithingehalt vH	Organ	
65,50	10,36	1,80	4,29	1:1,07	77	23	Herzmuskel	LEVENE und KOMATSU (1919)
66,05	10,62	1,66	3,87	1:1,08	80,7	19,3	Leber	LEVENE und INGVALDSEN (1920a)
65,33	10,50	1,94	3,87	1:1,07	98,33	1,67	Eigelb	LEVENE und WEST (1918b)
65,80	11,05	1,89	4,15	1 : 1	100			Berechnet für $C_{41}H_{82}NPO_8$ · Distearyl-glycerinphosphorsäure-colaminester

Schließlich sprechen auch die Ergebnisse der Analysen des Lysokephalins zugunsten der hier vertretenen Ansicht.

Bei dieser Sachlage darf man wohl nicht daran zweifeln, daß dem reinen Kephalin eine elementare Zusammensetzung zukommt, wie sie der Annahme eines dem Lecithin analogen Baus entspricht. Ein reines Kephalin ist bisher nicht dargestellt worden, wenigstens nur als Hydrokephalin.

Darstellung der Kephaline.

Darstellung von Kephalin aus Gehirn nach PARNAS *und* RENALL[1]. Darstellung aus Gehirn: Ganz frisches von Blut und Häuten befreites und fein gemahlenes Gehirn wird mit der dreifachen Menge Aceton geschüttelt, nach Absaugen am nächsten Tag nochmals mit der gleichen Menge Aceton geschüttelt, am nächsten Tag abgesaugt und mit der anderthalbfachen Menge Alkohol geschüttelt. Das abgesaugte Material schüttelt man jetzt zweimal mit der dreifachen Menge (auf das ursprüngliche Gewicht des feuchten Gehirns berechnet) niedrig siedendem (30—60°) Petroläther. Das wasserklare und farblose Zentrifugat (geht man von Rindergehirn aus, so ist das Filtrat goldgelb) engt man im Kohlensäurestrom ein und läßt es in Alkohol tropfen; es fällt eine feste weiße Masse aus, deren ätherische Lösung durch Zentrifugieren geklärt und mit Alkohol gefällt wird. Der Niederschlag wird in Wasser verteilt (auf 30 g 500 ccm) und nach THUDICHUM mit je 10 ccm normaler Salzsäure versetzt* bis eine sich gut absetzende käsige Fällung entsteht (wozu etwa 80 ccm nötig sind). Diese wird abzentrifugiert, mit Aceton gehärtet, im Vakuumexsiccator getrocknet und mit Äther aufgenommen.

Nach Abzentrifugieren des unlöslichen Anteils (Cerebroside) engt man die ätherische Lösung stark ein, fällt mit Aceton und trocknet im Vakuum. Während der ganzen Darstellung ist die Berührung der Lösung mit Luft und Licht möglichst zu vermeiden.

Das Präparat aus Rindergehirn enthielt 87 vH, das aus

[1] RENALL (1913).

* Wobei die mit Kephalin stets verbundenen Alkalien und Erdalkalien, besonders Kalium und Calcium, auch Ammonium und Spuren von Magnesium entfernt werden. Das von THUDICHUM (1901 S. 99, 131) ebenfalls angegebene Eisen und Kupfer fand PARNAS niemals. Das Calcium mag wohl als phosphatidsaures Calcium (S. 181) vorliegen. Dieses Salz ist wie das Kephalin in Alkohol unlöslich (CHANNON und COLLINSON 1929 p. 664).

Schweinegehirn 97,5 vH Aminostickstoff. Eine vollständige Analyse wurde nicht ausgeführt. Angaben über die Ausbeute fehlen.

Ein sehr ähnliches Verfahren benutzten LEVENE und ROLF (1927a), doch ließen sie die Behandlung mit Salzsäure fort. Das Präparat war praktisch frei von Nichtaminostickstoff und gab bei der Analyse C 60,9, H 9,70, N 1,80, P 3,58 vH. Ausbeute aus 18 kg von Häuten befreitem Gehirn 18 g.

Prüfung der Kephaline auf „Reinheit".

Ein als Kephalin anzusprechendes Präparat muß P und N in der berechneten Menge enthalten und ein Phosphor-Stickstoffverhältnis von 1:1 zeigen. Das Hydrolysat muß den gesamten Stickstoff als Amino-N nach VAN SLYKE entwickeln. Siehe dazu S. 109.

Eigenschaften der Kephaline*.

Kephalin kann bei vorsichtiger Darstellung (möglichste Vermeidung von Luft- und Lichteinwirkung) als farbloser, fester Körper erhalten werden, welcher im dunklen Exsiccator monatelang unverändert haltbar ist (P), an der Luft aber schnell unter Zersetzung eine braunrote Farbe annimmt. Es wird aus seinen Lösungen als schnell fest und zerreiblich werdender Niederschlag gefällt (während Lecithin nach der Fällung eine plastische Beschaffenheit zeigt). Es ist sehr hygroskopisch, nimmt aber im Vakuumexsiccator bald konstantes Gewicht an.

Schmelzpunkt: Den Schmelzpunkt fanden PARNAS bei 174° (aus Gehirn), FRÄNKEL und NEUBAUER (1909) bei 175° (aus Gehirn). Die Übereinstimmung mit dem Schmelzpunkt des synthetischen Kephalins (S. 124) kann wohl nur eine zufällige sein. Von den anderweitig dargestellten Kephalinen sind keine Schmelzpunkte angegeben.

Löslichkeitsverhältnisse: In wasserfreiem Äther ist trockenes Kephalin unlöslich, in Äther, welcher 1 vH Wasser enthält, in allen Verhältnissen löslich (P). Bei starker Kälte scheidet es sich in doppelt brechenden Globuliten ohne erkennbare Struktur ab (P), nach THUDICHUM (1901 S. 321) in

* Es ist zu bemerken, daß ein reines Kephalin nicht bekannt ist. Die Angaben beziehen sich im allgemeinen auf lecithinhaltige, unreine Präparate und stammen meist von THUDICHUM (1901 S. 132), auch von KOCH (1902, 1902/03), FRÄNKEL und NEUBAUER (1909). Soweit ihnen ein wenigstens lecithinfreies Präparat zugrunde liegt, rühren sie von PARNAS (1909) her und sind durch ein (P) gekennzeichnet.

Krystallen. Eine ätherische Lösung färbt sich schnell rot und zeigt grünliche Fluorescenz von Zersetzung herrührend. Die Fluorescenz kann durch Ausschütteln mit Salzsäure beseitigt werden, um beim Schütteln mit wenig Kalkwasser wieder zu kommen (P).

Es löst sich auch in Petroläther, Chloroform, Schwefelkohlenstoff, Benzol, heißem Essigester. Es ist unlöslich in Alkohol (Unterschied von Lecithin), in kaltem absolutem Alkohol löst es sich ein wenig, in kochendem etwas mehr. Die Angaben über den Grad der Löslichkeit schwanken etwas. In Aceton ist es unlöslich, so daß Alkohol und Aceton als Fällungsmittel dienen. Die gleichzeitige Anwesenheit von Lecithin vermag Kephalin vor der Fällung durch Alkohol zu schützen.

Verhalten zu Wasser: In Wasser quillt es auf unter Bildung von Myelinformen und mit mehr Wasser gibt es eine trübe Lösung, aus der es wieder abzentrifugiert werden kann.

Fällbarkeit: Eine trübe wässerige Lösung (die man auch erhalten kann, indem man eine ätherische Lösung in Wasser tröpfelt und die zunächst entstehende schleimige Fällung mit ätherhaltigem Wasser wieder in Lösung bringt) wird gefällt durch Salzsäure und andere Mineralsäuren, auch Arsensäure, (nach Fränkel und Neubauer (1909) auch durch Oxalsäure in stärkerer Konzentration, aber nicht durch Weinsäure), Baryt- und Kalkwasser, Platinchlorid, Cadmiumchlorid, Bleizucker und Ammoniak und andere Metallsalze (Thudichum 1901 S. 134). Beim Waschen mit Wasser verlieren die meisten dieser Niederschläge das Fällungsmittel. Speziell die Salzsäure läßt sich leicht wieder entfernen, so daß die Annahme einer Kephalin-Salzsäureverbindung nicht gerechtfertigt erscheint.

Chlorcadmium- und Chlorplatinverbindung: Die Chlorcadmiumverbindung enthält weniger Cadmiumchlorid als einer molekularen Verbindung entspricht. Das aus ihr zurückgewonnene Kephalin zeigte die ursprüngliche Zusammensetzung. Ähnliches wurde bei der Platinchloridverbindung gefunden. Beide sind in Äther löslich, wie auch das Lecithin-Platinchlorid, und aus der ätherischen Lösung durch Alkohol fällbar, während das Lecithin-Cadmiumchlorid in Äther unlöslich ist (Thudichum 1901 S. 135). Es erscheint übrigens zweifelhaft, ob es überhaupt Verbindungen des Kephalins mit diesen beiden Salzen gibt.

Bleiverbindung: Die Bleiverbindung ist nach Thudichum (1901 S. 129, 320) ätherlöslich, in Alkohol fast unlöslich. Nach Levene und West (1916, 1916b) stellt sie ein leicht gelbes, amorphes Pulver dar, welches nach wiederholter Reinigung sich als in Alkohol (auch warmem), Äther, Aceton unlöslich, in Benzol, Toluol, Pyridin mehr oder weniger löslich erwies. Aus heißer amylalkoholischer Lösung scheidet sie sich ab. Über die Zusammensetzung siehe S. 100.

Phenyl- und Naphtylureidoderivate: Die Phenyl- und Naphtylureidoderivate sind hygroskopische, leicht gefärbte Pulver (LEVENE und WEST 1916c). Über die Zusammensetzung siehe S. 100.

Acylderivate: Acyl- (Acetyl-, Benzoyl-, p-Nitrobenzoyl-) derivate gelang es nicht herzustellen (LEVENE und WEST 1916c).

Kephalin (nach PARNAS aus Menschengehirn dargestellt) vermag Traubenzucker, Glykogen, Kochsalz, Natriumsulfat in seine ätherische Lösung hinüberzuziehen (FRANK 1913).

Reaktion mit salpetrig. Säure: Mit salpetriger Säure nach VAN SLYKE reagiert es (TRIER 1913a, BAUMANN 1913, RENALL 1913).

Addition von Brom: Jodzahl: Kephalin addiert Brom. Das (jedenfalls lecithinhaltige) Präparat von FRÄNKEL und NEUBAUER (1909) hatte die Jodzahl 80, das von WAGNER (1914) 40,7. In bezug auf die übrigen lecithinfreien finden sich keine Angaben.

Addition von Wasserstoff: Versuche, Kephalin mit Wasserstoff und Palladium zu hydrieren, sind unbefriedigend verlaufen (LEVENE und WEST 1916, 1916c, LEVENE und KOMATSU 1919a). Ein krystallisierendes Hydrokephalin von der Formel $C_{41}H_{82}NPO_8$ und $[\alpha]_D^{20^0} = +6{,}0^0$, ($\alpha = +0{,}30^0$, $l = 1$, $c = 0{,}5$ g in 10 ccm Chloroform) wurde von LEVENE und WEST (1918b) aus einem mit Wasserstoff bei Gegenwart von Palladium reduzierten Gemenge von Lecithin und Kephalin (aus Eigelb) erhalten.

Verhalten zu Farbstoffen: Eine ätherische Lösung von Kephalin nimmt basische Farbstoffe wie Fuchsin und andere auf. Die Farbe der ätherischen Lösung ist säurefest (KOGANEI 1922) und nach KOGANEI (1923) liegt der Grund für die Säurefestigkeit in der Schwierigkeit der Abtrennung des Colamins.

Rolle bei der Blutgerinnung: Kephalin scheint eine Rolle bei der Blutgerinnung zu spielen.

Einwirkung von Formaldehyd: Bei der Einwirkung von Formaldehyd auf ein Gemenge von Lecithin und Kephalin wird Kephalin zu einem erheblichen Teil unter Methylierung in Lecithin übergeführt (WITANOWSKI 1928).

Drehungsvermögen: FRÄNKEL und NEUBAUER (1909) geben (für ein jedenfalls lecithinhaltiges) Präparat eine geringe, nicht sicher ablesbare Linksdrehung (Chloroformlösung), für ein anderes weniger reines Rechtsdrehung $[\alpha]_D = +13{,}6^0$ (in Petroläther) an.

Beim Zusammenbringen mit conc. Schwefelsäure und etwas Zucker tritt allmählich Purpurfärbung auf (PETTENKOFERsche Reaktion), aber meist nicht so schnell und nicht so schön wie bei Lecithin (THUDICHUM 1901 S. 142). Reaktion:

Die Autooxydation wird durch Eisenchlorid beschleunigt wie bei Lecithin. Für diese Untersuchung diente ein stark verunreinigtes Kephalin, das sogenannte Cuorin (THUNBERG 1911). Autooxydation:

Kephalin wird in Gegenwart von Wasser durch Wärme, ferner bei schwach sauerer und schwach alkalischer Reaktion unter Abspaltung von Säure (vielleicht auch von Base) zersetzt (P). Spaltung:

Die Endprodukte der hydrolytischen Spaltung sind Fettsäuren, Glycerinphosphorsäure und Colamin. Es fehlen so gut wie ganz systematische Untersuchungen über die Bedingungen, unter welchen die Hydrolyse zu Ende geht, und die allgemein verbreitete Ansicht, daß die Spaltung des Kephalins schwieriger erfolge als die des Lecithins, ist wohl nur soweit Barytwasser als Spaltungsmittel in Betracht kommt experimentell gestützt.

Eine *völlige Abtrennung der Base* erreichte COUSIN (1906a) durch 2—3stündiges Kochen mit etwa 6proz. Salzsäure, BAUMANN (1913) durch etwa 40stündige Behandlung bei 50—60° und unter beständigem Umrühren mit einem Gemisch von entweder 300 ccm Wasser und 25—26 ccm conc. Schwefelsäure, oder 250 ccm Wasser und 550 ccm conc. Salzsäure. Ob nicht auch geringere Säurekonzentration, geringere Temperatur und kürzere Einwirkung zum Ziel geführt hätten, ist nicht festgestellt worden. Um *die Säuren abzuscheiden* kochten LEVENE und WEST (1916) 24 Stunden mit 3proz. Schwefelsäure, MAC ARTHUR und BURTON (1916) 20 Stunden mit 1proz. Salzsäure, LEVENE und ROLF (1922a) 12 Stunden mit 10proz. Salzsäure. Es ist nicht geprüft worden, ob die Abspaltung der Säuren eine vollständige war, und auch nicht ob mildere Bedingungen genügt hätten. FRÄNKEL und DIMITZ (1909) kochten 24—36 Stunden mit 5proz. alkoholischer Salzsäure, „wobei ein Teil des Kephalins ungespalten zu bleiben schien“. COUSIN (1906a) kochte zunächst 2—3 Stunden mit etwa 6proz. Salzsäure, wobei alle stickstoffhaltigen Bestandteile abgespalten wurden, und dann noch 10—15 Stunden mit alkoholischer Kalilauge, bis eine Probe der abgetrennten Säure nach Veraschen mit Soda und Salpeter keine Phosphorreaktion mehr gab. Spaltung durch Säure:

Die Beobachtung, daß die bei der Säurehydrolyse abgespaltenen Fettsäuren hartnäckig stickstoffhaltige Substanz festhalten, erklärt sich nach KOGANEI (1924) durch die Eigenschaft des Colamins, Verbindungen mit Fettsäuren zu geben, die auch bei Gegenwart von anorganischen Säuren beständig und ätherlöslich sind.

Spaltung durch Barytwasser: Gegen *Barytwasser* verhalten sich Kephalin und Lecithin verschieden. Während Lecithin bei 16stündigem Schütteln mit gesättigtem Barytwasser bei Zimmertemperatur etwa 90 vH der theoretischen Menge Glycerinphosphorsäure (Rohmaterial) abspaltete, wurde aus Kephalin wohl unter den gleichen Bedingungen nur etwa 19 vH erhalten. Auch machte es ziemliche Schwierigkeiten, die Glycerinphosphorsäure aus dem Kephalin stickstoffrei zu erhalten (LEVENE und ROLF 1919).

Durch 18stündige Hydrolyse mit Barytwasser (auf 4 Liter Wasser 500 g Ätzbaryt) im Autoklaven bei 110° entstehen Stearinsäure (welche unter diesen Umständen nahezu völlig abgespalten wird), wahrscheinlich wenig Ölsäure und zu 50 vH eine phosphorhaltige stickstoffreie vierbasische Säure* deren Bariumsalz ätherlöslich ist und der Formel $C_{27}H_{53}O_{10}PBa_2$ entspricht. Aus

Spaltung durch Natronlauge: dieser Säure wurde bei 20stündigem Erhitzen mit 2,5 proz. Natronlauge bei 110° Kephalinlinolsäure in einer Ausbeute von 18 vH des Kephalins erhalten (PARNAS 1909, 1913).

MAC ARTHUR (1914) glaubt als Spaltungsprodukte des Kephalins auch noch Ammoniak und Aminosäure annehmen zu müssen. Auf Grund von Versuchen, die er an einem vielfach gereinigten Präparat aus Schafsgehirn, das zwar nicht vollständig analysiert war, dessen Phosphor- und Stickstoffgehalt aber darauf schließen läßt, daß es die allgemein gefundene Zusammensetzung hat, und das lecithinfrei war, anstellte, kommt er zu dem Ergebnis, daß von dem Gesamtstickstoff (1,6 vH) nach der sauren Spaltung ein Teil (0,25 vH) mit den Säuren im Rückstand verbleibt, ein Teil (0,2 vH) sich im Filtrat als Ammoniakstickstoff findet und ein weiterer (etwas über 1 vH) ebenfalls im Filtrat als Aminostickstoff, welcher sich in wechselnden Mengen auf Colamin und Aminosäuren verteilt. Er hält es für möglich, daß es Colaminkephalin und Aminosäurekephalin gibt.

Dazu ist zu bemerken, 1. daß der Stickstoff in den Fettsäuren vermutlich dem Colamin, welches von Fettsäuren gebunden ist, angehört (siehe oben); 2. daß das Ammoniak jedenfalls kein regelmäßiger Bestandteil des Kephalins ist, denn RENALL (1913) fand in seinem Präparat 97 vH

* Eine phosphorhaltige Säure erhielt auch schon THUDICHUM (1901 S. 142) als Zwischenprodukt bei unvollständiger Hydrolyse mit Natronlauge, doch war bei ihm nach 5stündigem Kochen mit Baryt die Säure phosphorfrei (1901 S. 145).

des Gesamtstickstoffs als Aminostickstoff; 3. daß das Vorkommen der Aminosäuren keineswegs als erwiesen angesehen werden kann.

Quantitative Bestimmung der Elemente der Kephaline und ihrer Spaltungsprodukte Glycerin, Fettsäuren und Colamin (zugleich Prüfung auf Abwesenheit von Lecithin).

Von der Bestimmung von N, P, Glycerin gilt das S. 96 für das Lecithin gesagte.

Bestimmung der Fettsäuren und des Colamins:

Für die Abspaltung der Fettsäuren und des Colamins kocht man eine gewogene Menge, 2—3 g, mit etwa 2proz. Schwefelsäure* 48 Stunden am Rückflußkühler und filtriert nach dem Erkalten auf 0^{0}.

Die weitere Behandlung des *Filterrückstandes* zur Bestimmung der Säuremenge geschieht wie S. 97 angegeben. Ein Stearyl-linolyl-Kephalin enthält 75,9 vH Fettsäuren. Bei der Unreinheit der bisher dargestellten Kephaline wird man ein solches Ergebnis nicht erwarten. LEVENE und WEST (1916) erhielten nur 63,4 vH.

Die vereinigten *Filtrate* werden nach Entfernung der Schwefelsäure durch Baryt und des überschüssigen Bariums durch Kohlensäure in der bei dem Lecithin (S. 97) angegebenen Weise behandelt. Die alkoholische Lösung wird auf ein bestimmtes Volumen (etwa 50 ccm) gebracht.

Eine Methode zur quantitativen Bestimmung des Colamins durch Wägung eines seiner Salze ist nicht bekannt. Vielleicht wird sich dafür ein Verfahren eignen, welches von THIERFELDER und SCHULZE (1915/16) angegeben und von LEVENE und INGVALDSEN (1920) modifiziert worden ist. Zur Zeit ist man auf eine Bestimmung des Aminostickstoffs angewiesen, für die man einen aliquoten Teil der Flüssigkeit benutzt. Da immer ein kleiner Teil des Stickstoffes von den Fettsäuren festgehalten wird, ist es zur Gewinnung eines richtigen Bildes notwendig, in einem weiteren aliquoten Teil eine Stickstoffbestimmung nach KJELDAHL vorzunehmen. Ist das benutzte Präparat ganz frei von Lecithin, so müssen beide Werte übereinstimmen.

Colamin enthält 22,9 vH Stickstoff. Stearyl-linolyl-Kephalin enthält 8,2 vH Colamin = 1,88 vH Colamin-Stickstoff.

Darstellung von Colamingoldchlorid:

Zur Identifizierung des Colamins eignet sich am besten das Goldsalz (TRIER 1911/12). Um es darzustellen, geht man zweck-

* Statt dessen kann man auch Salzsäure nehmen, siehe Fußnote S. 97.

mäßig von einer etwas größeren Menge Kephalin aus. Das von Schwefelsäure und Barium befreite Hydrolysenfiltrat wird eingeengt und zur Entfernung der Glycerinphosphorsäure mit basischem Bleiacetat ausgefällt, das Filtrat mit Schwefelwasserstoff entbleit, das Filtrat nach Entfernen des Schwefelwasserstoffs durch Luftstrom eingedampft und das Eindampfen nach Zusatz von Alkohol und Salzsäure mehrmals wiederholt bis alle Essigsäure und auch die überschüssige Salzsäure entfernt ist. Man zieht nun den Rückstand mit absolutem Alkohol aus. Die folgenden Operationen dienen der Entfernung von etwa vorhandenem Cholin. Man versetzt die filtrierte alkoholische Lösung mit warmer alkoholischer Sublimatlösung, trägt noch festes Sublimat ein und stellt in den Eisschrank. Nach Absaugen der Quecksilbersalze und Auswaschen mit alkoholischer Sublimatlösung wird das Filtrat zur Entfernung des Alkohols eingeengt, der Rückstand mit Wasser aufgenommen und die Lösung nach Entfernung des Quecksilbers durch Schwefelwasserstoff eingeengt. Nach Trocknen des Rückstandes löst man ihn in absolutem Alkohol und versetzt mit alkoholischer Platinchloridlösung. Nach Abfiltrieren eines etwa auftretenden Niederschlages wird die Lösung von Alkohol befreit, die wässerige Lösung mit Schwefelwasserstoff behandelt, vom Platinsulfid getrennt, zum Syrup eingeengt und im Exsiccator getrocknet. Aus der Lösung des Syrups in starker Salzsäure krystallisiert auf Zusatz sehr konzentrierter Goldchloridlösung das Goldsalz des Colamins $C_2H_8NOAuCl_4$ (49,17 vH Au). Schmp. 188 bis 190°.

Lysocithin, Lysolecithin, Lysokephalin.

Kyes (1903, 1907) beobachtete, daß bei der Einwirkung von Cobragift auf „Lecithin" (Schütteln der wässerigen Giftlösung mit einer Chloroformlösung des Lecithins) ein Körper (Cobralecithid) entsteht, welcher sich durch seine Löslichkeitsverhältnisse und durch starkes hämolytisches Vermögen von der Muttersubstanz unterscheidet. Die Untersuchung dieses Körpers durch Lüdecke (1905) ergab, daß es sich um Lecithin handelte, aus dem ein Molekül Fettsäure ausgetreten war. Die abgespaltenen Fettsäuren waren zum Teil ungesättigt. Der Körper wurde weiter von Delezenne und Ledebt (1912) und von Delezenne und Fourneau (1914) bearbeitet und Lysocithin genannt.

Lysocithin:

Sie gingen zu seiner Darstellung von Eigelb aus und verfuhren in folgender Weise: Eigelbemulsion, mit Cobragift geimpft und 12 Stunden bis 3 Tage (je nach der Menge des zugesetzten Giftes) bei 50⁰ stehen gelassen, wird im Vakuum getrocknet, mit kaltem Aceton erschöpft, getrocknet und mit absolutem Alkohol behandelt. Aus der eingeengten alkoholischen Lösung fällt auf Zusatz von wasserfreiem Äther ein voluminöser Niederschlag, welcher abgetrennt und mit Äther gewaschen wird. Nach wiederholtem Krystallisieren aus absolutem Alkohol löst man in warmem Chloroform, trocknet die beim Erkalten sich abscheidenden Krystalle, löst sie in wenig warmem absolutem Alkohol und fügt Petroläther bis zur leichten Trübung hinzu. Alsbald bilden sich kleine Nadeln und weiter feine glänzende Tafeln. Die Eigenschaften dieses Körpers werden eingehend beschrieben. Er ist in lauwarmem Wasser, in heißem absoluten Alkohol sehr löslich, wenig in Chloroform, unlöslich in Äther und Aceton. Analyse, Molekulargewicht stimmen für das Anhydrid des Monopalmityl-Lecithins. Ungesättigte Säuren fehlen vollständig. Er enthielt wohl noch etwas von dem entsprechenden Kephalinderivat beigemengt, denn bei der Hydrolyse wurde zu wenig Cholinchlorid gefunden (24,9 statt 27,3 vH). Die alkoholische Lösung wird durch Cadmiumchlorid und Platinchlorid gefällt. Er bindet Cholesterin in molekularer Menge und diese Verbindung wirkt nicht hämolytisch (Delezenne und Fourneau 1914, siehe auch Kyes und Sachs 1903).

Über Versuche aus Pankreas- und Speicheldrüsen eine Substanz von den Eigenschaften des Lysocithins zu isolieren siehe Belfanti (1924, 1925, 1928).

Ebenso wie Cobragift wirkt nach Belfanti (1924, 1925) das Gift anderer Schlangen (Crotalus, Lachesis), auch schon von Kyes angegeben, und Bienengift auf Eigelb und auf Gehirnsubstanz ein unter Bildung von Lysocithin, nicht aber auf Herzmuskelbrei in physiologischer Kochsalzlösung. Auch fand Belfanti (1925) keine Einwirkung des Bienengiftes auf Lungen-, Nieren-, Milz-, Leberbrei in physiologischer Kochsalzlösung.

Nach Contardi und Latzer (1928) entsteht Lysocithin auch als Zwischenprodukt bei der Einwirkung von Rizinuslipase und von Oktohydroanthracensulfosäure (Idrapid) auf Lecithincadmiumchlorid. Doch wurde die Substanz nicht rein dargestellt, sondern auf ihre Bildung aus dem Auftreten der hämolytischen Wirkung und den Löslichkeitsverhältnissen geschlossen.

Bei der Einwirkung von Cobragift auf Lysocithin in natürlichen (Serumdialysat) oder künstlichen kalkhaltigen Salzlösungen wird unter Verschwinden der hämolytischen Eigenschaft die zweite Fettsäure als Calciumsalz abgespalten, während das bei der Einwirkung des Giftes auf Eigelb nicht der Fall ist (DELEZENNE und LEDEBT 1912; DELEZENNE und FOURNEAU 1914). Durch Wespengift wird Lysocithincadmiumchlorid unter Bildung von Cholin, Phosphorsäure, Fettsäure vollständig gespalten (CONTARDI und LATZER 1928).

Es wurde oben erwähnt, daß die ersten Cobragiftversuche mit isoliertem Lecithin angestellt worden sind. Bei Wiederholung mit „sehr reinem frischem salz- und besonders kalksalzfreiem Lecithin" schien das Ferment nicht zu wirken (DELEZENNE und FOURNEAU 1914). Das Versagen des Ferments gegenüber isoliertem Lecithin wird auch von anderen, in letzter Zeit von BELFANTI (1925), erwähnt. Dagegen kann man nach BELFANTI und nach CONTARDI und LATZER (1928) das Eigelb durch die Lecithinchlorcadmiumverbindung ersetzen, indem dieses Salz (aus Eigelb, Pankreas, Gehirn dargestellt) mit dem Gifte von Cobra, Crotalus und Bienen reagiert.

Nach CONTARDI und LATZER sind die aus Lecithinen durch Cobragift abgespaltenen Fettsäuren nicht ausschließlich ungesättigte Fettsäuren und enthalten die Lysocithine nicht ausschließlich gesättigte Fettsäuren. Die Versuche, aus denen diese Schlüsse gezogen werden, erscheinen uns nicht einwandfrei.

Die Trennung des Lysocithins in die Lecithin- und Kephalinkomponente ist, nach einer vorangegangenen Untersuchung von LEVENE und ROLF (1923), von LEVENE, ROLF und SIMMS (1924) ausgeführt worden. Sie gingen ebenfalls von dem mit Cobragift geimpften Eigelb aus und extrahierten dann mit Alkohol. Aus dem eingeengten Filtrat fielen beide auf Zusatz von wässeriger Cadmiumchloridlösung aus. Über das Verfahren der Trennung siehe die Originalarbeit. Sie bezeichnen sie als Lysolecithin und Lysokephalin.

Lysolecithin: *Lysolecithin.* Die Analyse stimmt zu Monostearyl-lecithin. Aminostickstoff fehlt. Es ist viel löslicher als Lysokephalin und krystallisiert, wenn nahezu rein, aus Chloroform, Eisessig, Pyridin, Methyl- und Äthylalkohol in Aggregaten von Nadeln, die bei 100° erweichen und sich bei 263° zersetzen. Es ist in den genannten Lösungsmitteln leicht löslich, unlöslich in Äther, Aceton. Es ist sehr hygroskopisch. Mit Wasser bildet es eine Emulsion, auf Zusatz von Alkali geht es sofort in Lösung, aus der sich nach Ansäuern allmählich eine farblose Gallerte abscheidet. Aus der alkoholischen Lösung wird es durch Cadmiumchlorid gefällt.

Spezifische Drehung in Eisessig +0,8°, in Pyridin +1,2°, in Chloroform —2,6°. Dissoziationskonstanten sind festgestellt. Bei der Hydrolyse entstehen Palmitin- und Stearinsäure. Es wirkt hämolytisch.

Synthetisch ließen sich anstelle der abgespaltenen ungesättigten Fettsäuren andere Säuren in das Molekül einführen und so Acetyl-, Benzoyl-, Oleyl- und Elaidyl-lysolecithin erhalten (LEVENE und ROLF 1924).

Lysokephalin. 100 vH NH_2-Stickstoff. Der Kohlenstoff wurde für Monostearyl-Kephalin zu niedrig gefunden. Doch waren die Präparate stark aschehaltig. Es ist nicht hygroskopisch, weniger löslich in organischen Lösungsmitteln als Lysolecithin und kann durch Krystallisation aus Chloroform gereinigt werden. Es krystallisiert in Nadeln, welche bei 140° erweichen und bei 198° unter Zersetzung schmelzen. Nach Umkrystallisieren aus Pyridin schmilzt es scharf bei 212—213°. Spezifische Drehung in Eisessig +2°. Bei der Hydrolyse konnte nur Stearinsäure isoliert werden. Dissoziationskonstanten sind bestimmt. Auch das Lysokephalin wirkt hämolytisch. MAGISTRIS (1929) hält es für sehr wahrscheinlich, daß ein von Lysolecithin völlig befreites Präparat diese Wirkung nicht mehr zeigt. Lysokephalin:

Glycerinphosphorsäure.

Bei der nach einer der üblichen Methoden erfolgenden Spaltung von Lecithin wird die Phosphorsäure nicht oder nur bis zu einem kleinen Betrag als solche frei. Sie findet sich vielmehr unter den Spaltprodukten in organisch gebundener Form als Glycerinphosphorsäure vor, die durch hydrolysierende chemische Agenzien, insbesondere durch Laugen, nur schwierig in die beiden Komponenten zerlegt wird.

Das Kephalin gibt bei der Spaltung ebenfalls Glycerinphosphorsäure. Ob sie mit der aus Lecithin identisch ist, wie LEVENE und ROLF (1919) angeben, bedarf noch einer eingehenderen Untersuchung. Auch aus den Pflanzenphosphatiden wurde bei der Hydrolyse Glycerinphosphorsäure erhalten (SCHULZE und LIKIER-

NIK 1891; WINTERSTEIN und HIESTAND 1907/08; NJEGOVAN 1911/12; TRIER 1913; KARRER und SALOMON 1926; LEVENE und ROLF 1926a; CHIBNALL und CHANNON 1927a; CHANNON und CHIBNALL 1927).

Darstellung der natürlichen Glycerinphosphorsäure: Zur Darstellung spaltet man nach WILLSTÄTTER und LÜDECKE (1904) Lecithin mit 10proz. Barytwasser durch mehrstündiges Schütteln bei gewöhnlicher Temperatur, wodurch sekundäre Umlagerungen vermieden werden. Nach LEVENE und ROLF (1919) kann jedoch die Spaltung auch in der Siedehitze durchgeführt werden, ohne daß dadurch das Endresultat beeinflußt wird. Aus der Hydrolysenflüssigkeit wird das überschüssige Bariumhydroxyd mit Kohlensäure entfernt, das Filtrat eingeengt und dann das rohe glycerinphosphorsaure Barium mit Alkohol niedergeschlagen. Durch mehrfaches Umfällen aus sehr konzentrierten, wässerigen Lösungen mit Alkohol gewinnt man es als weißes, in Wasser leicht lösliches, amorphes Pulver. Die alkoholischen Filtrate enthalten noch viel Glycerinphosphorsäure als Cholinsalz (KARRER und SALOMON 1926). Um sie daraus zu gewinnen, verdampft man zur Trockene, behandelt den Rückstand mit einer alkoholischen Lösung von Bariumhydroxyd, wobei glycerinphosphorsaures Barium ungelöst bleibt. Das abfiltrierte Salz wird von kleinen Mengen anhaftendem Bariumhydroxyd dadurch befreit, daß man in seine wässerige Lösung Kohlendioxyd einleitet, das gefällte Bariumcarbonat filtriert und das Salz nun wiederum mit Alkohol fällt.

Eigenschaften der natürlichen Glycerinphosphorsäure: Bariumsalz: Calciumsalz: Die freie Säure ist eine sirupöse Flüssigkeit. Das Bariumsalz löst sich in kaltem Wasser leicht, in heißem etwas schwieriger. Das Calciumsalz erhält man aus dem Bariumsalz durch Umsetzung mit Calciumsulfat. Es scheidet sich aus der wässerigen Lösung beim Erwärmen in flimmernden Krystallnädelchen ab. Über Schwefelsäure getrocknet entspricht dieses Salz der Formel $C_3H_7O_6PCa + {}^3/_4\,H_2O$. Das Krystallwasser wird durch Trocknen bei 130° abgegeben (WILLSTÄTTER und LÜDECKE 1904).

Drehungsvermögen: Die Angaben über die optische Aktivität sind sehr verschieden. Die Calcium- und Bariumsalze aus tierischen und pflanzlichen Phosphatiden wurden vielfach linksdrehend gefunden (WILLSTÄTTER und LÜDECKE 1904, LEVENE und ROLF 1919, 1926a). Jedoch konnten FOURNEAU und PIETTRE (1912), BAILLY (1916b) an ihren Präparaten optische Aktivität nicht feststellen. TRIER (1913), CHIBNALL und CHANNON (1927a), CHANNON und CHIBNALL (1927) erhielten aus pflanzlichen Phosphatiden, FRÄNKEL und

DIMITZ (1909), FRÄNKEL und KÄSZ (1921) aus Gehirn-Kephalin und -Lecithin rechtsdrehende Bariumsalze. KARRER und SALOMON (1926) bekamen teils inaktive, teils links- und teils rechtsdrehende Bariumsalze in die Hände. Es scheint, daß die beobachtete optische Aktivität der Präparate ganz oder teilweise auf Verunreinigungen zurückzuführen ist (KARRER und SALOMON 1926, KARRER und BENZ 1926a).

Von den beiden Glycerinphosphorsäuren I und II besitzt nur die α-Form ein asymmetrisches Kohlenstoffatom. α- und β-Form:

I.

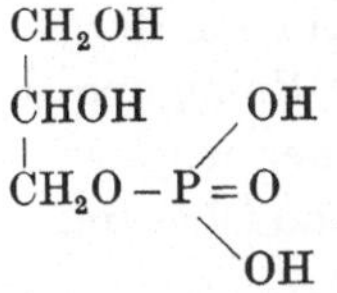

```
CH2OH
|
CHOH      OH
|        /
CH2O - P = O
         \
          OH
```

Glycerin-α-phosphorsäure

II.

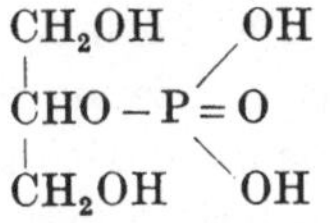

```
CH2OH    OH
|       /
CHO - P = O
|       \
CH2OH    OH
```

Glycerin-β-phosphorsäure.

Aus der optischen Aktivität ihrer Barium- und Calciumsalze haben WILLSTÄTTER und LÜDECKE (1904) geschlossen, daß das Lecithin sich ableitet von der Glycerin-α-phosphorsäure. Nachdem bereits POWER und TUTIN (1905), TUTIN und HANN (1906), FOURNEAU und PIETTRE (1912) an der Einheitlichkeit der aus den Phosphatiden erhaltenen Präparate zweifelten, haben spätere Untersuchungen (BAILLY 1915, 1916, 1916b, 1919; GRIMBERT und BAILLY 1915; KARRER und SALOMON 1926; KARRER und BENZ 1927) gezeigt, daß neben der α- auch die β-Form vorhanden ist. GRIMBERT und BAILLY (1915) und BAILLY (1915, 1919) trennten beide Formen mit Hilfe der Natriumsalze, von denen das eine schwerer löslich ist und krystallisiert. Sie konnten zeigen, daß das krystallisierende die β-Form ist. Es gelang ihnen dies durch vorsichtige Oxydation der Ester mit Bromwasser. Dabei ging der Ester aus dem nichtkrystallisierenden Salz in ein Keton über, welches als solches durch die DENIGÈS'sche Reaktion (DENIGÈS 1909), die Osazonbildung und das Reduktionsvermögen für FEHLING'sche Lösung festgestellt wurde. In dem Eigelb-lecithin wurde das β-Lecithin vorherrschend gefunden. Das α-Lecithin machte nur etwa 25 vH aus. Die natürliche Glycerinphosphorsäure ein Gemisch von α- und β-Säure:

Eine annähernd quantitative Trennung der beiden isomeren Säuren führten KARRER und SALOMON (1926) aus. Die Abtrennung der β-Verbindung aus dem Gemisch der Glycerinphosphorsäuren Trennung der α- und β-Säure voneinander:

gelang durch Versetzen der wässerigen Lösung der Bariumsalze mit Bariumnitrat: β-glycerinphosphorsaures Barium fällt als schwerlösliches gut krystallisierendes Doppelsalz von der Formel $[C_3H_7O_6PBa]_2 . Ba(NO_3)_2$ in praktisch schon fast reiner Form aus.

Schwieriger ist die Abtrennung der α-Form. Zu diesem Zweck entfernt man erst die Hauptmenge der β-Säure nach der obigen Methode, wobei man die Menge des zur Ausfällung benutzten Bariumnitrats so bemißt, daß sie gerade ausreicht um den vorhandenen Anteil von glycerin-β-phosphorsaurem Barium zu binden. In Lösung befindet sich dann im wesentlichen noch die α-Form als Bariumsalz, das beim Erhitzen der stark eingeengten und filtrierten Lösung ausfällt. Zur Reinigung wird das Salz in kaltem Wasser gelöst und durch Kochen wieder ausgefällt. Dieses Umlösen wiederholt man 5—6mal. Dann ist es frei von der isomeren β-Verbindung.

Die Glycerin-α-phosphorsäure kann auch in Form des Dimethylesters ihres Dimethyläthers von dem Rohgemisch abgetrennt werden (KARRER und SALOMON 1926).

Tabelle der Arbeit von KARRER und SALOMON (1926) entnommen.

Art des benutzten Phosphatids	Gehalt des Gemisches der Bariumsalze an β-Säure* in Proz.
Krystallisiertes Eilecithin**	80
Durch Ausfrieren aus Äther gereinigtes Eilecithin**	84
In absolutem Alkohol schwer lösliche Phosphatidfraktion aus Ei (Kephalin?) . . .	45
In absolutem Alkohol unlösliche Phosphatidfraktion aus Ei (Sphingomyelin?)*** . .	73
Lecithinfraktion aus Gehirn	78
Eilecithin des Handels	70

Auch in einem aus pflanzlichen Phosphatiden erhaltenen Material konnten KARRER und SALOMON die α- und die β-Form nachweisen.

* Minimalwerte.

** Nach ESCHER (1925). Diese Präparate dürfen nicht als reines Lecithin angesehen werden (siehe S. 84).

*** Hier scheint ein Irrtum vorzuliegen. Eine in Alkohol unlösliche Phosphatidfraktion besteht wohl der Hauptsache nach aus Kephalin und nicht aus Sphingomyelin. Eine im wesentlichen aus Sphingomyelin bestehende Phosphatidfraktion darf keine oder keine beträchtlichen Mengen von Glycerinphosphorsäure liefern.

Grün und Limpächer (1927, 1927b) sprechen die Vermutung aus, daß die β-Form nicht oder nicht in so beträchtlichen Mengen in den Phosphatiden vorgebildet ist, sondern daß während der Aufarbeitung unter Wanderung des Phosphorsäurerestes von der α- nach der β-Stellung eine Isomerisation eintrete. Daß eine solche Umlagerung während der Spaltung mit Barytwasser erfolgt, ist nach Karrer und Benz (1927) unwahrscheinlich, denn sie konnten zeigen, daß unter den bei der Lecithinspaltung angewandten Bedingungen die Verseifung von synthetischer d-Diacetyl-glycerin-α-phosphorsäure keine merkliche Verschiebung des Phosphorsäurerestes nach der β-Stellung bewirkt.

Glycerin-α-phosphorsäure:

Glycerin-α-phosphorsäure. Sirup. Das Bariumsalz löst sich in kaltem Wasser leichter als in heißem. Beim Aufkochen der kalten Lösung fällt es krystallin aus. Es gibt mit Bariumnitrat keine Doppelverbindung (Karrer und Benz 1927) und unterscheidet sich so von dem Bariumsalz der β-Säure. Das Salz ist optisch inaktiv.

Dagegen zeigt der Dimethylester des Dimethyläthers $CH_2OCH_3 . CHOCH_3 . CH_2O . PO_3(CH_3)_2$ (Öl, Siedepunkt$_{0,8\ mm\ Hg}$ 125—126^0) Linksdrehung. Die maximale Drehung in alkoholischer Lösung $[\alpha]_D^{20^0} = -3{,}28^0$ (c : 0,766 g Subst. zu 9,209 g gelöst, $l = 1$, $d = 0{,}818$, $\alpha = -0{,}223^0$). In dieser Verbindung lassen sich nur die an den Phosphorsäurerest gebundenen Methylgruppen relativ leicht abspalten. Auch die Abspaltung der Phosphorsäure gelingt nur schwierig. Auffallend ist, daß die optische Aktivität erhalten blieb unter anderem beim Erhitzen mit 20proz. oder stärkerer Salpetersäure im kochenden Wasserbad und beim mehrstündigen Kochen mit 20proz. Natronlauge. Bariumsalz des Dimethyläthers $CH_2OCH_3.CHOCH_3.CH_2O.PO_3Ba$. Glänzende Blättchen. Leicht löslich in heißem Wasser. Krystallisiert aus 50proz. Alkohol mit einem Molekül Krystallwasser. $[\alpha]_D^{20^0} = +3{,}11$ (c: 0,3046 g Subst. zu 10,8466 g in Wasser gelöst, $l = 1$, $\alpha = +0{,}083^0$, für das wasserfreie Salz berechnet). Das Salz war jedoch vielleicht noch nicht völlig frei von der entsprechenden Verbindung der β-Säure (Karrer und Salomon 1926).

dl-Glycerin-α-phosphorsäure:

dl-*Glycerin-α-phosphorsäure* ist synthetisch nach verschiedenen Verfahren gewonnen worden (King und Pyman 1914; Bailly 1915a, 1916a, 1919; Fischer und Pfähler 1920; Hill und Pyman 1929). In wahrscheinlich weniger reinem Zustand wurde sie aber auch schon dargestellt von Tutin und Hann (1906), Carré (1912).

Die Säure gibt nach der Oxydation mit Brom in der Kälte bei der Probe nach DENIGÈS (1909) eine positive Reaktion (BAILLY 1915, 1916; GRIMBERT und BAILLY 1915). Die Reaktion soll darauf beruhen, daß bei der Oxydation mit Brom ein Derivat des Dioxyacetons entsteht.

Eine Zerlegung der synthetischen dl-Glycerin-α-phosphorsäure in die optischen Isomeren haben KARRER und BENZ (1926, 1926a) durchgeführt. Für den Dimethylester-dimethyläther einer über das Chinin- bzw. Strychninsalz gewonnenen Säure war in etwa 3- bzw. 6proz. alkohol. Lösung $[\alpha]_D = -1{,}78$ bzw. $+2{,}38^0$. Diese Werte liegen noch etwas niedriger als die der entsprechenden natürlichen Verbindung, so daß die Zerlegung offenbar noch nicht völlig gelungen ist. Die Salze der diesen methylierten Produkten zugrundeliegenden Säuren erwiesen sich ebenso wie die der natürlichen α-Säure als optisch inaktiv.

Die beiden optisch aktiven Isomeren wurden von ABDERHALDEN und EICHWALD (1918) synthetisiert. In 12—15proz. Lösung war für die Lithiumsalze $[\alpha]_D^{18^0} = +3{,}51^0$ bzw. $-3{,}02^0$. Jedoch waren die Präparate nicht ganz rein.

Glycerin-β-phosphorsäure: *Glycerin-β-phosphorsäure.* Sirup, der sich in Wasser und Alkohol löst. Bariumsalz in kaltem und heißem Wasser leicht löslich. Nur ganz konzentrierte Lösungen scheiden beim teilweisen Wegkochen des Wassers einen Niederschlag ab, der sich aber in der Kälte nicht wieder löst. Das Salz wird aus der wässerigen Lösung mit Alkohol gefällt. Es enthält dann ein Molekül Wasser. Es gibt mit Bariumnitrat eine schwer lösliche, krystallisierte Molekülverbindung von der Formel $[C_3H_7O_6PBa]_2 . Ba(NO_3)_2$. Löslichkeit der Doppelverbindung in Wasser bei 15^0: 0,8 vH. In der Hitze löst sich nur wenig mehr.

Der Dimethylester-dimethyläther der Säure ist optisch inaktiv, die anderen Eigenschaften entsprechen dem methylierten Produkt der α-Form vollkommen. Siedepunkt $_{0,8\ mm\ Hg}$ 126—128^0. Löslich in Alkohol und Äther in jedem Verhältnis, wenig löslich in Wasser. Die Substanz besitzt einen schwach aromatischen Geruch (KARRER und SALOMON 1926).

Synthese: Synthetisch wurde die Säure dargestellt von TUTIN und HANN (1906) und von KING und PYMAN (1914).

Spaltung der Glycerinphosphorsäure: durch Säure: *Spaltung.* Die Glycerinphosphorsäure wird durch Basen nicht, durch verdünnte Säuren nur langsam in die beiden Komponenten zerlegt (MALENGREAU und PRIGENT 1911, PLIMMER 1913a). Besser wird sie gespalten durch ein Ferment (Glycerophosphatase), das sich fand in Hefe (NEUBERG und KARCZAG 1911), in der Takadiastase (AKAMATSU 1923, 1923a), in vielen pflanzlichen Samen (NĚMEC 1919, 1923, 1928), weiter aber auch im Tierkörper und zwar im Zentralnervensystem (VONDRÁČEK 1927), in der Darmschleimhaut und Niere, weniger in der Lunge, spurenweise in Leber und Milz, nicht in Pankreas, Muskel und Blut (GROSSER und HUSLER 1912, PLIMMER 1913). Diese letzteren Resultate werden von FORRAI (1923) bestätigt, der das Ferment ferner noch nachwies in Nebennieren, Schilddrüsen, Hoden und Carcinomgewebe. ROBISON (1923) und ROBISON und SOAMES (1924) haben das Vorkommen des Ferments auch in dem sich verknöchernden Knorpel festgestellt. Sie nehmen an, daß es beim Verknöcherungsprozeß aktiv beteiligt ist. Es scheint auch im Wespengift enthalten zu sein, dagegen nicht im Cobra- und Bienengift (CONTARDI und LATZER 1928). Nach CLEMENTI (1923) wirkt das Ferment des Darmsaftes am besten bei schwach saurer, weniger gut bei alkalischer Reaktion; nach KAY (1926, 1928) dagegen liegt das Wirkungsoptimum des Ferments (Verdauungs-, Lunge-, Leber- und Knochenphosphatase) auffallend weit im alkalischen Gebiet (etwa ph = 9,0). Das Ferment besitzt auch synthetische Eigenschaften (KAY 1928). Es dürfte identisch sein mit der Hexosediphosphatase und auch mit der Nukleotidase (KAY 1928). Für die volle Wirksamkeit bedarf das Ferment eines besonderen Aktivators (ERDTMAN 1927, 1928; KOBAYASHI 1928). Durch Kochen wird es zerstört. Für all diese Fermentversuche wurde im allgemeinen synthetische Glycerinphosphorsäure (käufliche Säure bzw. Salz) benutzt. Doch zeigten GROSSER und HUSLER (1912), daß das Ferment auch die natürliche Glycerinphosphorsäure des Lecithins zerlegt und nach AKAMATSU (1923a) spaltet das Ferment der Takadiastase auch von Lecithin die Phosphorsäure ab.

durch Ferment:

Bei vergleichenden Untersuchungen über die Spaltbarkeit der α- und β-Form zeigte es sich, daß beide gegen chemische Agenzien gleich resistent sind. Das Ferment wirkt auf beide Formen gut ein (FLEURY und SUTU 1926, KARRER und FREULER 1926). Die β-Form soll etwas leichter gespalten werden als die α-Form (KAY 1926).

Synthese der Lecithine und Kephaline.

Die ersten, dem Ziel schon recht nahe kommenden Versuche zur Synthese eines Lecithins gehen bis auf das Jahr 1883 zurück. Sie wurden von HUNDESHAGEN (1883) ausgeführt. Er stellte das Cholinsalz der Distearin-phosphorsäure her, das sich jedoch anders verhielt als Lecithin. Damit war bewiesen, daß im letzteren das Cholin nicht salz- sondern esterartig an den Phosphorsäurerest gebunden ist. Die Distearin-phosphorsäure wurde durch Einwirkung von Phosphorpentoxyd auf das Distearin BERTHELOTS gewonnen, das nach GRÜN (1905), GRÜN und KADE (1912) im wesentlichen *α α'* Distearin ist. Später hoffte GILSON (1888) aus Distearin-phosphorsäure, die durch unvollständige Spaltung aus natürlichem Lecithin gewonnen werden sollte, mit Hilfe von Äthylenoxyd und Trimethylamin ein Lecithin erhalten zu können. Der Versuch scheiterte jedoch bereits daran, daß ihm die Darstellung des gewünschten unvollständigen Spaltprodukts aus Lecithin nicht gelang.

Besseren Erfolg hatten GRÜN und KADE (1912). Es gelang ihnen auf dem Weg über Distearin-glycol-ortho-phosphorsäureester (dargestellt aus Distearin, Phosphorpentoxyd und Äthylenglycol)

$$C_3H_5-(COO\cdot C_{17}H_{35})_2-O-PO\cdot(OH)-O\cdot C_2H_4\cdot OH$$

und dessen Glycol-chlorhydrinester

$$C_3H_5-(COO\cdot C_{17}H_{35})_2-O-PO\cdot(OH)-O\cdot C_2H_4\cdot Cl,$$

der mit Trimethylamin zur Reaktion gebracht wurde, zum erstenmal einen Körper zu bekommen, in welchem das Cholin esterartig an die Distearinphosphorsäure gebunden sein mußte (auf ähnliche Weise hatte bereits LANGHELD 1911 Phosphorsäurecholinester synthetisiert). Aber auch dieses Verfahren befriedigte noch nicht völlig, da in der letzten Phase die Reaktion nicht eindeutig verlief, so daß keine zur sicheren Identifizierung ausreichende Menge des Körpers isoliert werden konnte.

Synthese des Distearyl-*α*-lecithins: *α*-Lecithin. Erst in den letzten Jahren ist das Problem der Lecithinsynthese durch die Arbeiten von GRÜN und LIMPÄCHER (1926, 1927) auf einfache und elegante Weise gelöst und zu einem gewissen Abschluß gebracht worden.

Sie ließen auf *α*, *β* Distearin I Phosphorsäureanhydrid einwirken und gaben nach beendeter Reaktion zwei Äquivalente

Cholin bzw. Cholinsalz zu. Die Aufarbeitung des Reaktionsprodukts ergab das gewünschte Lecithin in einer Ausbeute von 60—70 vH bezogen auf die fast analysenreine Substanz.

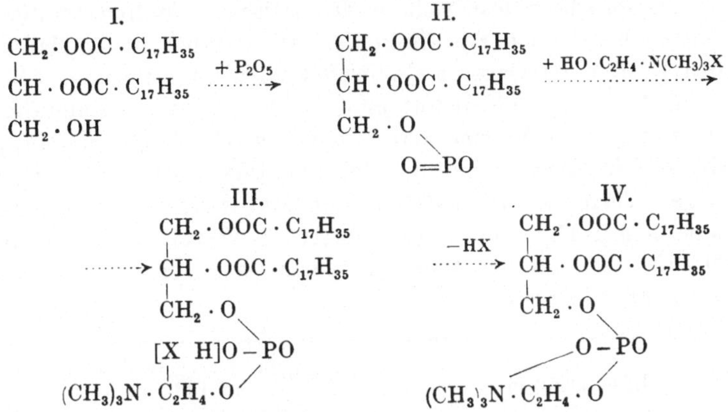

I.

$CH_2 \cdot OOC \cdot C_{17}H_{35}$
$|$
$CH \cdot OOC \cdot C_{17}H_{35}$
$|$
$CH_2 \cdot OH$

$\xrightarrow{+ P_2O_5}$

II.

$CH_2 \cdot OOC \cdot C_{17}H_{35}$
$|$
$CH \cdot OOC \cdot C_{17}H_{35}$
$|$
$CH_2 \cdot O$
$\quad O{=}PO$

$\xrightarrow{+ HO \cdot C_2H_4 \cdot N(CH_3)_3X}$

III.

$\longrightarrow CH_2 \cdot OOC \cdot C_{17}H_{35}$
$|$
$CH \cdot OOC \cdot C_{17}H_{35}$
$|$
$CH_2 \cdot O$
$[X\ H]O - PO$
$(CH_3)_3N \cdot C_2H_4 \cdot O$

$\xrightarrow{-HX}$

IV.

$CH_2 \cdot OOC \cdot C_{17}H_{35}$
$|$
$CH \cdot OOC \cdot C_{17}H_{35}$
$|$
$CH_2 \cdot O$
$O - PO$
$(CH_3)_3N \cdot C_2H_4 \cdot O$

Die Reaktion verläuft wahrscheinlich über den Distearin-meta-phosphorsäure-ester II (Grün und Limpächer 1927a), an welchen sich in zweiter Phase der Reaktion Cholin bzw. Cholinsalz unter Bildung des Derivats III der Ortho-phosphorsäure esterartig anlagert. Daß Alkohole auf diese Weise mit Meta-phosphorsäure-ester reagieren, hat schon Langheld (1911) beobachtet. Durch Abspaltung der Säure des Cholins entsteht dann aus dem Körper III das Endosalz von α, β Distearyl-glycerin-α'(phosphorsäure-cholin-ester) IV, welches als das erste synthetisch gewonnene Lecithin anzusehen ist.

Als weiteres Reaktionsprodukt bildet sich bei dieser Synthese noch Cholin-phosphorsäure-ester, dessen Abtrennung jedoch keine besonderen Schwierigkeiten macht.

Eigenschaften des synthetischen Distearyl-α-lecithins:

Die Verbindung krystallisiert aus absolutem Alkohol in Blättchen, aus verdünntem Alkohol, Methyl- und Propylalkohol in manchmal zu Büscheln vereinigten Nadeln. Beim Erhitzen im evakuierten Kapillarröhrchen sintert sie bei 80,2—80,5° (korr.) zu einzelnen durchscheinenden Tröpfchen, die bei 187° unter Meniskusbildung zusammenfließen. Frisch dargestellte Präparate sind geruch- und geschmacklos, sehr alte zeigen schwachen Geruch nach Trimethylamin und reagieren sauer.

Der Körper ist sehr hygroskopisch; er wird nur im Vakuum über Phosphorpentoxyd wasserfrei erhalten. Kaltes Wasser bewirkt langsame, viel warmes Wasser schnelle Quellung, dann Lösung. Nach Zusatz von Säure tritt Ausflockung, später Zersetzung ein.

Löslichkeit: Die Substanz löst sich in aromatischen, hydroaromatischen und hochsiedenden Paraffinkohlenwasserstoffen, in Amylalkohol, Äthyl- und Amylacetat, Schwefelkohlenstoff, Pyridin, Chloroform, Tetrachlorkohlenstoff und Dichlorhydrin bei Raumtemperatur gut, in der Wärme sehr gut, in Methyl-, Äthyl- und Propylalkohol, in Äthylenchlorid, Glycol-chlorhydrin und Eisessig nur in der Wärme leicht, bei Raumtemperatur schwer. Sie löst sich außerdem in Glycerin, ist aber in Äther, Petroläther (Siedepunkt 60—70°), Aceton selbst in der Wärme sehr schwer, bei Raumtemperatur fast unlöslich.

Lösungsmittel	Temperatur °	Löslichkeit in 100 ccm Lösungsmittel g
80proz. Alkohol	−20	0,55
Absoluter Alkohol	−20	0,33
Benzin	−15	0,14
Benzol.	± 0	0,06
Essigester	+ 5	0,03
Tetrachlorkohlenstoff	+15	1,58
Tetrachlorkohlenstoff	−20	0,20

Salze: Das reine Chloroplatinat $[C_{44}H_{89}O_8PN]_2PtCl_6$ erhält man durch Fällung mit einer alkoholischen Lösung von Platinchlorwasserstoffsäure aus der Lösung des Körpers in Chloroform. Das Salz sintert bei 82—83° und zersetzt sich unter Schmelzen bei 162°. Fällung aus der alkoholischen Lösung bewirkt Zersetzung. Der Niederschlag ist dann ein Gemisch von Lecithin-chloroplatinat und Cholin-chloroplatinat.

Ein $CdCl_2$-Doppelsalz wird auch gebildet. Es fehlt aber eine nähere Beschreibung.

Spaltung: Durch wässerige Salzsäure wird der Cholinrest sehr leicht abgespalten. In alkoholischer, chloroform-alkoholischer oder Benzolalkoholischer Lösung wird die Substanz durch alkoholische Salzsäure bei gewöhnlicher oder schwach erhöhter Temperatur in kurzer Zeit unter Umesterung (Ersatz des Cholinrestes durch Äthyl) zersetzt, worauf dann Fettsäuren abgespalten werden. Dasselbe Verhalten zeigen die natürlichen Lecithine.

Durch Bariumhydroxyd wird es gespalten.

Dieses synthetische Lecithin erfährt durch das Gift von Schlangen oder stacheltragenden Insekten keine Veränderung, während vom natürlichen Lecithin ein Teil der Fettsäuren abgespalten wird (CONTARDI und LATZER 1928).

β-Lecithin. Ausgehend vom α, α'Distearin wurde nach demselben Verfahren auch das Endosalz von α, α'Distearyl-glycerin-β(phosphorsäure-cholin-ester)

Synthese des Distearyl-β-lecithins:

```
CH2·OOC·C17H35  O
|              /  \
CH  -  O  -  PO     \
|              \      \
CH2·OOC·C17H35  O·C2H4·N(CH3)3
```

dargestellt (GRÜN und LIMPÄCHER 1927). Dieser Körper vom Typ der β-Lecithine erwies sich in seinen Eigenschaften jenem vom Typ der α-Lecithine außerordentlich ähnlich. Die Ähnlichkeit ist so weitgehend, daß die Autoren in Erwägung ziehen, ob die beiden Substanzen nicht identisch sind. Es müßte dann während der Darstellung in dem einen oder dem anderen Fall eine Umlagerung erfolgt sein. Indessen ist es aber auch durchaus verständlich, wenn zwei so ähnlich gebaute Körper kaum bemerkbare Unterschiede in ihrem Verhalten zeigen.

Eigenschaften des synthetisch. Distearyl-β-lecithins:

α- und β-Kephalin. Das für Lecithin beschriebene Verfahren ist bereits auch mit gutem Erfolg auf die Synthese der Kephaline übertragen worden (GRÜN und LIMPÄCHER 1927a). Man braucht dabei anstelle des Cholinsalzes nur ein Salz des Colamins in die Reaktion einzuführen. Es wurde so gewonnen der

Synthese der Distearyl-kephaline:

α, β-Distearyl-glycerin-α'(phosphorsäure-colamin-ester) I und der α, α'Distearyl-glycerin-β(phosphorsäure-colamin-ester) II,

```
        I.                                   II.
α  CH2·OOC·C17H35              α  CH2·OOC·C17H35   OH
   |                              |                /
β  CH·OOC·C17H35               β  CH  -  O  -  PO
   |                              |                \
α' CH2-O     OH                α' CH2·OOC·C17H35   O·C2H4·NH2
        \   /
         PO
          \
           O·C2H4·NH2
```

also die den beiden synthetischen Lecithinen entsprechenden Kephaline. Ebenso wie bei den beiden Lecithinen ist auch bei diesen zwei isomeren Kephalinen die Übereinstimmung der Eigenschaften sehr weitgehend. Was dort über die Möglichkeit der Identität gesagt wurde, gilt entsprechend auch hier.

Eigenschaften der synthetischen Distearyl-kephaline: Die Substanzen krystallisieren aus Pyridin in schneeweißen Nadeln. Im evakuierten Kapillarröhrchen erhitzt sintern sie bei 78—80° (bzw. 80°) zu einzelnen durchscheinenden Tröpfchen, die bei 176° (bzw. 177°) unter Meniskusbildung zusammenfließen. Sie sind sehr hygroskopisch. In warmem Wasser quellen sie auf und beim Erwärmen entsteht eine im durchscheinenden Licht klare Lösung, aus der die Substanzen auf Zusatz von Salzsäure sofort

Löslichkeit: ausflocken. Die Löslichkeit in sämtlichen Solventien ist geringer als die der entsprechenden Lecithine. Sie ist in Äther, Petroläther (Siedegrenzen 20—65°), Aceton minimal, in warmem Methyl- und Äthylalkohol, Benzol, Xylol, Chloroform, Tetrachlorkohlenstoff und Pyridin gut, bei 0° sehr gering.

Spaltung: Mit Platinchlorwasserstoffsäure in Alkohol gibt die Alkohol-Chloroformlösung von Kephalin keine Fällung.

Gegen Lackmoid reagierten die Körper in alkoholischer oder benzol-alkoholischer Lösung neutral, gegen Phenolphtalein sauer. Beim Titrieren verhielten sie sich wie eine einbasische Säure, doch erfolgt dabei teilweise eine Abspaltung des Colamins, so daß immer etwas zu hohe Neutralisationszahlen gefunden werden (90 anstelle 75). Die Kephaline unterscheiden sich darin von den Lecithinen, welche keine sauren Eigenschaften besitzen.

Ein Unterschied gegenüber den Lecithinen besteht auch in bezug auf die Alkali- und Säureempfindlichkeit, die bei den Kephalinen wesentlich größer ist. Sie zersetzen sich in geringem Grade schon beim öfteren Umkrystallisieren aus Pyridin. Alkoholische Lauge spaltet in der Kälte schnell, alkoholische Salzsäure bewirkt ebenso schnell Umesterung.

Einführung von Ölsäure in Lysolecithin: Bei all diesen Totalsynthesen ist bis jetzt ausschließlich nur Stearinsäure als Fettsäurekomponente verwendet worden. In den natürlichen Lecithinen und Kephalinen scheint aber mindestens einer der beiden Fettsäurereste ungesättigten Charakter zu besitzen. Ein Lecithin bzw. Lecithingemisch dieser Art wurde von LEVENE und ROLF (1924) dadurch dargestellt, daß sie im Lysolecithin, welches als ein Gemisch der Endosalze von Monostearin- und Monopalmitin-phosphorsäure-cholin-ester anzusehen ist, an die unbesetzte Hydroxylgruppe des Glycerins den Ölsäurerest anlagerten (S. 113).

Konstitution der Lecithine und Kephaline.

Die von DIAKONOW (1868, 1868a und 1868c) aufgestellte Konstitutionsformel, nach der das Lecithin glycerinphosphorsaures Cholin mit zwei an das Glycerin esterartig gebundenen Fettsäuremolekülen ist, erfuhr alsbald eine Berichtigung. Aus den Untersuchungen von STRECKER (1868), HUNDESHAGEN (1883), GILSON (1888) ging hervor, daß das Cholin nicht salz-, sondern esterartig* an die Phosphorsäure angefügt ist (siehe das Formelbild S. 77). Die Richtigkeit dieser Formel ist vor kurzem von GRÜN und LIMPÄCHER (1926, 1927) durch die Synthese bestätigt worden. Sie stellten einen Körper dar, der seiner Bereitung nach einem distearyl-glycerinphosphorsauren Cholinester entsprechen mußte und fanden seine Eigenschaften in Übereinstimmung mit denen des Hydrolecithins, das durch katalytische Hydrierung aus Eigelblecithin gewonnen war. Ein Unterschied besteht nur insofern, als dem synthetischen die „anhydrische“ Endosalzformel zukommt, den aus den Geweben isolierten die „Hydratform“. Lecithin:

Mit Rücksicht darauf könnte man vielleicht daran denken, das Lecithin der Gewebe als ein Anhydrid aufzufassen, bestehend aus zwei Molekülen, welche unter Austritt von einem Molekül Wasser aus der freien OH-Gruppe der beiden Phosphorsäurereste zusammengetreten sind. Gegen eine solche Formel, zu der die Analysenergebnisse auch passen würden, sprechen das Fehlen der basischen Eigenschaften des natürlichen Lecithins, vor allem aber die Molekulargewichtsbestimmungen des Lecithins (PRICE und LEWIS 1929) und des Hydrolecithins (LEVENE und SIMMS 1921), aus denen die Richtigkeit der einfachen Formel hervorgeht. Übrigens wurde auch das Lysocithin (S. 111) als Endosalz erhalten (DELEZENNE und FOURNEAU 1914).

Die Frage, ob die dem Lecithin zugrunde liegende Glycerinphosphorsäure die asymmetrische α- oder die symmetrische β-Form sei, d. h. also ob das Lecithin dem α- oder β-Typus entspreche (siehe die Formelbilder S. 77), ist ohne weiteres nicht zu beantworten, da beide Formen, wie aus dem Vergleich der synthetisch dargestellten hervorgeht, weitgehende Übereinstimmung in ihren Eigenschaften zeigen (S. 123). Gut unterscheidbar und voneinander quantitativ trennbar sind aber die beiden zugrundeliegenden

---

* Die Einwände, welche MALENGREAU und PRIGENT (1912) gegen die esterartige Bindung von Cholin und Phosphorsäure geltend gemacht haben, sind nicht stichhaltig.

Glycerinphosphorsäuren. KARRER und SALOMON (1926) haben solche Untersuchungen ausgeführt (siehe S. 116). Allerdings an keiner reinen Substanz, sondern an Gemengen. Es zeigte sich dabei, daß unzweifelhaft lecithinreiche Präparate viel mehr Glycerin-β-phosphorsäure (etwa 80 vH der Gesamtmenge) lieferten, als ein solches, in dem das Kephalin überwog (45 vH). Man könnte daraufhin versucht sein, daran zu denken, daß die Lecithine dem β-Typus entsprechen, die Kephaline dem α-Typus. Indessen haben solche Überlegungen vor der Hand wenigstens keinen Wert, da über den Umfang der Abspaltung der Glycerinphosphorsäure bei der benutzten Spaltungsmethode (Schütteln mit 10proz. Barytlösung bei Zimmertemperatur) nichts bekannt ist.

Kephalin: Für den lecithinartigen Bau des **Kephalins** sprechen die Übereinstimmung der Spaltungsprodukte beider (höhere Fettsäuren, Glycerinphosphorsäure, Base), das Vorhandensein der freien Aminogruppe im Kephalin (TRIER 1913a; BAUMANN 1913), wodurch die esterartige Bindung des Colamins bewiesen ist, und vor allem die Gewinnung eines Hydrokephalins, dessen Analyse zu der eines distearyl-glycerin-phosphorsauren Colaminesters stimmt (siehe die Ausführungen S. 101—103). Es ist aber zu betonen, daß der endgültige Beweis noch nicht erbracht worden ist. Das Hydroderivat ist zwar isoliert worden, aber in seinen Eigenschaften noch nicht bekannt. So ist man noch nicht in der Lage, einen Vergleich mit dem synthetischen Körper von GRÜN und LIMPÄCHER (1927a), dem die für das natürliche Kephalin vermutete Konstitution seiner Darstellung nach zukommt, anzustellen. Das unreine Kephalin, welches Beimengungen enthält und außerdem noch eine ungesättigte Säure, ist dazu natürlich nicht geeignet und es besagt nichts, wenn die beiden Stoffe Unterschiede aufweisen. Das verschiedene Verhalten des Kephalins und Lecithins dem Barytwasser (S. 108) gegenüber ist wohl zunächst auffallend, aber für die Entscheidung dieser Frage nicht zu verwerten, da die Kephalinversuche ja mit unreinem Material angestellt worden sind.

Diaminophosphatide.

Sphingomyeline.

Das Sphingomyelin, dessen Entdeckung wir THUDICHUM (1884 p. 105, 1901 S. 165) verdanken, unterscheidet sich von den beiden anderen Phosphatiden dem Lecithin und dem Kephalin, abgesehen von seinem Charakter als Diaminophosphatid, vor allem durch die Unlöslichkeit in Äther und durch das Fehlen von Glycerin als Baustein.

Bis jetzt wurde es außer von THUDICHUM nur von ROSENHEIM und TEBB (1908b, 1909a, 1910/11) und hauptsächlich von LEVENE (1913, 1914, 1916) näher studiert.

Vorkommen: In größeren Mengen findet es sich im Gehirn und in der Nervensubstanz, kommt aber außerdem vor in Nebennieren (ROSENHEIM und TEBB 1909b), in Nieren, Leber, Eigelb (LEVENE 1916), Milz (WALZ 1927a), Blut (CHANNON und COLLINSON 1929 p. 673) scheint aber auch in anderen Organen und Geweben nicht zu fehlen. So wurden Körper von sphingomyelinartigem Charakter auch von anderer Seite vielfach erhalten: aus Eigelb (STERN und THIERFELDER 1907), Pferdepankreas (FRÄNKEL und OFFER 1910), Nieren und Herz (MACLEAN 1912, 1912/13a, 1913; BLOOR 1926), Aalschleim (MÜLLER und REINBACH 1914), Erythrocyten (BÜRGER und BEUMER 1913, siehe auch HAUROWITZ und SLÁDEK 1928), Nebennieren (BEUMER 1914, WOODHOUSE 1928), Placenta (SAKAKI 1913), Milch (OSBORNE und WAKEMAN 1915), aus Geschlechtsorganen (WOODHOUSE 1928), spurenweise aus Skelettmuskeln (BLOOR 1927) und aus Fischsperma (SANO 1922), dem Ektoplasma der Hefezellen (SCHUMACHER 1928).

Ein durch Cerebroside und wohl auch durch andere Substanzen stark verunreinigtes Sphingomyelin ist auch das von DUNHAM und JACOBSON (1910) aus Nieren gewonnene Carnaubon (MAC LEAN 1912, 1912/13a, 1913; ROSENHEIM und MAC LEAN 1915).

Dem Sphingomyelin sehr nahe stehen außerdem THUDICHUM's Apomyelin und Amidomyelin. Sie haben seither von anderer Seite keine Bearbeitung gefunden. Vom Apomyelin sagt THUDICHUM selbst (1901 S. 311), daß es vielleicht identisch sei mit dem Sphingomyelin aus Ochsengehirn.

Sphingomyelin ist neben den Cerebrosiden der Hauptbestandteil des sogenannten Protagons. Die Abtrennung der Cerebroside erfolgt am besten durch Umkrystallisieren aus Pyridin (ROSENHEIM und TEBB 1909a), in welchem Cerebroside leicht, Sphingomyelin schwer löslich sind. Doch macht die Abtrennung der letzten Reste von Cerebrosiden größere Schwierigkeiten. Ein völlig cerebrosidfreies Material scheint erst LEVENE (1916) in Händen gehabt zu haben.

Elementare Zusammensetzung der Sphingomyeline.

Die analysierten Präparate besaßen eine etwas schwankende elementare Zusammensetzung.

	C vH	H vH	N vH	P vH	P:N	
Gehirn	65,4	11,3	2,96	3,24	1 : 2	(THUDICHUM 1901, S. 170)
Gehirn	66,6	11,3	3,78	3,99	1 : 2,1	(LEVENE 1916)
Gehirn	66,5	11,5	3,63	4,10	1 : 2	(MERZ*)
Nieren	64,8	11,4	3,50	3,82	1 : 2	(LEVENE 1916)
Leber	64,5	11,6	3,41	3,81	1 : 2	(LEVENE 1916)
Eigelb	65,6	11,7	3,84	4,22	1 : 2	(LEVENE 1916)
Milz	66,5	11,6	3,62	4,06	1 : 2	(WALZ 1927a)
ber. für:						
$C_{47}H_{97}N_2PO_7$ (832,84)	67,72	11,72	3,36	3,73		Lignoceryl-sphingomyelin
$C_{47}H_{95}N_2PO_7$ (830,83)	67,88	11,53	3,37	3,74		Nervonyl-sphingomyelin
$C_{41}H_{85}N_2PO_7$ (748,74)	65,71	11,44	3,74	4,15		Stearyl-sphingomyelin

Darstellung der Sphingomyeline.

Zur Darstellung verwenden ROSENHEIM und TEBB (1910/11) das Gehirnmaterial (S. 8), aus welchem die Cerebroside bereits durch Extraktion mit kaltem Pyridin entfernt worden waren. Die Masse wird mit drei Volumteilen Pyridin eine halbe Stunde lang auf 40—45° erwärmt und filtriert. Man kühlt das Filtrat mit Eis auf Zimmertemperatur (15°) ab, filtriert den entstandenen Niederschlag und wäscht mit Aceton nach. Weißes, nicht hygroskopisches Pulver. Dieses Rohprodukt enthält etwa 3 vH P. Es wird gereinigt durch wiederholte fraktionierte Fällung mit Aceton aus einer Lösung in Alkohol-Chloroform und Umkrystallisieren aus Pyridin.

Nach LEVENE (1914) wird das getrocknete Gehirnmaterial mit kochendem Alkohol erschöpfend extrahiert und der beim Ab-

* Noch unveröffentlichte Untersuchung aus dem Tübinger physiologisch-chemischen Institut.

kühlen des heißen alkoholischen Extraktes auftretende Niederschlag erschöpfend mit Äther und Aceton behandelt. Man löst ihn nun in heißem technischen Pyridin, filtriert den beim Abkühlen auftretenden Niederschlag ab und löst ihn wieder in Eisessig. Es bildet sich beim Abkühlen ein Niederschlag, der abfiltriert wird. Das Filtrat enthält das Sphingomyelin, das aus der im Vakuum eingeengten Lösung durch Fällung mit Aceton gewonnen wird. Dieses Rohprodukt löst man zur weiteren Reinigung (LEVENE 1916) in einer Mischung von 5 Teilen Ligroin und 1 Teil Alkohol, fügt zur Lösung Alkohol, solange ein Niederschlag entsteht, filtriert und läßt das Filtrat über Nacht bei 0° stehen. Schließlich wird die wiederum filtrierte Lösung unter vermindertem Druck eingeengt und in Aceton eingegossen. Die ausgefällte Substanz krystallisiert man wiederholt aus einem Gemisch von gleichen Teilen Chloroform und Pyridin um und zwar so, daß man bei den ersten Krystallisationen die Lösung auf Zimmertemperatur, bei den späteren auf 30° und bei den letzten endlich nur auf 37° abkühlen läßt. Das Umkrystallisieren wird so lange fortgesetzt, bis die Substanz frei von Cerebrosiden ist (Prüfung siehe unten).

Prüfung der Sphingomyeline auf Reinheit.

Über den Reinheitsgrad eines Präparates orientiert man sich am einfachsten durch P- und N-Bestimmung (P:N = 1:2) und durch Prüfung auf Abwesenheit von Cerebrosiden durch die Probe von MOLISCH (S. 16) oder durch die Orcinprobe (S. 16) bei Gegenwart einer Spur Eisenchlorid oder Kupferacetat (FRÄNKEL und LINNERT 1910a, LEVENE 1916). Sphingomyelin enthält keinen freien Aminostickstoff. Bei der Methylimidbestimmung nach HERZIG und MEYER finden sich auf je zwei Atome Stickstoff drei Methylgruppen (LEVENE 1914).

Eigenschaften der Sphingomyeline.

Weiße krystallinische Substanz, nicht hygroskopisch, luft- und lichtbeständig, in Chloroform-Methylalkohol leicht löslich, in kaltem Alkohol und Pyridin nur wenig löslich, krystallisiert aus den warmen Lösungsmitteln beim Abkühlen, sehr schwer löslich in Aceton und Äther. In Wasser quillt es auf unter Emulsionsbildung, es bildet Myelinformen; in Glycerinwasser zeigt es Doppelbrechung (anisotrope Tropfen) (KAWAMURA 1911, siehe dort auch über Verhalten zu Farbstoffen). Löslichkeit in Pyridin: 100 ccm der gesättigten Lösung enthalten bei Zimmertemperatur 0,18 g, bei 40° 0,22 g Sphingomyelin. Schmp. 196—198° (SANO 1922).

Es bildet mit Cadmiumchlorid eine in Alkohol schwer lösliche Chlorcadmiumverbindung. Sie fällt aus der verdünnten alkoholischen Lösung von Sphingomyelin durch Zufügen von Cadmiumchlorid aus, was THUDICHUM (1901 S. 166) zur Darstellung des Sphingomyelins benutzte. Die Cadmiumchloridverbindung wird in Wasser hydrolytisch gespalten. Sphingomyelin gibt auch mit Platinchlorid eine in Alkohol und Äther wenig lösliche Verbindung (THUDICHUM 1901 S. 174).

Drehungsvermögen: Sphingomyelin dreht in einer Lösung von Chloroform-Methylalkohol (gleiche Teile) rechts. LEVENE (1916) fand bei Präparaten verschiedener Herkunft für eine etwa 10proz. Lösung $[\alpha]_D = +7{,}53^0$ bis $+8{,}73^0$, WALZ (1927a) $[\alpha]_D = +5{,}5^0$.

In Pyridin zeigt es bei Temperaturen über 40° ebenfalls Rechtsdrehung: $[\alpha]_D = +13{,}82^0$ für eine 1,23 vol.-proz. Lösung. Beim Abkühlen auf Temperaturen unterhalb 40° geht jedoch die schwache Rechtsdrehung in starke Linksdrehung über (SANO 1922).

Sphärorotation: Diese Erscheinung (Sphärorotation) wurde von ROSENHEIM und TEBB (1908b) zum erstenmal bei der Untersuchung des Protagons beobachtet. Sie stellten fest, daß die starke Änderung der Drehung herrührt von dem beim Abkühlen der Lösung offenbar in flüssig-krystallinem Zustande ausfallenden Sphingomyelin. An Stelle einer Lävo-sphärorotation wurde zuweilen auch eine deutliche Dextro-sphärorotation beobachtet.

Spaltung der Sphingomyeline.

Spaltprodukte: Alle Untersucher sind sich darüber einig, daß unter den Spaltprodukten Glycerin sich nicht befindet (THUDICHUM 1901 S. 172; ROSENHEIM und TEBB 1909a). Dagegen enthält es Cholin, das entweder mit Baryt oder mit verdünnter Schwefelsäure abgespalten werden kann (THUDICHUM 1901 S. 170; ROSENHEIM und TEBB 1909a; LEVENE 1914, 1916). Außerdem wurde regelmäßig Sphingosin gefunden (THUDICHUM 1901 S. 171; LEVENE 1914, 1916). Daneben erhielt LEVENE (1914, 1916) noch eine weitere Base, die jedoch nicht als primäres Spaltprodukt, sondern als ein während der Hydrolyse durch Wasserabspaltung entstandenes Umwandlungsprodukt des Sphingosins angesehen wird. Unter Zugrundelegung der neuen Sphingosinformel $C_{18}H_{37}NO_2$ müßte ihr dann die Formel $C_{18}H_{35}ON$ zukommen. Nach der alten Formel würde es sich um einen Körper $C_{17}H_{33}NO$ handeln. Im Original ist irrtümlich die Formel $C_{17}H_{35}NO$ angegeben.

Nach THUDICHUM (1901 S. 170) enthält das Sphingomyelin weiterhin den Alkohol Sphingol von der Formel $C_9H_{18}O$ oder $C_{18}H_{36}O_2$, was von ROSENHEIM und TEBB (1909a) bestätigt wird. Doch hat ihn LEVENE (1916) unter den Spaltprodukten vermißt.

Über die Natur der in einer Menge von etwa 40—50 vH des gespaltenen Materials (LEVENE 1916) vorhandenen höheren Fettsäuren ist aus der Literatur noch sehr wenig mit Sicherheit zu entnehmen. In der von THUDICHUM (1901 S. 171) als die Fettsäure des Sphingomyelins angegebenen Sphingostearinsäure $C_{18}H_{36}O_2$ vom Schmp. 57° dürfte wohl kaum eine einheitliche Substanz vorgelegen haben. Die einzige Fettsäure, deren Anwesenheit wiederholt festgestellt wurde, war Lignocerinsäure $C_{24}H_{48}O_2$ (LEVENE 1913, 1914, 1916). In einer noch unveröffentlichten Untersuchung hat MERZ in einem Sphingomyelinpräparat (Analyse S. 128) außer Lignocerinsäure noch Nervonsäure $C_{24}H_{46}O_2$ und Stearinsäure $C_{18}H_{36}O_2$ gefunden, und zwar betrug die Gesamtmenge der erhaltenen Fettsäuren 39 vH des gespaltenen Materials, davon waren:

Stearinsäure	etwa	57 vH	der Gesamtfettsäuren,
Lignocerinsäure	„	25 „	„ „
Nervonsäure	„	18 „	„ „

In weniger reinen Präparaten wurde daneben auch Palmitinsäure angetroffen. Da aber in diesen Präparaten das Verhältnis von $P:N = 1:1{,}47$ bzw. $1:1{,}56$ war, so dürfte die Palmitinsäure wahrscheinlich von einer nicht sphingomyelinartigen Substanz herrühren. Es scheint demnach, daß es sich bei den Spaltprodukten mit längeren Kohlenstoffketten offenbar ebenso wie bei den Cerebrosiden ausschließlich um Körper mit 18- und 24gliedrigen Ketten handelt.

In Übereinstimmung mit den Befunden von MERZ hat schon früher LEVENE (1916) angegeben, daß mindestens die Hälfte des bei der Spaltung gewonnenen Säuregemisches aus einer Fettsäure besteht, die ein niedrigeres Molekulargewicht als Lignocerinsäure besitzt. Allerdings vermutete er, daß eine Oxysäure, etwa Oxystearinsäure $C_{18}H_{36}O_3$, vorliegt. Doch gelang es ihm nicht, sie in reinem Zustand zu erhalten. MERZ hat eine solche Oxysäure nicht angetroffen.

Unvollständige Spaltung: Ein unvollständiges Spaltprodukt — Lignocerylsphingin — $C_{18}H_{36}(OH) \cdot NH{-}CO \cdot C_{23}H_{47}$* hat LEVENE (1916) unter den Spaltstücken von Sphingomyelin aus Nieren nach vorangegangener Hydrierung gefunden. Es besaß keinen basischen Charakter und der Stickstoff war nicht als freier Aminostickstoff vorhanden.

Bei der unvollständigen Spaltung soll Sphingomyelin auch eine Substanz liefern, die einige Ähnlichkeit mit den einfachsten Nukleinsäuren hat, und die bei der völligen Spaltung außer Phosphorsäure und einer Base einen krystallisierten Alkohol an Stelle eines Kohlenhydrats ergibt (ROSENHEIM und TEBB 1909a). Nähere Angaben fehlen.

Einwirkung von Wespengift: Durch Einwirkung von Wespengift wird nach MAGISTRIS (1929) Lignocerinsäure unter Bildung von Lyso-sphingomyelin abgespalten. Die Versuche sind jedoch keineswegs überzeugend. Die gezogenen Schlüsse gründen sich auf eine völlig unzulängliche Methodik. Die isolierte Lignocerinsäure dürfte wohl durch Säurehydrolyse aus dem Sphingomyelin entstanden sein, das bei der Petrolätherextraktion des mit Wespengift behandelten Materials in mehr oder minder beträchtlichen Mengen vom Lösungsmittel aufgenommen worden war.

Konstitution der Sphingomyeline.

Die Konstitution des Sphingomyelins ist in vielen Punkten noch ungeklärt. LEVENE (1916) nimmt vorläufig folgende Strukturformel an:

$$
\begin{array}{lccccl}
 & & & R-CO & & \text{Fettsäure} \\
 & & & | & & \\
 & OH & & NH & & \\
 & | & & | & & \\
CH_2-(CH_2)_{12}-CH=CH- & \overset{3}{C}H & - \overset{2}{C}H & - \overset{1}{C}H_2{}^{**} & & \text{Sphingosin} \\
 & & | & & & \\
 & & O & & & \\
 & & | & & & \\
 & & HO-PO & & & \\
 & & | & & & \\
 & & C_2H_4-O & & & \\
 & & | & & & \text{Cholin} \\
 & & N\equiv(CH_3)_3 & & & \\
 & & | & & & \\
 & & OH & & &
\end{array}
$$

wobei der Rest R der Lignocerinsäure oder einer anderen Fettsäure angehören kann. Es würde sich demnach Sphingomyelin von den

* Unter Zugrundelegung der neuen Sphingosinformel.

** Die Verteilung der OH- und NH_2-Gruppen auf die Kohlenstoffe 1, 2 und 3 ist willkürlich, ebenso die Anfügungsstelle des Phosphorsäurecholinesters.

Cerebrosiden im wesentlichen nur dadurch unterscheiden, daß anstelle des Galaktoserests der Rest des Phosphorsäure-cholinesters tritt. Für die Aufstellung dieser Formel war vor allem die Fest stellung maßgebend, daß beim Gehirn-sphingomyelin 34 vH des gespaltenen Materials als Sphingosin und 43 vH als Fettsäuren wiedergefunden wurde. Sphingosin und Fettsäuren sind demnach etwa in äquimolekularen Mengen vorhanden. Die obige Formel erfordert für

Stearyl-sphingomyelin	38,0 vH	Fettsäure,	40,0 vH	Sphingosin
Lignoceryl- „	44,2 „	„	35,9 „	„
Nervonyl- „	44,1 „	„	36,0 „	„

Wenn man berücksichtigt, daß das Sphingomyelinmolekül noch Phosphorsäure und Cholin enthält, so kann auf Grund der angeführten Zahlen der von THUDICHUM als Spaltprodukt angegebene Alkohol Sphingol, der aber von LEVENE unter den Spaltprodukten nicht angetroffen wurde, kein integrierender Bestandteil des Phosphatids sein.

Die Annahme einer amidartigen Verknüpfung von Sphingosin und Fettsäure wird gerechtfertigt durch die Auffindung eines Derivates des Lignoceryl-sphingosins unter den Spaltstücken des Sphingomyelins.

Da ein der obigen Formel entsprechendes Sphingomyelin nur eine Fettsäure enthalten kann, und da in dem best untersuchten Präparat (MERZ) drei verschiedene Säuren vorhanden waren, so würde daraus folgen, daß es mehrere Sphingomyeline (Stearyl-, Nervonyl- und Lignoceryl-sphingomyelin) gibt, die sich, ähnlich wie die Lecithine, Kephaline und Cerebroside, nur durch die Natur der Fettsäuren unterscheiden. Auch THUDICHUM hielt die Existenz von mehreren Sphingomyelinen für wahrscheinlich. Dadurch würden sich auch die Differenzen in den Kohlenstoffwerten der analysierten Präparate erklären. In gutem Einklang mit der aufgestellten Konstitutionsformel stehen die analytischen Werte des Präparats von MERZ (nur dieses läßt sich zur Prüfung der Theorie heranziehen, da nur von diesem die Fettsäuren genau bekannt sind). In diesem Präparat müßte nach dem Fettsäuregehalt etwas mehr als die Hälfte Stearyl- und etwas weniger als die Hälfte Lignoceryl- + Nervonyl-sphingomyelin vorgelegen haben. Dementsprechend liegt auch der gefundene C-Wert etwa in der Mitte zwischen den Werten, die für das erste einerseits und die letzten andererseits berechnet sind (siehe Tabelle S. 128).

Weitere Diaminophosphatide.

Weitere Diamino-phosphatide:

Weitere, weniger gut charakterisierte Diaminophosphatide (P : N = 1 : 2) sind aus Eisbären- und Walroßgalle (HAMMARSTEN 1902, 1909), Nebennieren (BEUMER 1914), Tuberkelbazillen und Mykobact. lactic. (TAMURA 1913) erhalten worden. Es dürften hier wohl mit stickstoffhaltigen Substanzen verunreinigte Monaminophosphatide vorgelegen haben, wie das MACLEAN (1913) insbesondere für das von ERLANDSEN (1907) erhaltene Diaminophosphatid aus Herzmuskel gezeigt hat (S. 72).

Die physikalische Chemie der Phosphatide.

Die Phosphatide und Cerebroside besitzen in mehr oder minder ausgeprägtem Maße die Eigenschaften von hydrophilen Kolloiden*, und unterscheiden sich so von den Neutralfetten, die bekanntlich von Wasser nicht benetzt werden. Darauf beruht wohl auch ihre besondere Eignung als integrierende Bestandteile von scheinbar jeder Zelle.

Diese Eigenschaften treten am deutlichsten hervor bei Lecithin und Kephalin. Sie quellen, mit Wasser zusammengebracht, auf und vermögen durchsichtige, kolloidale wässerige Lösungen zu bilden. Das Lecithinsol zeigt im Ultramikroskop zahllose Mikrokügelchen, von denen die kleinsten lebhafte BROWN'sche Bewegung erkennen lassen (HATTORI 1921). Das Sphingomyelin dagegen gibt, mit Wasser zerrieben, beständige, milchige Emulsionen. Wiederum anders verhalten sich die Cerebroside. Sie bilden, bei Abwesenheit von Phosphatiden mit Wasser bei gewöhnlicher Temperatur zerrieben, keine Emulsion. Beim Erhitzen dagegen tritt starke Quellung ein und es entsteht eine kleisterartige, durchscheinende, steife Gallerte.

Nach LÖWE (1912, 1912a, 1912b, 1912c, 1922) hat man anzunehmen, daß die Phosphatide auch in organischen Lösungsmitteln kolloidale Lösungen bilden. Er studierte unter anderem die Verteilung von Methylenblau zwischen Wasser und phosphatidhaltigen Chloroformlösungen, wobei er fand, daß die Verteilung bei kleinen Konzentrationen sich zugunsten der Chloroformlösung ändert. Er

* In einzelnen Punkten nähern sich die Eigenschaften denen der Suspensionskolloide (siehe S. 135).

erklärt dieses Verhalten dadurch, daß die kolloidalen Phosphatidteilchen den Farbstoff durch Adsorption an der Oberfläche anreichern. Ebenso verhielten sich die Lösungen von Cerebrosiden in Chloroform.

Lecithin: Einfluß von Elektrolyten:

Über den Einfluß von Elektrolyten und anderen Stoffen auf wässerige kolloidale Lecithinlösungen sind schon wiederholt eingehendere Angaben gemacht worden. Allerdings dürften wohl bei den meisten Untersuchungen keine reinen Lecithinpräparate verwendet worden sein. In bezug auf die fällende Wirkung gelten folgende Reihen:

Anionen:

$SO_4 > C_2H_3O_2 > F > Cl > NO_3 > Br > J > CNS$ (PORGES u. NEUBAUER 1908),
$C_2H_3O_2 > Cl > NO_3$, $Br > CNS > J$ (HÖBER 1908).

Kationen:

(Alkaliionen) $Li > Na > NH_4 > K$ (PORGES u. NEUBAUER),
$Na > Cs > Li > Rb > NH_4$, K (HÖBER),
(Erdalkaliionen) $Ba > Sr > Ca > Mg$ (PORGES u. NEUBAUER).

Die Anionenreihe bezieht sich auf die Natronsalze. Bei Verwendung der Ammonium- oder Kaliumsalze ändert sie sich nicht. Die angeführten Kationenreihen gelten für die Chloride. Zwischen der fällenden Wirkung und der Valenz der Kationen bzw. Anionen konnten LONG (1908), LONG und GEPHART (1908) keine Beziehung bemerken, indessen gibt KAKIUCHI (1922) an, daß die fällende Wirkung der Kationen mit ihrer Wertigkeit steigt. Ähnliche Beobachtungen wie KAKIUCHI machten RONA und DEUTSCH (1926).

Die Reihen stimmen im wesentlichen mit den von HOFMEISTER und PAULI für die Eiweißfällung gefundenen Gesetzmäßigkeiten überein. Allerdings liegt die untere Fällungsgrenze der Erdalkalien beim Lecithin wesentlich niedriger als beim Eiweiß, was an das Verhalten der Suspensionskolloide erinnert (KOCH 1902/03, 1909; PORGES und NEUBAUER 1908).

Es ist gewiß kein Zufall, daß man derselben Reihenfolge auch oft bei den physiologischen Wirkungsreihen begegnet. Nach OVERTON und H. MAYER verhält sich bekanntlich die Zelle in bezug auf den Aus- und Eintritt von Stoffen, wie wenn dieser gegenseitige Stoffaustausch reguliert würde durch eine Membran, die im wesentlichen aus Lipoiden besteht. Wenn nun — wie man Grund hat anzunehmen — die physiologische Wirkung der Neutralsalze hauptsächlich auf der Änderung der Permeabilität der Zellmembran beruht, so wird dadurch diese Übereinstimmung dem Verständnis näher gebracht. Denn der kolloidale Zustand der Zellmembran, von dem auch die Permeabilität abhängt, wird — falls die Membran hauptsächlich aus Lecithin besteht oder falls die anderen Lipoide sich ebenso wie Lecithin verhalten — durch die Neutralsalze im Sinne der obigen Reihenfolge beeinflußt werden. Diese Erklärung für die Art der physiologischen Wirkung der Neutralsalze schließt die Möglichkeit nicht aus, daß auch der kolloidale Zustand von dem Zelleiweiß, für welches ja dieselben Fällungsreihen gelten, eine Änderung erfährt. Immerhin aber liegt die physiologische Salzkonzentration weit unter der Fällungsgrenze für Eiweißsole, während sie in der Nähe der Fällungsgrenze für Lecithinsole liegt (PORGES und NEUBAUER 1908).

Einfluß von Alkalien und Säuren:

Alkalien wirken auf Lecithin lösend. Trübe Lecithinsole werden aufgehellt, was auf Verseifung zurückzuführen sein dürfte. Säuren wirken dagegen fällend. Schwermetalle sind im allgemeinen starke Fällungsmittel. Eigentümlicherweise sind die eiweißfällenden Quecksilbersalze unwirksam. Unregelmäßige Reihen mit sekundären Fällungszonen treten bei den Lecithinsolen besonders häufig auf (PORGES und NEUBAUER 1908).

In der wässerigen Lösung haben die Lecithinteilchen eine negative Ladung, so daß der isoelektrische Punkt im sauren Gebiet liegt. Er fällt wie bei den anderen Kolloiden zusammen mit dem Flockungsoptimum mit $p_H = 2$ bis 4 (isoelektrischer Punkt $p_H = 2{,}7$; FUJII 1924). Bei höherer Wasserstoffionenkonzentration wandert das Lecithin kathodisch, bei niederer anodisch. Wird Eiweiß beigemischt, so verschiebt sich das Optimum nach der weniger sauren Seite hin, dabei wird die Flockung stärker, aber das Optimum ist weniger scharf ausgeprägt (FEINSCHMIDT 1912). Dieselbe Wirkung hat der Zusatz von Alkaloiden und zwar ist die Reihenfolge der Wirksamkeit der Alkaloidkationen:

Morphin < Kokain, Atropin < Strychnin < Chinin (ZAIN 1929).

Als Flockungsgrenze geben RONA und DEUTSCH (1926) $p_H = 1{,}73$ bis 1,75 (unabhängig von der Wahl des Puffers) an. Ähnliche Werte ($p_H = 1{,}9$ bis 2,4) fand auch ZAIN (1929).

Weiter wurde auch der Einfluß der Elektrolyte auf den osmotischen Druck (THOMAS 1915), die Oberflächenspannung (BERC-

ZELLER 1917; PRICE und LEWIS 1929) und auf die Viskosität (HANDOVSKY und WAGNER 1911; THOMAS 1915) von Lecithinsolen studiert. Die Messung des kolloidosmotischen Druckes von 1proz. Lecithinlösungen ergab Werte, die zwischen 2,0 und 7,2 mm H_2O schwankten. Zugabe von Elektrolyten hat ein Fallen des Druckes zur Folge. Die Oberflächenspannung der Lecithinlösung ist wesentlich niedriger als die von reinem Wasser. PRICE und LEWIS haben vor allem die Abhängigkeit der Oberflächenspannung von der Wasserstoffionenkonzentration eingehend studiert. Diese Untersuchung wurde mit kephalinfreiem Material angestellt. Sie machen mit Recht noch besonders darauf aufmerksam, wie wichtig es ist mit reinem Material zu arbeiten, da mit einem Handelspräparat andere und zwar weniger durchsichtige Ergebnisse erzielt wurden. Die Viskosität eines Lecithinsols ist, wie bei den typischen hydrophilen Kolloiden, beträchtlich höher als die des Wassers. Sie steigt mit steigender Lecithinkonzentration sehr schnell an. Laugen, Säuren und Neutralsalze bewirken eine Viskositätsverminderung. Narkotisch wirksame Substanzen scheinen die Viskosität zum Teil nur unerheblich (H. u. W.), zum Teil aber auch sehr weitgehend zu beeinflussen (TH.).

Osmotischer Druck: Oberflächenspannung: Viskosität:

Inwieweit ein Antagonismus zwischen einwertigen Alkali- und zweiwertigen Erdalkaliionen besteht, scheint noch nicht endgültig geklärt. Die Feststellung von KOCH (1902), daß NaCl die Fällung durch $CaCl_2$ verhindert, konnten PORGES und NEUBAUER (1908) nicht bestätigen. Die Widersprüche erklären sich nach KOCH (1909) dadurch, daß er für die Versuche Gehirnlecithin, PORGES und NEUBAUER dagegen Eierlecithin benutzten. Diese beiden Lecithine sollen sich verschieden verhalten.

Antagonistische Wirkung der Ionen:

Ein solcher Antagonismus u. a. auch zwischen Na- und K-Ionen macht sich aber nach NEUSCHLOSZ (1920) in bezug auf die Oberflächenspannung deutlich bemerkbar. Die Oberflächenspannung wird in erster Linie durch das relative Verhältnis der vorhandenen Ionen bestimmt und ist von der absoluten Konzentration der Salze in weiten Grenzen unabhängig. Der physiologische Ionenantagonismus geht mit dem gefundenen kolloidchemischen weitgehend parallel. Jedoch hat HANDOVSKY (1920) gegen die Deutung der Versuchsergebnisse Einwände erhoben. Neuerdings berichten RONA und DEUTSCH (1926) wieder über einen Antagonismus zwischen $CaCl_2$ und NaCl bzw. $AlCl_3$ und

NaCl. KAKIUCHI (1922) glaubt gezeigt zu haben, daß es einen Antagonismus von gleich geladenen Ionen nicht gibt, sondern daß es sich in solchen Fällen in Wirklichkeit immer um antagonistische Wirkung zwischen Kationen und Anionen handelt.

Leitvermögen: Das elektrische Leitvermögen von Lecithinsolen wurde von LONG (1908) gemessen.

Verhalten alkoholischer Lösungen gegen Elektrolyte: Alkoholische Lösungen von Lecithin erwiesen sich gegen fällende Agenzien, insbesondere gegen Neutralsalze, noch viel resistenter als wässerige Sole. Unwirksam sind: NaBr, NaJ, NH_4CNS. Starkes Fällungsvermögen besitzen: $ZnCl_2$, $CdCl_2$ und $FeCl_3$. Wie die genauere Untersuchung der Fällung mit $FeCl_3$ ergab, ist sie abhängig von dem Mengenverhältnis der Komponenten, was dafür spricht, daß es sich um eine kolloidchemische Reaktion handelt. Das Lecithin wäre demnach, wie in anderen organischen Lösungsmitteln (siehe LÖWE), auch in Alkohol zum mindesten teilweise kolloidal gelöst (PORGES und NEUBAUER 1909). Im Widerspruch hierzu stehen die niedrigen Werte, welche PRICE und LEWIS bei Molekulargewichtsbestimmungen für Lecithin in alkoholischer Lösung fanden.

Verhalten ätherischer Lösungen gegen Elektrolyte: Auf ätherische Lösungen wirkt $FeCl_3$ ebenfalls fällend. In diesen ätherischen Lösungen lösen sich bekanntlich größere Mengen von in Äther unlöslichen, in Wasser dagegen leicht löslichen Stoffen, was wohl damit zusammenhängt, daß der Äther bei Gegenwart von Lecithin erhebliche Mengen von Wasser aufnimmt (PORGES und NEUBAUER 1909).

Nichtelektrolyte: Nichtelektrolyte, wie Zucker und Harnstoff, erzeugen in wässerigen Lecithinsolen in keiner Konzentration Fällung. Trübe Lecithinlösungen werden durch Saponin aufgehellt. Ähnlich verhalten sich Gallensäuren. Eiweiß wirkt auf Lecithin schützend gegenüber Fällungen durch Elektrolyte. Andererseits übt letzteres eine Schutzwirkung auf Cholesterin aus (PORGES und NEUBAUER 1908, LONG und GEPHART 1908, RONA und DEUTSCH 1926).

HANDOVSKY und WAGNER (1911) stellten fest, daß 1,5proz. Lecithinhydrosole und dialysiertes Rinderserum sich gegenseitig fällen. Für die Fällung ist das Globulin des Serums verantwortlich zu machen. Die Fällung wird durch Neutralsalze gehemmt, so daß demnach die Ionen der Elektrolyte mit ihrer Funktion, das Globulin im Solzustande zu erhalten, zugleich die Rolle verbinden, die Entstehung eines unlöslichen Lecithin-Globulin-Komplexes in den tierischen Säften und wohl auch in den Geweben zu verhindern.

Ultrafiltration: Bei der Filtration durch Ultrafilter verhalten sich die Lecithinsole insofern anormal, als bei ihnen nicht allein die Teilchengröße bestimmend dafür ist, ob die Teilchen durch das Ultrafilter hindurchtreten. Es können auch grobdisperse Teilchen ein Ultrafilter von kleinerer Porenweite als der Durchmesser der Lecithinpartikel passieren, was von der geringen Grenzflächenspannung zwischen Wasser und Lecithinpartikel herrühren dürfte (Bechhold und Neuschlosz 1921).

Kephalin: Über das kolloidchemische Verhalten von *Kephalin** ist viel weniger bekannt. Durch Säuren werden Kephalinhydrosole gefällt. Salzsäure wirkt noch fällend in einer Konzentration von n/200. Durch Alkalilaugen dagegen wird ein trübes Sol aufgehellt. Auch die meisten Neutralsalze erzeugen Flockung, und zwar wirken die Erdalkalisalze stärker als die Alkalisalze. Die fällende Kraft der Natronsalze nimmt vom Fluorid über das Chlorid, Bromid zum Jodid und Rhodanid ab. Man kommt so also zur Anionenreihe

$$F > Cl > Br > J > CNS.$$

Auch die Schwermetallsalze sind in der Regel gute Fällungsmittel, nur das Quecksilber macht eine Ausnahme. Das Auftreten von mehreren Fällungszonen (unregelmäßige Reihen), wie dies von anderer Seite beim Lecithin für eine Reihe von Erdalkali- und Schwermetallsalzen beobachtet wurde, konnte nicht festgestellt werden (Fränkel und Neubauer 1909).

Im übrigen aber scheint, wie aus den vorstehenden Angaben hervorgeht, das kolloidchemische Verhalten des Kephalins im großen und ganzen mit dem des Lecithins übereinzustimmen. Eingehende vergleichende Untersuchungen liegen darüber bis jetzt allerdings noch nicht vor. Fast alle Autoren beschränken sich auf die Untersuchung des Lecithins. Kephalin wurde nur selten mit einbezogen. Koch (1902) stellte in mancher Beziehung Unterschiede im Verhalten der beiden Phosphatide fest, doch gründet sich der Vergleich, dem damaligen Stand der kolloidchemischen Forschung entsprechend, auf eine unzulängliche Methodik. Die Viskositätsmessung von Berczeller (1917) hatten bei Kephalin-

* Alle Angaben beziehen sich auf unreines Kephalin.

solen dasselbe Resultat wie bei Lecithinsolen. Da nach GRÜN und LIMPÄCHER (1927a) das Kephalin einen wesentlich stärker sauren Charakter besitzt als das Lecithin, das in organischen Lösungsmitteln neutral, in wässeriger Lösung alkalisch reagiert, so wäre es immerhin möglich, daß man bei einer genauen systematischen Untersuchung trotz der großen strukturellen Ähnlichkeit doch noch weitergehende Unterschiede antrifft (siehe dazu auch KOCH 1907).

Einfluß der Lipoide auf Reaktionsgeschwindigkeit: SIEGFRIED (1918) machte darauf aufmerksam, daß die Lipoide als negative Katalysatoren wirken. So wird durch sie die Umwandlung von gelbem Quecksilberjodid in die rote Modifikation gehemmt, ebenso erfährt die Reduktion von ammoniakalischer Silberlösung durch Glukose oder insbesondere durch Phenylhydrazin eine Hemmung. Am stärksten macht sich dieser Einfluß beim Lecithin bemerkbar, weniger bei Fett und Ölen. Cholesterin ist in dieser Beziehung ganz unwirksam. Die prämortale, unverhältnismäßig große Steigerung der Eiweißzersetzung und des Zellzerfalls könnte nach ihm damit zusammenhängen, daß normalerweise die Reaktionen, durch welche das Eiweiß gespalten und oxydiert wird, von den Zellipoiden gehemmt werden und daß diese Hemmungen wegfallen, sobald nach Verbrauch des Depotfettes der Bestand der Zellipoide angegriffen wird.

Monomolekulare Filme: Das Lecithin besitzt die Eigenschaft, ebenso wie Fettsäuren und Neutralfette auf Wasser sogenannte monomolekulare Filme zu bilden (LEATHES 1923). Bringt man einige Tropfen einer Lösung der Substanz in Benzol auf Wasser, so breitet sich die Lösung auf der Wasseroberfläche aus, das Benzol verdunstet und es entsteht eine dünne, zusammenhängende Lecithinhaut von monomolekularer Schichtdicke. Dieses Verhalten hängt aufs engste mit dem chemischen Bau des Lecithinmoleküls zusammen, nämlich mit dem Vorhandensein von zwei polaren Gruppen: den „hydrophoben“ Paraffinketten und dem „hydrophilen“ Glycerinphosphorsäure-cholinrest, die dem Wasser gegenüber entgegengesetzten Charakter besitzen. Paraffine, welchen die „hydrophile“ Gruppe fehlt, zeigen die Eigenschaft zur Filmbildung nicht.

Die Filmbildung kommt dadurch zustande, daß die Paraffinketten, die von der Wasseroberfläche wegstreben, durch die „hydrophile“ Gruppe an dieser Oberfläche verankert werden. Der Zusammenhalt der auf diese Weise nebeneinander gelagerten Moleküle erfolgt durch die Kohäsionskräfte der senkrecht oder nahezu senkrecht aus dem Wasser herausragenden langen Paraffinketten. Es bildet sich hier also eine Oberflächenhaut von ganz bestimmter Struktur aus, in welcher sämtliche Moleküle gleich gerichtet sind. Man darf annehmen, daß auch die anderen Phosphatide und die Cerebroside, die einen ähnlichen chemischen Bau zeigen, sich ähnlich verhalten werden.

Myelinformen:

LEATHES (1925) erklärt damit die Entstehung der von VIRCHOW entdeckten Myelinformen. Legt man ein kleines Stückchen Lecithin oder ein anderes Phosphatid in Wasser ein, so bemerkt man, wie nach einiger Zeit die Quellung dadurch eingeleitet wird, daß aus der Oberfläche des Phosphatids fadenartige Gebilde herauswachsen. Diese Erscheinung wird wohl darauf zurückzuführen sein, daß infolge des Vorhandenseins einer stark ausgeprägten ,,hydrophilen" Gruppe im Lecithinmolekül diejenigen Kräfte, die das Molekül in das Wasser hineinzuziehen bestrebt sind, sehr groß sind. Sie haben zur Folge, daß immer mehr Moleküle des Stoffes in die Grenzschicht sich einschieben, womit dann unmittelbar die für die Myelinbildung charakteristische Oberflächenvergrößerung verbunden ist. Gleichzeitig damit wird auch durch die äußere Schicht hindurch Wasser in das Innere einwandern, was wiederum zu neuen Filmbildungen Anlaß gibt. Auf diese Weise entstehen wohl Filme von dimolekularer Schichtdicke, in welchen die Paraffinketten im Innern der Doppelschicht liegen, während die ,,hydrophilen" Gruppen auf beiden Seiten des Films der wässerigen Phase zugekehrt sind. Die Versuche von LEATHES zeigten, daß die Art der Myelinbildungen durch Elektrolyte und andere Stoffe, die in Wasser gelöst sind, weitgehend beeinflußt wird.

Struktur der lipoiden Zellmembran:

LEATHES geht nun noch einen Schritt weiter und entwickelt die Vorstellung, daß auch die lipoide Zellmembran, an deren Realität nach den neueren eingehenderen, an pflanzlichem Material durchgeführten Untersuchungen von HANSTEEN CRANNER (1922) kaum mehr zu zweifeln ist, eine ähnliche Struktur besitzt und daß weiterhin auch der Zellinhalt netzartig von diesen dimolekularen lipoiden Häutchen durchsetzt ist.

Bei der Bedeutung, die einem derartig geordneten Bau der Membranen für das Problem der Zellpermeabilität zukommen müßte, ist es von größerem Interesse, das Verhalten der, von den einzelnen lipoiden Substanzen auf Wasseroberflächen erzeugten, monomolekularen Filme genauer kennen zu lernen. Durch Ausmessung des Flächenraums eines monomolekularen Films, der von einer bestimmten Menge einer filmgebenden Substanz gebildet wird, ist es nach den vor allem von ADAM (1922) ausgearbeiteten Methoden möglich, die Fläche zu berechnen, die einem Molekül des Stoffes entspricht. Messungen dieser Art (LEATHES 1923) ergaben, daß die Paraffinketten eines aus Lecithin gebildeten Films viel weniger dicht nebeneinander liegen als in einem solchen aus Fettsäuren. Dieser Lecithinfilm wird dem Durchtritt von anderen Stoffen verhältnismäßig wenig Widerstand entgegensetzen. In einem Film, der aus Lecithin und Cholesterin bestand, erwies sich demgegenüber der einer Paraffinkette zur Verfügung stehende Flächenraum als vermindert, was auf die Durchlässigkeit des Films nicht ohne Einfluß bleiben kann, so daß man dem Cholesterin auch physiologisch eine permeabilitätserniedrigende Wirkung auf eine diesen Filmen analog gebaute Zellmembran zuschreiben muß.

Auf Grund dieser Versuche könnte man unter anderem den hämolysierenden Effekt des Saponins darin erblicken, daß es infolge seiner bekannten Eigenschaft, sich mit Cholesterin zu verbinden, die permeabilitätserniedrigende Wirkung des letzteren ausschaltet, wodurch die Permeabilität der lipoiden Membran der roten Blutkörperchen erhöht und der Durchtritt des Farbstoffes ermöglicht wird (LEATHES 1925).

Die Mengen der in den Organen und Flüssigkeiten enthaltenen Phosphatide.

Methoden, die Phosphatide den tierischen Geweben und Flüssigkeiten quantitativ und frei von anderen Beimengungen zu entziehen und ihre Menge durch Wägung zu bestimmen, sind nicht bekannt. Alle Isolierungsverfahren sind mit großen Verlusten verbunden. Für quantitative Bestimmungen hat man das alte Verfahren von HOPPE-SEYLER benutzt. Es ist ein indirektes und besteht darin, die Phosphatide durch Extraktion der Organe mit geeigneten Lösungsmitteln in Lösung zu bringen, den Lösungsrückstand nach Entfernung anderer P-haltiger Substanzen zu veraschen, und den Phosphor zu bestimmen. Man erhält so den Phosphatidphosphor. Da Lecithin, Kephalin, Sphingomyelin etwa 4 vH Phosphor enthalten, so kann man den Phosphatidphosphor durch Multiplikation mit 100/4 auf Phosphatid umrechnen.

Bestimmung durch Ermittelung des Phosphorgehaltes:

Auf diese Weise sind von HEFFTER (1891), PATON (1895/96), RUBOW (1905), KOCH und WOODS (1905/06), NERKING (1908a), MAYER und SCHAEFFER (1913, 1914), LE BRETON (1921), REWALD (1928, 1928a, 1928c, 1929), SORG (1929) und anderen Bestimmungen in den verschiedenen Organen ausgeführt worden. Das von den einzelnen angewendete Verfahren ist in kurzem folgendes:

Das zerkleinerte und getrocknete Material (RUBOW, NERKING) oder das nur zerkleinerte Material (MAYER und SCHAEFFER, LE BRETON, SORG) wurde mit kaltem und kochendem absolutem Alkohol im Apparat Kumagawa (MAYER und SCHAEFFER, LE BRETON) oder mit heißem Methylalkohol (SORG) oder mit warmem absolutem Alkohol und mit Äther (RUBOW, NERKING) extrahiert, der vereinigte Auszug bei einer Temperatur nicht über 60° (RUBOW, NERKING) oder unter vermindertem Druck auf dem Wasserbad (LE BRETON) zuletzt 5 Minuten bei 100° (MAYER und SCHAEFFER) verdunstet, der Rückstand mit wasserfreiem Äther aufgenommen, das Filtrat verdunstet und der Rückstand zur Phosphorbestimmung benutzt. HEFFTER behandelt das zerkleinerte Material mit absolutem Alkohol, filtriert, dampft das Filtrat bei 50° ein, trocknet den Rückstand und ebenso den Filterrückstand, extrahiert beides im Soxhletapparat mit Äther und bestimmt im Ätherrückstand den Phosphor. Ganz ähnlich verfuhr PATON. REWALD extrahierte zunächst mit Aceton, in das schon beträchtliche Mengen Phosphatid übergehen, und nahm den Acetonrückstand mit wasserfreiem Äther auf (Ätherlösung). An die Acetonextraktion anschließend kocht er mit Alkohol und dann mit Benzol-Alkohol (8:2) aus (Alkohol-Benzollösung). Die Rückstände dieser und der Ätherlösung gaben das Material für die Phosphorbestimmung. KOCH und WOODS verfuhren in etwas anderer Weise. Ausführung:

Diese Art der Bestimmung setzt natürlich zweierlei voraus: 1. daß die Phosphatide den Geweben durch die Extraktion vollständig entzogen werden und bei der nachfolgenden Ätherbehandlung auch vollständig in diesen übergehen und 2. daß in diesem Ätherauszug sich keine andere phosphorhaltige Verbindung findet. Was Punkt 1 betrifft, so darf man wohl annehmen, daß heißer Alkohol oder Alkohol und Äther völlig ausziehen. MAYER und SCHAEFFER (1913 p. 778) geben an, daß der durch unvollständige Extraktion entstandene Verlust (berechnet aus der Menge der nach Kritik:

der Verseifung des erschöpften Gewebes erhaltenen nicht flüchtigen Säuren) nur sehr gering sein kann. Ob aber das in dem Alkoholrückstand enthaltene, in reinem Zustand in Äther unlösliche Sphingomyelin durch die anwesenden Monaminophosphatide in allen Fällen vollständig mit in die ätherische Lösung übergeführt wird, ist wohl nicht sicher. In bezug auf Punkt 2 muß man sagen, daß in der ätherischen Lösung der Phosphor nicht ausschließlich als Phosphatid enthalten ist. Le Breton (1921) hat mit Hilfe des von MacLean (S. 74) angegebenen Verfahrens (Fällung der wässerigen Emulsion mit Aceton) aus dem Rückstand der ätherischen Lösung wasserlösliche Substanz abgetrennt, welche Phosphor enthielt, aber nicht in Form von Phosphatiden (denn bei der Verseifung wurde keine Fettsäure erhalten), sondern in anderer (z. T. jedenfalls als Glycerinphosphorsäure). Er fand bei der Leber und den Muskeln des Kaninchens 20 vH, bei der Hundeleber 16 vH, der Hundelunge 18,5 vH, bei der Hundeniere 22,4 vH des Phosphors im Ätherauszug als wasserlöslichen. Wir haben uns gefragt, ob wir unter diesen Umständen die Ergebnisse wiedergeben sollten. Wenn wir es trotz den offenbaren der Methode anhaftenden Fehlern in der folgenden Tabelle (S. 146—151) tun, so geschieht es aus der Meinung heraus, daß die erhaltenen Zahlen mindestens doch für eine *vergleichende* quantitative Betrachtung einen gewissen Wert haben. Soweit in den Originalarbeiten die Werte als Lecithin ausgedrückt sind, haben wir sie auf Phosphor umgerechnet.

Bestimmung auf oxydativem Wege: Ganz vor kurzem hat Bloor (1929) unter Benutzung eines zuerst von Bang (1918) ausgesprochenen und auch schon praktisch verwerteten Gedankens ein Verfahren zur Mikrobestimmung der Phosphatide in Blut und Geweben vorgeschlagen, welches auf ihrer Oxydation mit Chromsäure beruht. In bezug auf alle Einzelheiten muß auf die Originalarbeit verwiesen werden. Das Prinzip ist in kurzem folgendes. Der zur Trockne gebrachte Alkoholauszug wird mit Petroläther behandelt, die Lösung durch Zentrifugieren geklärt, eingeengt, mit Aceton und einigen Tropfen einer kalt gesättigten alkoholischen Magnesiumchloridlösung gefällt und der abzentrifugierte Niederschlag mit feuchtem Äther versetzt, in dem er sich allmählich, in der Regel bis auf Spuren löst. Nach Zentrifugieren wird der Äther verdunstet und der Rückstand mit Chromsäure oxydiert. 3 cc von verbrauchter n/10-Bichromatlösung entsprechen 1 mg Phosphatid (Lecithin + Kephalin), wobei der theoretische Wert um 4—5 vH von dem experimentell gefundenen abweicht. Ein Vergleich dieser Methode mit der oben beschriebenen auf Phosphorbestimmung beruhenden ergab für Blutplasma ganz gute Übereinstimmung der erhaltenen Werte. Bei den Geweben aber wurden mit der oxydativen im allgemeinen niedrigere, zum Teil viel niedrigere Werte gefunden. Dagegen zeigten vergleichende Bestimmungen der Aceton-Magnesiumchloridfällung einerseits auf oxydativem Wege, andererseits auf dem Wege der Phosphorbestimmung bei den Geweben gute Übereinstimmung.

Hier folgen die Tabellen Seite 146—151.

Schwankungen im Phosphatid-P vH-Gehalt (auf frische Substanz bezogen) bei demselben Organ verschiedener Tierklassen.

Gehirn	0,15 —0,24
Rückenmark	0,25 —0,43
Muskel	0,023—0,093
Herz	0,049—0,136
Lunge	0,033—0,107
Leber	0,04 —0,196
Niere	0,04 —0,157
Hoden	0,04 —0,15
Milz	0,003—0,09
Nebenniere	0,06 —0,09

Schwankungen im Phosphatid-P vH-Gehalt (auf frische Substanz bezogen) bei demselben Organ verschiedener Individuen derselben Spezies.

	Rind	Hund	Kaninchen
Muskel	0,056—0,076	0,053—0,060	0,023—0,055
Herz	0,08 —0,09		0,061—0,136
Lunge		0,058—0,105	0,058—0,096
Leber	0,14 —0,165	0,065—0,177	0,041—0,144
Niere	0,087—0,093	0,04 —0,132	0,051—0,122

Aus den Tabellen ergibt sich, daß der Phosphatidgehalt in den Organen der einzelnen Individuen (auch innerhalb derselben Species) sehr erheblich schwanken kann, daß die höchsten Werte im Rückenmark und Gehirn sich finden, die nächst höchsten in Leber, Hoden, Corpus luteum, Niere, Herz, Lunge angetroffen werden, ferner daß der Herzmuskel reicher ist als die übrige Muskulatur und der rote Muskel (semitendinosus) mehr enthält als der helle (biceps), die Phosphatidmenge der Muskeln also mit der Dauerleistungsfähigkeit zunimmt.

Besprechung der Tabellen:

		Mensch 1 Best.	Mensch 1 Best.	Pferd 1 Best.	Rind 1 Best.	Rind 1 Best.
Gehirn	frisch				0,240	
	trocken					
Rückenmark	frisch					
	trocken					
Muskeln	frisch				0,0756	0,0564
	trocken	0,10				
Musc. masseter	frisch					
	trocken					
Musc. quadratus lumb.	frisch					
	trocken					
Musc. biceps fem.	frisch					
	trocken					
Musc. semitendinosus	frisch					
	trocken					
Herz	frisch				0,0796	
	trocken					
Lunge	frisch				0,0658	
	trocken	0,75				
Leber	frisch		0,084		0,1399	0,165
	trocken	0,44		0,58		
Niere	frisch				0,0871	0,0929
	trocken	0,40				
Magen	frisch					
	trocken					
Darm	frisch					
	trocken					
Submaxillaris	frisch					
	trocken					
Pankreas	frisch				0,0533	
	trocken	0,21			0,2116	
Hoden	frisch				0,0613	
	trocken				0,4373	
Ovarium ohne corp. lut.	frisch				0,0481	
	trocken				0,2533	
Corpus luteum	frisch				0,1619	
	trocken				0,8522	
Milz	frisch				0,0923	
	trocken					
Nebenniere	frisch				0,0603	
	trocken				0,6383	
Schilddrüse	frisch				0,0535	
	trocken				0,2431	
Knochenmark	frisch					
	trocken					
Knochen	frisch					
	trocken					
Fell	frisch					
	trocken					
		MAYER und SCHAEFFER (1913)	HEFFTER (1891)	MAYER und SCHAEFFER (1913)	REWALD (1928, 1928a)	REWALD (1928c)

Rind 4 verschiedene Tiere	Hund 1 Best.	Hund Mittelwert aus verschiedenen Tieren	Hund Mittelwert 6—9 verschiedene Tiere	Hund 1 Best.	Hund 1 Best.
					0,197
			0,053		0,0595
		0,18: aus 4 (0,169—0,200)	0,208		
0,087—0,093		0,3044: aus 9 (0,268—0,334)			0,0812
			0,099	0,105	0,0583
			0,45		
	0,081		0,145	0,177	0,0650
	0,27		0,49		
			0,128	0,132	0,0398
		0,2921: aus 2 (0,2557—0,328)	0,54		
			0,44		
					0,0804
SORG (1929)	HEFFTER (1891)	RUBOW (1905)	MAYER und SCHAEFFER (1913)	LE BRETON (1921)	REWALD (1928)

		Katze 1 Best.	Katze 1 Best.	Katze 1 Best.	Kaninchen Mittelwert aus 11 verschiedenen Tieren
Gehirn	frisch			0,1718	
	trocken			0,5268	
Rückenmark .	frisch			0,365	
	trocken			1,0045	
Muskeln . . .	frisch				
	trocken				
Musc. masseter	frisch				
	trocken				
Musc. quadratus lumb. . .	frisch				
	trocken				
Musc. biceps fem.	frisch				
	trocken				
Musc. semitendinosus. . .	frisch				
	trocken				
Herz	frisch			0,0487	
	trocken			0,1744	
Lunge	frisch			0,0521	
	trocken			0,2339	
Leber	frisch	0,088	0,076	0,0533	0,088 (0,06–0,123)
	trocken	0,26		0,193	0,32 (0,27–0,38)
Niere	frisch			0,0648	
	trocken			0,240	
Magen	frisch				
	trocken				
Darm	frisch				
	trocken				
Submaxillaris .	frisch				
	trocken				
Pankreas . . .	frisch				
	trocken				
Hoden . . .	frisch				
	trocken				
Ovarium ohne corp. lut. . .	frisch				
	trocken				
Corpus luteum	frisch				
	trocken				
Milz	frisch			0,00345	
	trocken			0,01495	
Nebenniere . .	frisch				
	trocken				
Schilddrüse. .	frisch				
	trocken				
Knochenmark.	frisch				
	trocken				
Knochen . . .	frisch				
	trocken				
Fell	frisch				
	trocken				
		HEFFTER (1891)	PATON (1895/96)	NERKING (1908a)	HEFFTER (1891)

Kaninchen Mittelwert aus 3 verschiedenen Tieren	Kaninchen Mittelwert aus 2 verschiedenen Tieren	Kaninchen Mittelwert aus 6—8 verschiedenen Tieren	Kaninchen 1 Best.	Kaninchen 3—10 verschiedene Tiere
	0,148			
	0,4758			
	0,428			
	1,349			
	0,0233	0,039	0,038	
	0,0993	0,17		
				0,03—0,04
				0,04—0,055
	0,0615			0,092—0,136
	0,2248			
	0,0583	0,096		
	0,2285	0,49		
0,09 (0,08—0,094)	0,041	0,142	0,144	
	0,146	0,54		
	0,0514	0,122		
	0,1925	0,54		
	0,0339			
	0,127			
	0,0082			
	0,0241			
	0,039			
	0,1299			
	0,0456			
	0,1622			
	0,0916			
	0,2124			
	0,104			
	0,00713			
	0,0104			
	0,00797			
	0,0184			
PATON (1895/96)	NERKING (1908a)	MAYER und SCHAEFFER (1913)	LE BRETON (1921)	SORG (1929)

		Meerschweinchen Mittelwert aus 5—7 verschiedenen Tieren	Igel 1 Best.
Gehirn	frisch		0,1603
	trocken		0,8554
Rückenmark	frisch		0,2480
	trocken		0,6974
Muskeln	frisch	0,053	0,0384
	trocken	0,24	0,1422
Musc. masseter	frisch		
	trocken		
Musc. quadratus lumb.	frisch		
	trocken		
Musc. biceps fem.	frisch		
	trocken		
Musc. semitendinosus	frisch		
	trocken		
Herz	frisch		0,0801
	trocken		0,4022
Lunge	frisch	0,135 (?)	0,0329
	trocken	0,66	0,1641
Leber	frisch	0,148	0,0557
	trocken	0,56	0,2005
Niere	frisch	0,124	0,0721
	trocken	0,64	0,3278
Magen	frisch		0,0426
	trocken		0,2442
Darm	frisch		0,00924
	trocken		0,0578
Submaxillaris	frisch		
	trocken		
Pankreas	frisch		
	trocken		
Hoden	frisch		0,0736
	trocken		0,432
Ovarium ohne corp. lut.	frisch		
	trocken		
Corpus luteum	frisch		
	trocken		
Milz	frisch		0,0552
	trocken		0,2515
Nebenniere	frisch		0,8139
	trocken		3,527
Schilddrüse	frisch		
	trocken		
Knochenmark	frisch		1,599
	trocken		
Knochen	frisch		0,0228
	trocken		0,0334
Fell	frisch		0,0136
	trocken		0,0224
		MAYER und SCHAEFFER (1913)	NERKING (1908a)

Maus 1 Best.	Taube Mittelwert aus 7—8 verschiedenen Tieren	Aal Mittelwert aus 4 verschiedenen Tieren	Hering 1 Best.	? Mittelwert aus 2 verschiedenen Tieren
	0,093	0,036	0,046	
	0,32	0,10	0,139	
				0,0501
				0,0579
				0,061
	0,107	0,107		0,0816
	0,44			
	0,143	0,127	0,196	0,099
0,48	0,49	0,39		
	0,157	0,120		0,103
	0,64	0,54		
				0,0687
				0,0703
			0,152	0,108; 0,0862; 0,061
			0,40	s. jung; jung; alt
			0,19	
			0,54	
MAYER und SCHAEFFER (1913)	MAYER und SCHAEFFER (1913)	MAYER und SCHAEFFER (1913)	REWALD (1929)	KOCH und WOODS (1905/06)

Zu demselben Ergebnis, was die Muskeln betrifft, führten auch die Untersuchungen von EMBDEN und ADLER (1921) am Kaninchen, von LYDING (1921) und von LAWACZEK (1923) am Hahn. Man kann das sagen, nachdem sich herausgestellt hat, daß die in diesen Versuchen bestimmte „säureunlösliche Restphosphorsäure" identisch ist (wenigstens beim Herzmuskel und bei den roten Muskeln) mit der Phosphatidphosphorsäure (SORG 1929). Der hohe Phosphatidgehalt im Herzmuskel (Rind) wurde auch von CONSTANTINO (1912) gefunden. Kürzlich stellte WHITE (1929) fest, daß die Vorhöfe (Rind) phosphatidärmer sind als die Ventrikel, und der rechte Vorhof ärmer als der linke. BLOOR fand mit Hilfe einer Methode (1926), die zwar nicht als quantitativ angesehen werden kann, deren Ergebnisse aber wohl für eine vergleichende Betrachtung der Mengenverhältnisse der Phosphatide verschiedener Organe zu verwerten sind, daß der Herzmuskel (des Rindes) mehr Phosphatide enthält als die anderen und von diesen die aktiveren (Zwerchfell, Kaumuskel) mehr als der Oberschenkel- und Nackenmuskel (1927), ferner daß die Phosphatidmenge der Organe (Rind) Hand in Hand geht mit ihrer funktionellen Aktivität, indem sie vom Gehirn über Leber, Pankreas, Niere bis zur Lunge sinkt (1928a).

Gehirn. Weiße und graue Substanz: In der weißen Substanz des Gehirns findet sich nach SMITH und MAIR (1912/13) mehr Phosphatid-P als in der grauen. Im Durchschnitt von je 5 Versuchen bei gesunden, erwachsenen Menschen in der weißen Substanz 0,91 vH P, in der grauen 0,15 vH bezogen auf trockene Substanz. Indessen ist zu bemerken, daß das Material in Formalin gehärtet war und daß aus diesem, wie inzwischen festgestellt wurde, weniger Phosphatide extrahiert werden als aus nicht formalinbehandeltem.

Einfluß des Wachstums: Nach ROBERTSON (1916) nimmt bei weißen Mäusen der Phosphatid-P mit dem Wachstum ab, und dasselbe fanden KOCH und WOODS (1905/06 S. 211) bei Hoden, und CORNER (1917) bei corpus luteum des Schweines mit zunehmender Schwangerschaft. Eine Abnahme des Prozentgehaltes des Fastens: an Phosphatid-P beim Fasten auch bis zum Hungertod ließ sich nicht feststellen (HEFFTER 1891, RUBOW 1905, MAYER und SCHAEFFER 1914).

Arbeit von CRUICKSHANK: Die von CRUICKSHANK (1913/14) ausgeführten Bestimmungen lassen sich mit den in der Tabelle aufgeführten nicht vergleichen. Er hat den Alkoholauszug der Organe (Herz, Niere, Milz, Lunge, Hoden, Thyreoidea, Pankreas, Submaxillaris, rote Blutkörperchen von Ochsen, Leber und rote Blutkörperchen vom Schaf, menschliches Gehirn) einer weitgehenden Reinigung unterzogen, schließlich die sogenannte Kephalinfraktion abgetrennt und so die Lecithinfraktion gewogen. Die Werte sind natürlich sehr viel niedriger.

Ebenso sind auch die Bestimmungen von GÉRARD und VERHAEGHE (1911) nicht aufgenommen, da sie als Extraktionsmittel nur Äther verwendeten. Arbeit von GÉRARD und VERHAEGHE:

Dasselbe gilt von den Untersuchungen von FENGER (1916) an *Drüsen ohne Ausführungsgang*, bei denen das zerkleinerte und getrocknete Material lediglich mit Petroläther erschöpft wurde. Die folgende Tabelle enthält die von FENGER erhaltenen Werte. Es wurden die Drüsen von mehreren hundert Tieren benutzt, zum Vergleich sind auch Bestimmungen an Muskeln, Gehirn und Rückenmark ausgeführt worden. Drüsen ohne Ausführungsgang:

Organe	Phosphatid-P in vH des frischen Gewebes
Hypophyse Vorderlappen Kalb . . .	0,0562
Hypophyse Vorderlappen Rind (cattle)	0,0643
Hypophyse Hinterlappen (cattle). . .	0,02744
Zirbeldrüse Rind (cattle)	0,0698
Thyreoidea Rind (cattle)	0,00507
Thymus Kalb	0,0168
Nebenniere Rind (cattle)	0,0924
Corpus luteum trächtige Kuh	0,0827
Mageres Fleisch	0,00546
Gehirn Rind (cattle)	0,2223
Rückenmark Rind (cattle)	0,5526

FENGER schließt, daß die Drüsen ohne Ausführungsgang mit Ausnahme der Schilddrüse durch einen hohen Phosphatidgehalt ausgezeichnet sind.

Bestimmungen der Phosphatide des *Knochenmarks* (ebenfalls aus dem Phosphor berechnet) sind von OTOLSKI (1907), GLIKIN (1907), NERKING (1908), BERNAZKIJ (1908), BOLLE (1910) ausgeführt worden; solche im menschlichen Fett von JAECKLE (1902) und HEIDUSCHKA und HANDRITSCHK (1928). Phosphatide sind auch in tierischen und pflanzlichen Fetten (mit Ausnahme des Ricinusöls) nachgewiesen worden (BOEDTKER 1925). Knochenmark, Fett:

Für die Bestimmung des Phosphatid-P in *Serum* und *Plasma* kommen besonders die Methoden von GREENWALD und von BLOOR Serum und Plasma:

in Betracht (siehe FEIGL 1918). Es sind beides Mikromethoden (3 ccm oder weniger). Sie liefern nach FEIGL übereinstimmende Ergebnisse. Im *menschlichen Serum* fand GREENWALD (1915) 7 bis 13 mg vH, FEIGL (Nüchternwerte) 6—12 mg vH (nach beiden Methoden in übereinstimmenden Parallelbestimmungen), im *menschlichen Plasma* BLOOR (1916a) 7,6—10,4, im Durchschnitt 8,8 mg vH, bei Frauen etwas weniger. Über den Gehalt des *Plasmas verschiedener Tiere* siehe Angaben bei BLOOR (1915, 1921). Bei der Methode von GREENWALD (1915) (1 ccm) beruht die Abtrennung der Phosphatide von den übrigen anorganischen und organischen P-Verbindungen darauf, daß sie von dem in dem Serum bzw. Plasma durch Pikrinsäure-Salzsäure hervorgerufenem Eiweißniederschlag mitgerissen werden. Allerdings soll sich in diesem Niederschlag auch noch eine wenn auch nur kleine Menge sogenannter Protein-P befinden. Siehe darüber bei FEIGL (1919). Bei der Methode von BLOOR (3 ccm) (1915, 1916, 1918, 1921) wird die Abtrennung der Phosphatide durch Extraktion des Plasmas oder Serums mit einer Mischung von Äther-Alkohol bewirkt. In beiden Fällen schließt sich an die Abtrennung eine Veraschung nach NEUMANN und eine nephelometrische Bestimmung der Phosphorsäure an.

Ähnliche Werte für *menschliches Plasma* fanden auch RANDLES und KNUDSON (1922), WHITEHORN (1924/1925). Die von STANFORD und WHEATLEY (1925) erhaltenen waren zum Teil niedriger. Das von allen diesen Untersuchern benutzte Verfahren war das von BLOOR, und die Bestimmung der Phosphorsäure geschah auf kolorimetrischem Wege. RANDLES und KNUDSON haben auch Bestimmungen im *Plasma und Blut verschiedener Tiere* ausgeführt.

Blut: Im (menschlichen) *Blut** fanden BLOOR (1916a) im Durchschnitt 12 mg vH, RANDLES und KNUDSON 12,6, STANFORD und
Blutkörperchen: WHEATLEY 10,8 (8,5—12,5), in den *Blutkörperchen* BLOOR (1916a, 1921) 16 mg vH (14,0—17,6, durch Rechnung gefunden), 18 mg vH (direkt bestimmt), STANFORD und WHEATLEY 12—14,5 mg vH. Angaben über den Phosphatid-P-Gehalt der Körperchen verschiedener Tiere siehe bei BLOOR (1921). Ob bei diesem Untersuchungsmaterial durch das Verfahren von BLOOR alle Phosphatide extrahiert worden sind, scheint nicht sicher. Siehe dar-

* Aus an der Luft getrocknetem Blut läßt sich mit Petroläther und mit Äther kein Phosphatid extrahieren (BANG 1918a, BLIX 1926).

über SZENT-GYÖRGYI und TOMINAGA (1924 S. 128), BLOOR (1928 p. 63). Über die Phosphatidbestimmung in den Blutkörperchen siehe auch FEIGL (1919a).

Über die Phosphatide der *Erythrocytenstromata* siehe HAUROWITZ und SLÁDEK (1928). Erythrocytenstromata:

Über das *Eigelb* liegen Bestimmungen von MANASSE (1906), KOCH und WOODS (1905/06), REWALD (1928c) vor. MANASSE extrahierte das frische Eigelb mit absolutem Alkohol bis zur Erschöpfung bei 80—100° und bestimmte in dem klaren Filtrat, welches frei war von anorganischem Phosphor, den Phosphor. REWALD benutzte sein Verfahren S. 143. MANASSE fand als Mittel (8 Eier) 0,3707 vH P auf frisches Eigelb bezogen (Schwankungen von 0,349—0,391). REWALD fand 0,332 vH (1 Ei), KOCH und WOODS (1905/06) 0,3845 vH (1 Ei). Nach TORNANI (1909) soll der Gehalt beträchtlich schwanken. Siehe dazu auch MAC LEAN (1909c). Eigelb:

Die *Spermatozoenschwänze* (Lachs) enthalten 1,23 vH ätherlöslichen Phosphor (auf Trockensubstanz berechnet), die *Köpfe* gar keinen (MIESCHER 1896). Spermatozoen:

Über den Gehalt der *Milch* an Phosphatiden sind viele Untersuchungen ausgeführt. NERKING und HAENSEL (1908) verfuhren in folgender Weise: 100 ccm Milch wurden mit 200 ccm Alkohol unter Umrühren gefällt. Nach Absetzen des Niederschlages wird filtriert, Filter und Niederschlag im Soxhletapparat 30 Stunden mit Chloroform extrahiert. Das alkoholische Filtrat wird bei 50—60° verdunstet, der Rückstand mit Chloroform erschöpft, Milch:

	vH Phosphatid	vH Phosphatid-Phosphor	vH Phosphatid Minimum und Maximum
Frauenmilch, Mittel aus 10 versch. Proben .	0,0499	0,00191	0,0240—0,0799
Kuhmilch, Mittel aus 17 versch. Proben .	0,0629	0,00241	0,0364—0,1163
Eselinnenmilch, Mittel aus 6 versch. Proben .	0,0165	0,00063	0,0058—0,0393
Schafsmilch, Mittel aus 4 versch. Proben .	0,0833	0,00319	0,0509—0,1672
Ziegenmilch, Mittel aus 11 versch. Proben .	0,0488	0,00187	0,0364—0,0753
Stutenmilch Mittel aus 8 versch. Proben .	0,0109	0,000417	0,0073—0,0174

dieser Auszug mit dem ersten vereinigt und eingeengt. Im Rückstand wird der Phosphor bestimmt und aus diesem auf Phosphatid umgerechnet (Tabelle S. 155).

Nach Verfahren, die dem beschriebenen ähnlich waren, bei denen aber statt Chloroform wasserfreier Äther verwendet wurde, erhielt BUROW (1900):

	vH Phosphatid	vH Phosphatid-Phosphor	vH Phosphatid Minimum und Maximum
Frauenmilch, Mittel aus 9 versch. Proben	0,058	0,0022	0,057—0,060
Kuhmilch, Mittel aus 12 versch. Proben	0,054	0,00207	0,049—0,058
Hundemilch, Mittel aus 2 versch. Proben	0,17	0,00651	0,16 —0,18

Weitere Bestimmungen mit etwas höheren Werten für Kuhmilch und besonders für Frauenmilch liegen von KOCH (1906) und GLIKIN (1909) vor, während BRODRICK-PITTARD (1914) für Kuhmilch niedrigere fand (0,0249—0,0365 vH Phosphatid bei 5 verschiedenen Milchen). Er ist geneigt seine abweichenden Resultate wenigstens zum Teil darauf zu schieben, daß er den Auszug vor der letzten Chloroformextraktion mit Natriumsulfat behandelte und so vollständig wasserfrei machte.

HESS und HELMAN (1925) benutzten zur Extraktion das von BLOOR für Plasma und Blut angegebene Mikroverfahren, indem sie 5 ccm Milch mit einer Mischung von Alkohol und Äther (3:1) in der Wärme extrahierten, nach NEUMANN veraschten und die Phosphorsäure kolorimetrisch bestimmten. Sie erhielten für Frauenmilch (6 Wochen bis 10 Monate nach der Geburt) die auch von anderen Untersuchern gefundenen Werte (in einer Anzahl verschiedener Milchen 0,0021—0,003 vH Phosphatidphosphor), in der Kuh-, Ziegen- und Eselinnenmilch aber ganz wesentlich höhere.

In der Milch sind alle Phosphatide an Eiweiß gebunden (OSBORNE und WAKEMAN 1916/1917), so daß sie mit Äther nicht extrahiert werden, sondern erst durch Alkohol (BUROW 1900).

Butter: Das *Butterfett* enthält nach OSBORNE und WAKEMAN höchstens Spuren von Phosphatiden, während REWALD (1928b) in dem Kuhbutterfett in drei verschiedenen Proben 1,17—1,73 vH Phosphatide (0,046—0,068 vH Phosphatid-P) fand.

Über den Phosphatidgehalt der *Galle* des Menschen und einer großen Zahl von Tieren siehe HAMMARSTEN (1905). Galle:

Eine Bestimmung des *Kephalins* und *Lecithins* nebeneinander in dem Phosphatidauszug haben KOCH und WOODS (1905/06) auszuführen versucht, indem sie die alkoholische Lösung mit Bleiacetat fällten, und den Phosphor einerseits im Niederschlag (Kephalin), andererseits im Filtrat (Lecithin) ermittelten. Indessen lassen sich diese beiden Phosphatide mit Hilfe der Bleifällung nicht trennen. Ebensowenig ist das von BLOOR (1926, 1927, 1928a) benutzte Verfahren (Abscheidung des Kephalins ausder ätherischen Lösung der Phosphatide durch Zusatz von Alkohol) brauchbar. Getrennte Bestimmung von Lecithin und Kephalin:

Bessere Resultate verspricht — was das Kephalin betrifft — eine Bestimmung der Aminogruppe nach VAN SLYKE im Hydrolysat und Umrechnung auf Kephalin. Von diesem Verfahren hat SINGER (1926) schon Gebrauch gemacht bei der Untersuchung einer einzelnen Fraktion des Gehirnauszugs und DAUBNEY und SMEDLEY-MAC LEAN (1927) bei der Untersuchung der Hefephosphatide. Zur Bestimmung des *Kephalins* neben dem Lecithin läßt sich auch eine von THIERFELDER und SCHULZE (1915/16) angegebene Methode, welche auf der Löslichkeit des Colamins in wasserfreiem Äther, in dem Cholin unlöslich ist, beruht, benutzen. Eine Modifikation dieser Methode haben LEVENE und INGWALDSEN (1920) vorgeschlagen.

Eine Bestimmung des *Lecithins*, welche auf der Isolierung des Cholins aus dem Hydrolysat beruht, läßt sich nur bei Abwesenheit von Sphingomyelin verwenden, da Cholin auch bei der Spaltung des Sphingomyelins auftritt.

Protagon.

Der Name wurde von LIEBREICH (1865) in die Literatur eingeführt. Er nannte so einen Körper, der aus einem warmen alkoholischen Extrakt von Gehirn sich absetzte und welchen er für die Muttersubstanz der meisten anderen typischen Gehirnstoffe hielt. Schon früher hatten wohl COUERBE (1834), FRÉMY (1841) und andere bereits Substanzen in Händen, die im wesentlichen mit dem von LIEBREICH isolierten Körper übereinstimmten. Historisches:

Protagonartige Stoffe wurden auch aus Leukocyten (LILIENFELD 1894), Sputum (SCHMIDT 1898, MÜLLER 1898), Nebennieren (ORGLER 1904), Nieren (DUNHAM 1905/06), roten Blutkörperchen (BANG und FORSSMAN 1906, HAUROWITZ und SLÁDEK 1928), einem Hypernephrom und atherosklerotischer Aorta (SCHÖNHEIMER 1927, 1928) gewonnen. Vorkommen:

Nach ULPIANI und LELLI (1902) soll das Protagon im Gehirn an einen phosphorhaltigen Eiweißstoff gebunden sein. Sie nannten diese Verbindung Nukleoprotagon. Ob eine Verbindung dieser Art existiert, ist jedoch sehr zweifelhaft (STEEL und GIES 1907). Nukleoprotagon:

Einheitlichkeit: In der umfangreichen Literatur über das Protagon nimmt die Frage, ob es sich hier um eine einheitliche, chemische Verbindung oder um ein Gemisch der verschiedenartigsten Substanzen handelt, einen großen Raum ein. Auf Grund der neueren Untersuchungen von WÖRNER und THIERFELDER (1900) und vor allem von LESEM und GIES (1903), POSNER und GIES (1905/06), GIES (1907), COHEN und GIES (1908) und von ROSENHEIM und TEBB (1907, 1908, 1908a, 1908c, 1909, 1910), welche diese Frage sehr eingehend behandelt haben, dürfte sie heute in letzterem Sinne entschieden sein. Das Protagon ist danach als ein Gemisch anzusehen, das im wesentlichen aus Sphingomyelin und Cerebrosiden besteht; eine Auffassung, für die schon THUDICHUM sehr energisch eintrat. Immerhin aber halten CRAMER (1904, 1910, 1911), LOCHHEAD und CRAMER (1907), WILSON und CRAMER (1908, 1909) und PEARSON (1914) noch die Ansicht aufrecht, daß das Protagon als wohl definierte chemische Verbindung existiert.

Diese letztere Auffassung gründet sich vor allem darauf, daß die Substanz in krystallinem Zustand zu erhalten ist, weiter darauf, daß viele der von verschiedenen Seiten und nach verschiedenen Verfahren dargestellten Präparate dieselbe elementare Zusammensetzung zeigten, und daß diese sich nicht änderte, auch wenn die Präparate oftmals vorsichtig aus Alkohol umkrystallisiert wurden.

Demgegenüber haben KOSSEL und FREITAG (1893), WÖRNER und THIERFELDER (1900) Präparate von wechselnder Zusammensetzung erhalten. Außerdem ergab sich, daß teils durch fraktionierte Krystallisation aus Alkohol oder Aceton (POSNER und GIES 1905/06, ROSENHEIM und TEBB 1907, 1910), teils durch einfaches Umkrystallisieren aus anderen indifferenten Lösungsmitteln wie Chloroform-Methylalkohol (WÖRNER und THIERFELDER 1900) oder Pyridin (ROSENHEIM und TEBB 1909, 1910) eine weitgehende Aufteilung in völlig verschiedene Fraktionen möglich ist. ROSENHEIM und TEBB (1907, 1908c, 1909) haben weiterhin festgestellt, daß ein künstliches Gemisch von Sphingomyelin und Cerebrosiden durchaus die Eigenschaften des Protagons besitzt (Drehungsvermögen, elementare Zusammensetzung, Löslichkeitsverhältnisse).

Darstellung: Zur Darstellung entwässert man nach WILSON und CRAMER (1908) bei möglichst niedriger Temperatur das von Blut und Gehirnhäuten befreite und zerkleinerte Gehirn durch wiederholte Behandlung mit 96proz. Alkohol und extrahiert dann mit Äther bis zur völligen Erschöpfung, was ungefähr 3—4 Extraktionen in Anspruch nimmt. Die nach dem Abfiltrieren des Äthers durch Ausbreitung an der Luft getrocknete und pulverisierte Masse wird mit siedendem Alkohol übergossen, die Mischung im Wasserbad unter Umschütteln zwei Minuten erhitzt und die Lösung heiß in ein durch Eis gekühltes Becherglas abfiltriert. Die Extraktion wird noch zweimal wiederholt. Das aus dem Alkohol ausfallende Rohprodukt wird zur Reinigung wiederholt aus einer geringen Menge Alkohol umkrystallisiert, wobei, um eine Zersetzung zu vermeiden, der heiße Alkohol auf das Pulver gegossen und eine längere Berührung mit dem heißen Alkohol möglichst vermieden wird. Bei der ersten und meist auch noch bei der zweiten Umkrystallisation verbleibt ein ungelöster Rückstand, erst bei der dritten löst sich das Protagon in der Regel völlig auf.

Die elementare Zusammensetzung ist nach LIEBREICH (1865):

66,74 vH C 11,74 vH H 2,80 vH N 1,23 vH P

Ähnliche Werte (H-Gehalt etwa 1 vH niedriger) erhielten auch GAMGEE und BLANKENHORN (1879), BAUMSTARK (1885), KOSSEL und FREITAG (1893), RUPPEL (1895), LESEM und GIES (1903) und CRAMER (1904). Nach KOSSEL und FREITAG, LESEM und GIES sowie CRAMER enthält es 0,5—0,8 vH S, was von LIEBREICH (1865) und vielen anderen scheinbar übersehen wurde. RUPPEL (1895) fand in seinen Präparaten keinen oder nur sehr wenig Schwefel. Über den Schwefelgehalt von protagonartigen Substanzen berichtet zum erstenmal COUERBE (1834). Auch THUDICHUM hat in seinen Präparaten Schwefel festgestellt.

Eigenschaften: Weißes, nicht hygroskopisches Pulver. Quillt in Wasser auf. Schwer löslich in kaltem, leicht löslich in heißem Methyl- und Äthylalkohol, kaum löslich in kochendem Aceton. Die Angaben über Löslichkeit in Äther sind verschieden. Nach CRAMER (1911) ist es auch in kochendem Äther kaum löslich. Aus der heißen äthylalkoholischen Lösung scheidet es sich beim langsamen Abkühlen in zu Rosetten vereinigten Nadeln, bei schnellem Abkühlen in amorphem Zustand ab. Im Röhrchen erhitzt wird die Substanz bei 150° gelb, erweicht bei 180° und schmilzt bei 200°.

Optisches Verhalten: Das Protagon ist optisch aktiv (ROSENHEIM und TEBB 1907, 1908a, 1908b; WILSON und CRAMER 1908). In Pyridinlösung zeigt es dabei ein eigentümliches Verhalten. Bei einer Temperatur von etwa 30° besitzt es in 3proz. Pyridinlösung eine schwache Rechtsdrehung $[\alpha]_D^{30^0} = +6,8^0$, Beim Erhitzen auf 50° C sinkt die Drehung auf 0°, beim Abkühlen auf Zimmertemperatur tritt starke Linksdrehung auf, die bei längerem Stehen auf einen kleineren

Betrag zurückgeht (ROSENHEIM und TEBB 1908b). Dieses Verhalten rührt offenbar von dem beim Abkühlen der Lösung ausfallenden Sphingomyelin her (siehe S. 130).

Jecorin.

Darstellung: Unter diesem Namen beschreibt DRECHSEL (1886, 1896) eine Substanz, die er aus Pferde- und Delphinleber gewann. Sie wurde dem zerkleinerten, mit Alkohol entwässerten Organ durch Extraktion mit Alkohol bei Zimmertemperatur entzogen. Die Rückstände der bei 40—50° eingedunsteten alkoholischen Auszüge hinterließen beim Aufnehmen mit absolutem Alkohol das in Alkohol unlösliche, rohe Jecorin. Die Reinigung erfolgte durch wiederholte Fällung mit absolutem Alkohol aus der ätherischen Lösung.

Vorkommen: Ähnliche Substanzen sind dann von anderer Seite aus Lebern von verschiedenen Tierarten (BALDI 1887; MANASSE 1895; SIEGFRIED und MARK 1905; MEINERTZ 1905, 1905a; WALDVOGEL und TINTEMANN 1904, 1906; MAYER 1906a; BASKOFF 1908, 1909, 1909a), aus anderen Organen und Geweben wie Nebennieren (MANASSE 1895), Gehirn und Milz (BALDI 1887), Muskel (BALDI 1887; ERLANDSEN 1907 S. 149), Herz (ERLANDSEN 1907 S. 128) und aus Blut (BALDI 1887; LETSCHE 1907 S. 63. Siehe darüber auch JACOBSEN 1892, 1895; HENRIQUES 1897; BING 1898, 1899) erhalten worden.

Eigenschaften: Pulverisierbare, hygroskopische Substanz. In trockenem Äther schwer löslich, leicht löslich in wasserhaltigem. Enthält außer Phosphor und Stickstoff auch Schwefel. Quillt in Wasser auf und geht schließlich in Lösung. Reduziert Kupferoxyd ohne vorangehende Hydrolyse.

Als besonders charakteristisch ist der Gehalt an reduzierender Substanz anzusehen. Nach MANASSE (1895) und MAYER (1906a) handelt es sich um Glukose. Die von MEINERTZ (1905a) und BASKOFF (1908) dargestellten Präparate hatten einen Zuckergehalt von 14 vH, der sich bei wiederholter Umfällung mit Alkohol aus der ätherischen Lösung nicht änderte. Einige andere Präparate hatten 18 vH (MAYER 1906a). Bei den aus Nebenniere und Blut gewonnenen Substanzen fiel die Reduktionsprobe zuweilen erst nach Spaltung mit Säure positiv aus. Hier muß der positive

Ausfall der Reduktionsprobe zum Teil auf die Anwesenheit von Glucuronsäureverbindungen zurückgeführt werden (MAYER 1901). Als weitere Spaltprodukte des Jecorins wurden Cholin, Glycerinphosphorsäure und Fettsäuren (insbesondere Stearinsäure) nachgewiesen (DRECHSEL 1886, MANASSE 1895).

Einheitlichkeit: Das Jecorin kann nicht als eine einheitliche Substanz angesehen werden. Dies ergibt sich schon daraus, daß alle analysierten Präparate eine verschiedene elementare Zusammensetzung haben. Da die reduzierende Substanz durch Dialyse sich aus dem Jecorin entfernen läßt (MEINERTZ 1905; siehe auch SCOTT 1916), so dürfte wohl der Zucker nicht chemisch gebunden sein. Gegen die Einheitlichkeit sprechen auch die Untersuchungen von SIEGFRIED und MARK (1903), welche das Jecorin in Fraktionen von verschiedener Zusammensetzung aufteilten.

In seinen Löslichkeitsverhältnissen gleicht es vor allem dem Kephalin sehr auffallend, welches nach PARNAS (1909) sich ebenso wie Jecorin in trockenem Äther nicht, in wasserhaltigem dagegen leicht löst. Das Kephalin besitzt in der Tat auch die Neigung, die verschiedenartigsten Substanzen hartnäckig festzuhalten. Daß dies auch für Glucose zutrifft hat FRANK (1913) festgestellt. Die von ihm dargestellten Gemische von Kephalin und Glucose zeigten ein ganz ähnliches Verhalten wie Jecorin. So liegt die Vermutung nahe, daß hier im wesentlichen ein mit Lecithin, Kohlenhydraten und anorganischen Salzen stark verunreinigtes Kephalin vorliegt.

Pflanzliche Phosphatide.

Eine P-haltige, dem Lecithin aus Eigelb äußerlich gleichende Substanz aus dem Pflanzenreich wurde zuerst von HOPPE-SEYLER (1867 S. 219), und zwar aus dem alkoholischen Auszug der Samen von Bertholletia excelsa, dargestellt und auch aus dem von Erbsen, nachdem schon vorher von KNOP (1859) und von TÖPLER (1861) in Erbsen und anderen Leguminosen- und Gramineensamen ätherlösliche organische Phosphorverbindungen nachgewiesen worden waren. Solche Feststellungen sind in der Folge für viele Vegetabilien gemacht worden, z. B. von HOPPE-SEYLER (1881 S. 57), HECKEL und SCHLAGDENHAUFFEN (1886). Weitere Stützen für das Vorkommen von Phosphatiden in den Pflanzen brachte JACOBSON (1899) bei, indem er in dem ätherlöslichen Teil des eingedampften

Alkoholauszugs von Saubohnen- und Wickensamen, von Erbsen und Lupinen nach der Veraschung Phosphorsäure und nach der Verseifung Cholin nachweisen konnte. Die Isolierung einer Substanz, die mit größerer Sicherheit als ein Phosphatid angesehen werden konnte, gelang aber erst SCHULZE und LIKIERNIK (1891), und zwar aus Wicken- und Lupinensamen, in folgender Weise:

Darstellung, 1. Verfahren: Das fein gepulverte Material wurde nach vollständiger Extraktion mit Äther mit absolutem Alkohol bei 60° behandelt, der Auszug bei 40—50° eingeengt, der Rückstand mit etwas wasserhaltigem Äther (SCHULZE 1907) aufgenommen und die ätherische Lösung wiederholt mit Wasser ausgeschüttelt, wobei etwaige Emulsionen sich durch Zusatz von Natriumchloridkrystallen trennen ließen. Beim Verdunsten des Äthers hinterblieb eine bräunlich gefärbte Masse, welche 3,7—3,8 vH P enthielt und bei der Zersetzung mit Barytwasser Glycerinphosphorsäure, Cholin und Fettsäure gab. Aus der Auflösung dieser Substanz in heißem Alkohol schied sich bei starker Abkühlung ein Körper mit 3,68 vH P ab. Auch die Löslichkeitsverhältnisse und sonstigen Eigenschaften (Fällbarkeit durch Cadmium- und Platinchlorid) waren die des tierischen Lecithins. Dieses Verfahren ist in der Folge viel benutzt worden. Nachdem die Brauchbarkeit des Acetons (ALTMANN 1889) und Methylacetats (WINTERSTEIN und HIESTAND 1907/08) für die Reinigung der Phosphatide erkannt worden war, hat man die isolierten Substanzen auch noch mit ihnen behandelt.

SCHULZE und STEIGER (1889) hatten in Bestätigung und Weiterverfolgung einer älteren Beobachtung von BEYER (1871), nach der ein Teil der organischen Phosphorverbindungen in den primären Ätherextrakt der Leguminosensamen, ein anderer erst in den sekundären Alkoholauszug übergeht, gefunden, daß es sich in beiden Fällen um Phosphatide handelt, daß also die Pflanzenphosphatide ebenso wie die tierischen zum Teil frei und ätherlöslich vorliegen, zum Teil erst durch Alkohol (vermutlich aus Verbindung mit Eiweiß) frei gemacht werden.

Mit dem oben beschriebenen Verfahren erhält man also nur einen Teil der Phosphatide, indem die ätherlöslichen zusammen mit Fett und Cholesterin durch die primäre Ätherbehandlung entfernt werden.

Darstellung, 2. Verfahren: Um *alle* Phosphatide zu erfassen, hat SCHULZE (1908) ein zweites Darstellungsverfahren angegeben, das sich besonders für fettarmes Material empfiehlt. Die fein zerriebene Substanz wird bei etwa 50° mit absolutem oder 95proz. Alkohol extrahiert, das Filtrat bei gleicher Temperatur verdunstet, der Rückstand durch abwechselnde Behandlung mit Äther und Wasser in Lösung gebracht, die wässerige Lösung im Scheidetrichter abgelassen und die ätherische wiederholt mit Wasser geschüttelt. Eine Emulsion läßt sich durch Kochsalz beseitigen. Nach Trocknen der ätherischen Lösung mit Natriumsulfat und Entfernen des Äthers durch Destillation behandelt man den Rückstand mit Aceton, löst den unlöslichen Teil in Äther, fällt die eingeengte Lösung mit Methylacetat und wiederholt, wenn nötig, diesen Reinigungsprozeß.

Mit diesen beiden Verfahren (1 und 2) sind aus zahlreichen Pflanzen, und zwar besonders Pflanzensamen, Phosphatide isoliert worden. Bei deren Untersuchung ergab sich vielfach ein Phosphorgehalt, der dem der tierischen Monaminophosphatide mehr oder weniger nahe lag. Überraschenderweise wurde aber in manchen Fällen und besonders bei den Cerealien ein niedrigerer Phosphorgehalt gefunden, so bei Roggen- und Gerstensamen (SCHULZE und FRANKFURT 1894), Gerste und Malz (KOCH 1902/03). Bei den Versuchen, die Ursache dieser Erscheinung aufzuklären, fanden WINTERSTEIN und HIESTAND (1906, 1907/08), daß die aus den Cerealien erhaltenen Phosphatide, aber auch Phosphatide anderen Ursprungs beim Kochen mit Säuren (einige Stunden mit 5proz. Schwefelsäure oder Salzsäure) neben den bekannten Spaltungsprodukten (Glycerinphosphorsäure, Cholin, Fettsäuren) auch Zucker lieferten. Die Mengen waren in den einzelnen Fällen sehr verschieden. Kohlenhydratgehalt:

Phosphatid aus	Zucker als Traubenzucker berechnet in vH
Weizenmehl	16,65
Hafermehl	16,81
Samen von weißen Lupinen	17,9
Erlenpollen	14,93
Kartoffelknollen	6,98
Samen von gelben Lupinen	1,1
Samen von Vicia sativa	3,16
Samen von Picea excels.	2,07
Steinpilze (Bolet. edul.)	2,48

Die in den ersten 3 Reihen verzeichneten hohen Werte finden wohl ihre Erklärung in der Art der Darstellung, indem hier die von SCHULZE vorgeschriebene Ausschüttelung der ätherischen Phosphatidlösung mit Wasser unterlassen wurde. In den anderen Fällen war dieses Reinigungsverfahren vorgenommen worden und SCHULZE (1907) fand bei Benutzung seiner Vorschrift in dem Phosphatid aus weißen Lupinen einen viel niedrigeren Wert (4 vH), und in einem aus Vicia sat. ebenfalls 3 vH. Unter den bei der Spaltung erhaltenen Kohlenhydraten wurde Galaktose, Glucose, Pentose nachgewiesen. Ob sie als solche vorkommen, oder in Form von Di- oder Polysacchariden, oder in anderen Atomkomplexen, ob chemisch gebunden oder nur absorbiert, blieb zunächst unentschieden. Jedenfalls ließen sie bzw. ihre Muttersubstanzen sich auch durch anhaltendes Behandeln mit Wasser nicht abtrennen.

In jüngster Zeit teilte REWALD (1929b) mit, daß es ihm gelungen sei, zunächst bei dem Phosphatid der Sojabohne den Kohlenhydratkomplex abzutrennen, und zwar in folgender Weise. Nachdem das Phosphatid in größerer Menge Wasser aufgequollen und durch längere Behandlung im Rührwerk verteilt war, wurde die kolloidale Lösung mit mehrfach erneuertem Äther im Scheidetrichter erschöpfend ausgeschüttelt, wobei die Beseitigung auftretender Emulsionen durch kleine Mengen von Alkohol und Kochsalz gelang. Die klare fett- und phosphatidfreie wässerige Lösung enthielt nun das Kohlenhydrat und zwar als Di- oder Polysaccharid, denn sie reduzierte FEHLINGsche Lösung erst nach dem Kochen mit Säure. Die Natur des Kohlenhydrats konnte noch nicht festgestellt werden. Der bei der Spaltung auftretende Zucker war in der Hauptsache Glucose, während Galaktose sich bisher nicht nachweisen ließ.

Um das Phosphatid vollständig von Kohlenhydrat zu befreien, erwies sich eine einmalige Behandlung nicht als ausreichend. Das nach Verjagung des Äthers wiedergewonnene Phosphatid enthält immer noch Mengen von Kohlenhydrat, die durch eine weitere gleichartige Behandlung weitgehend entfernt werden können.

Indessen ist es auch ihm nicht gelungen, die Kohlenhydrate vollständig zu entfernen. Er spricht nur von weitgehender Entfernung. Da quantitative Angaben fehlen, fragt es sich, ob er mit seinem Verfahren weiter oder wesentlich weiter gekommen ist als die früheren Untersucher.

Phosphatide hauptsächlich aus Samen von Leguminosen und Cerealien.

Die folgende Tabelle (S. 166—169) gibt eine Übersicht über die wesentlichen Ergebnisse der Pflanzenphosphatidforschung etwa bis zum Jahre 1925.

Wenn auch in keinem Fall ein reines Phosphatid vorgelegen hat, so gewinnt man doch den Eindruck, daß es sich um Körper vom Charakter der Monaminophosphatide handelt, und zwar um solche vom Lecithin- und vom Kephalintypus (Phosphormenge, Phosphor-Stickstoffverhältnis, Spaltungsprodukte). Besonders gilt das für die Leguminosen. Die allermeisten geben, soweit sie darauf geprüft sind, allerdings bei der Spaltung auch Zucker, aber er kann auch fehlen, wie das Beispiel der Arvensamen zeigt, so daß man den Kohlenhydratgehalt nicht als integrierenden Bestandteil der pflanzlichen Phosphatide ansehen kann, sondern nur als eine fest anhaftende Beimengung. Ein geringer Gehalt an Kohlenhydrat hat auf den Phosphorgehalt keinen großen Einfluß. Immerhin setzt zum Beispiel eine Beimengung von 4 vH die Phosphormenge von 3,86 auf 3,71 vH herab, was bei der Beurteilung der in der Tabelle aufgeführten Werte, welche meist unter der Theorie liegen, zu berücksichtigen ist (SCHULZE 1907). Eine besondere Stellung nehmen die Phosphatide aus den Cerealiensamen ein. Bei ihnen ist, wie schon erwähnt, der Phosphorgehalt oft besonders niedrig, der Zuckergehalt meist hoch, aber doch nicht so hoch, daß er die niedrige Phosphormenge erklären könnte. TRIER (1912 S. 105ff., 1913b u. c) nimmt auf Grund seiner Untersuchungen an Hafer und Reis an, daß eine Beimengung von Cerebrosiden vorliegt, daß es sich also um einen protagonartigen Stoff handelt. Er fand, daß mit dem Gehalt an reduzierender Substanz, die in einem Fall (Hafersamen) als Galaktose festgestellt wurde, auch die Menge der bei der Spaltung auftretenden Fettsäuren wächst, dagegen der Phosphorgehalt abnimmt, und schließt daraus auf die Anwesenheit von phosphorfreien Atomkomplexen mit hohem Molekulargewicht, an deren Aufbau Fettsäuren und Kohlenhydrat beteiligt sind. Die Cerebroside entsprechen diesen Anforderungen: sie enthalten etwa 47 vH Fettsäuren und etwa 22 vH Galaktose. Allerdings findet sich in ihnen auch Stickstoff, und zwar etwa ebensoviel wie in den Phosphatiden (1,7 vH). Der Stickstoffgehalt der Präparate dürfte also nicht erniedrigt sein, was aber in der Tat der Fall ist (wie übrigens auch bei vielen anderen pflanzlichen Phosphatiden). Auch sollte man erwarten, daß dieser Cerebrosidstickstoff, dem kein Phosphor entspricht, in dem Phosphor-Stickstoffverhältnis zum Ausdruck kommen müßte. Dem ist aber nicht so. Diese Schwierigkeit will TRIER (beseitigen durch die Annahme, daß neben den Phospha-

	Untersuchungsmaterial	Lücken zeigen an, daß		
		Darstellung	vH P	vH N
Leguminosensamen	Wicken und Lupinen	Verfahren 1	3,68	
	Lupinus luteus . .	Verf. 1, Reinigung mit Aceton und Methylacetat	3,66	
	Lupinus luteus . .	Verfahren 1, alkoholschwerlöslicher Teil	3,25	
	Lupinus luteus . .	Verfahren 1, alkoholschwerlöslicher Teil	3,09	
	Lupinus albus . . .	Verfahren 1. alkoholunlöslicher Teil	2,87	0,95
	Lupinus albus . . .	Verfahren 1, alkoholschwerlösl. Teil in 3 Fraktionen von der gleichen Zusammensetzung zerlegt	3,62	0,98
	Lupinus albus . . .	Verfahren 1, alkoholleichtlöslicher Teil, zerlegt in 3 Fraktionen: alkoholschwerlöslich	3,46	1,38
		alkoholschwerlöslich	4,31	1,56
		alkohollöslich	3,30	1,46
	Lupinus albus . . .			
	Lupinus angustif. .		3,26	
	Erbsen	Verf. 2, mit Aceton gereinigt	3,62	
	Erbsen			1,24
	Vicia sativa	Verfahren 1, mit Aceton und Methylacetat gereinigt	3,62	
	Vicia sativa	Verfahren 1, in Alkohol schwerlöslicher Teil	3,10	1,05
	Sojabohnen			
	Sojabohnen, braun	Verfahren 1, über die Chlorcadmiumverbindung gereinigt	2,96	1,90
	Sojabohnen, schw.		2,51	1,84
	Soja hispida . . .	Verfahren 2, Behandlung mit Aceton	3,04	
	Phaseol. multifl. . .	Verfahren 2, Behandlung mit Aceton	3,44	
	Phaseol. vulgar. . .	Verfahren 2, Behandlung mit Aceton	3,51	1,28

keine Angaben vorliegen			
P:N	vH Zucker	Spaltungsprodukte	Autor
		Glycerinphosphorsäure, Cholin, Ölsäure und gesättigte Fettsäuren	SCHULZE und LIKIERNIK (1891)
	1,1		SCHULZE (1907)
			SCHULZE und WINTERSTEIN (1903/04, S. 113)
			SCHULZE (1908)
1:0,73		Glycerinphosphorsäure, sehr wenig Cholin, Fettsäuren	SCHULZE und WINTERSTEIN (1903/04, S. 113)
1:0,6	16,61*		WINTERSTEIN und STEGMANN (1908/09)
1:0,89	3,32	Glycerinphosphorsäure, nicht identifizierte Base, gesättigte und ungesättigte Säuren.	NJEGOVAN (1911/12)
1:0,8	1,11	Cholin, gesättigte und ungesättigte Säuren.	
1:0,98	5,8	Glycerinphosphorsäure. Base (Vidin), die wahrscheinlich Cholin war (TRIER 1913), gesättigte und ungesättigte Säuren	
	4,0		SCHULZE (1907)
	8,49		SCHULZE (1908, S. 345)
	1,9		TRIER (1913c)
	6,22	Cholin, Colamin, 70 vH Fettsäuren	
	3,0		SCHULZE (1907)
1:0,75			SCHULZE und WINTERSTEIN (1903/04, S. 113)
1:1		Glycerinphosphorsäure, Basen, Fettsäuren	RIEDEL (1927)
1:1,56 1:1,27			WINTGEN und KELLER (1906)
			SCHULZE (1908, S. 341)
		Glycerinphosphorsäure, Cholin, flüssige und feste Fettsäuren	SCHULZE (1908, S. 342)
1:0,8	2,61	Glycerinphosphorsäure, Cholin, Colamin, Fettsäuren	TRIER (1913)

* Es wurde nicht genügend mit Wasser geschüttelt.

	Untersuchungsmaterial	Lücken zeigen an, daß		
		Darstellung	vH P	vH N
Fortsetz.	Phaseol. vulgar. . . .	Verfahren 2, Behandlung mit Aceton		
		alkohollöslich	3,10	1,26
		alkoholunlöslich	3,17	0,83
Cerealiensamen	Gerste		2,23	
	Roggen		2,23	
	Weizen*	Verfahren 1, Behandlung mit Methylacetat	1,5—2,6	0,74—1,6
	Hafer	Verfahren 1, Behandlung mit Aceton	1,96	
	Hafergrieß	Verfahren 2, Behandlung mit Aceton	3,36	1,67
	Hafergrieß	Verfahren 2	1,56	0,70
	Reis	Verfahren 2	Spuren	vorhanden
	Arvensamen . . . . (Pinus cembra)	Verfahren 1, Behandlung mit Aceton	3,60	
	Schwarzkiefersamen . . .	Verfahren 1, Behandlung mit Aceton	3,33	0,74
	Edelkastaniensamen . . .	Verfahren 2, Behandlung mit Aceton	2,63	
	Roßkastaniensamen . . .	Verfahren 2, Behandlung mit Aceton	2,46	
	Steinpilz		3,41	
	Zuckerrübe**	Über Platinsalz gereinigt	3,56	
	Zuckerrohr			
	Altheewurzel			
	Weizenkornembryonen . .		3,5	
	Haferkeimling	Verfahren 2	4,23	
	Getreidepollen (WhiteFlint corn)		4,09	

* Über weitere Präparate aus Weizenmehl siehe WINTERSTEIN und SMOLENSKI (1908/09) und aus Weizenkeimen SMOLENSKI (1908/09).

** Anmerkung bei der Korrektur. Aus den Pollenkörnern der Zuckerrübe erhielten KIESEL und RUBIN (Hoppe-Seylers Z. 182, 241 1929) Leci-

keine Angaben vorliegen

P:N	vH Zucker	Spaltungsprodukte	Autor
1:0,9 1:0,6	2,24 2,58	Glycerinphosphorsäure, Cholin, Fettsäuren	TRIER (1913)
			SCHULZE und FRANKFURT (1894)
1:1,3 bis 1:2,3	9—18**	Glycerinphosphorsäure, Cholin, Fettsäuren, Galaktose, Glucose	WINTERSTEIN und HIESTAND (1907/08)
	16,81**		
1:1,1	6,2	Glycerinphosphorsäure, Cholin, kein Betain, Colamin, Fettsäuren 62,4 vH	TRIER (1913b)
1:1	14,52	Cholin in ganz geringer Menge kein Colamin, kein Betain, Fettsäuren 69,2 vH	
	vorhanden		TRIER (1913c)
	Spuren	Glycerinphosphorsäure, Cholin und Fettsäuren	SCHULZE (1907) WINTERSTEIN und HIESTAND (1907/08)
2:1	3,76		TRIER (1913c)
			SCHULZE (1908)
			SCHULZE (1908)
	wenig	Glycerinphosphorsäure, Cholin, Ölsäure und feste Fettsäuren	SCHULZE u. FRANKFURT (1894) SCHULZE (1907)
		Glycerinphosphorsäure, Betain*** kein Cholin, Fettsäuren	v. LIPPMANN (1887)
		Glycerinphosphorsäure, Cholin, Betain (siehe S. 172), Ölsäure und feste Fettsäure	SHOREY (1898)
		Glycerinphosphorsäure, Cholin, Ölsäure, Palmitinsäure, kein Betain	v. FRIEDERICHS (1919)
	2,3		SCHULZE (1908, S. 351)
		Cholin, Fettsäuren	STOKLASA (1895)
			ANDERSON (1923)

thin (1,34 vH N, 2,78 vH P; N : P = 1 : 0,95), welches bei der Hydrolyse als einzige Base Cholin lieferte.

** Es wurde nicht mit Wasser geschüttelt.

*** In einem andern Fall wurde Cholin und kein Betain gefunden.

tiden auch phosphorhaltige, stickstoffreie Vorstufen — er denkt an diglyceridphosphorsaures Glycol — vorhanden sind. Zur Stütze dieser Ansicht glaubt er folgende Beobachtung anführen zu können (1913b): Bei der Analyse des aus dem Hydrolysat eines Haferphosphatids erhaltenen Bariumsalzes, das der Darstellung nach glycerinphosphorsaures Barium sein sollte, erhielt er statt der erwarteten 43,69 vH Ba und 10,08 vH P nur 32,22 bzw. 9,73 vH, Werte, die für ein Gemisch von Bariumsalzen der Glycerin- und Glycolglycerinphosphorsäure stimmen. Indessen liegen weitere Anhaltspunkte für das Vorkommen dieser Verbindung nicht vor. Dagegen könnte man an eine andere Substanz denken, welche, wie die in Rede stehende, phosphorhaltig und stickstoffrei ist, und die kürzlich in Kohlblättern nachgewiesen worden ist, die Diglyceridphosphorsäure (Phosphatidsäure) S. 180.

Die aus dem Reissamen nach den Methoden der Phosphatiddarstellung gewonnenen Substanzen, welche nur noch Spuren von Phosphor enthalten, hält TRIER für Cerebroside. Ein Beweis dafür, sowie überhaupt für das Vorkommen von Cerebrosiden in Pflanzen, ist noch nicht erbracht.

Phosphatide aus Sojabohnen.

Einen Fortschritt brachten die Arbeiten von LEVENE und ROLF (1925, 1925a, 1926a) über die Sojabohnenphosphatide. Sie gewannen zwei Fraktionen, eine Lecithin- und eine Kephalinfraktion.

Lecithinfraktion: Aus der *ersteren* gelang es über das Cadmiumchloridsalz ein Lecithin zu erhalten, welches nur noch 3 vH Amino-N* enthielt und dessen Analysen bis auf einen etwas zu niedrigen Kohlenstoffgehalt auf Lecithin stimmten. Vielleicht hing dieser zusammen mit einer Verunreinigung mit Kohlenhydrat, welches nachgewiesen wurde (das Kohlenhydrat war stark rechtsdrehend, gab keine Orzinreaktion, aber eine Purpurfärbung mit Naphthoresorcin).

Das durch Hydrierung erhaltene Hydrolecithin drehte rechts $[\alpha]_D^{20^0} = +6{,}9^0$ (Chloroformlösung).

Von den Spaltungsprodukten der Lecithinfraktion wurden linksdrehende Glycerinphosphorsäure dargestellt und Fettsäuren (Jodzahl 102). Die Untersuchung der Fettsäuren ergab, daß

---

* Ein anderes Präparat war frei von Aminostickstoff.

von gesättigten, die an Menge hinter den ungesättigten zurückstehen, Palmitinsäure und Stearinsäure vorhanden sind, von ungesättigten nur solche mit 18 C-Atomen, und zwar Ölsäure, Linolsäure und Linolensäure. Außerdem fand sich eine in Petroläther unlösliche Säurefraktion in kleiner Menge, vermutlich eine erst sekundär entstandene Oxysäure. Aus dem Überwiegen der ungesättigten Säuren gegenüber den gesättigten ergibt sich, daß Lecithine mit 2 ungesättigten Säuren vorhanden sein müssen.

Nach der Bromierung des Lecithins wurde ein Hexabromderivat isoliert, und ebenso, wenn auch nicht rein, ein Tetrabromderivat. Nach der Hydrolyse des gemischten Bromlecithins ließen sich Hexa- und Tetrabromstearinsäure darstellen (LEVENE und ROLF 1925a).

Kephalinfraktion:

Bei der Untersuchung der *Kephalinfraktion* wurden Substanzen gewonnen, welche in ihrer Zusammensetzung und in ihrem Phosphor-Stickstoffverhältnis (etwa 2:1) an das „Cuorin" (S. 67) erinnerten. Sie enthielten bis zu 95 vH Amino-N und gaben bei der Spaltung Glycerinphosphorsäure, Colamin und Fettsäuren (62,5 vH, Jodzahl 99), von denen Palmitinsäure, Stearinsäure und (in Form von Bromderivaten) Linolsäure und Linolensäure sich feststellen ließen. Daneben wurden aber aus dieser Fraktion auch Substanzen erhalten, die in ihrer Zusammensetzung dem Kephalin nahe kamen, z. B. C 64,65 vH, H 9,52 vH, N 1,48 vH, P 4,03 vH, (N:P = 1:1,2), 97 vH Amino-N, Jodzahl 92 oder C 64,64 vH, H 10,10 vH, N 1,72 vH, P 3,85 vH, (N:P = 1:1), 75 vH Amino-N.

Phosphatid RIEDEL:

I. D. RIEDEL (1927) beschreibt die Darstellung eines „lecithinfreien" Phosphatids aus Sojabohnen von folgenden Eigenschaften. Gelblich gefärbtes Pulver, durch krystallinische Struktur von Lecithin sich unterscheidend. P:N = 1:1. Unlöslich in Aceton und in Alkohol, leichtlöslich in Benzin, Benzol, hydroaromatischen Kohlenwasserstoffen, Chloroform und Chlorkohlenstoff, aus heißem Essigester umkrystallisierbar, mit Wasser leicht beständige kolloidale Lösungen bildend, aus welchen es durch Metallsalze gefällt wird. Bei der Verseifung erhält man Glycerinphosphorsäure, Fettsäuren und organische Basen in ähnlichen Mengenverhältnissen wie beim Lecithin.

Phosphatide aus Kichererbsen mit Bemerkungen über das Vorkommen von Betainen in Phosphatiden.

Von sehr zweifelhaftem Wert ist eine Arbeit von ZLATAROFF (1925), welche das Kichererbsenmehl (Cicer arietinum L.) betrifft. Der die Phosphatide enthaltende Auszug (das Extraktionsmittel ist nicht erwähnt) wird mit Aceton gefällt, die Fällung in Äther gelöst und der Rückstand der Lösung mit kaltem absolutem Alkohol behandelt, die alkoholische Lösung mit Hilfe von Aceton in drei Fraktionen zerlegt. Obgleich nichts vorliegt, was auf Einheitlichkeit der dargestellten Phosphatide schließen läßt, werden doch auf Grund von Elementaranalysen von ihnen selbst und ihren Chlorcadmiumverbindungen Formeln berechnet. Irgendwelcher Wert kann ihnen nicht zukommen.

Von den Spaltungsprodukten wurde nur das stickstoffhaltige untersucht und als Betain erkannt. Zu dieser Untersuchung wurde aber ,,die ursprüngliche Substanz der Phosphatide" benutzt.

Betaine: Es liegen schon einige Angaben über das Vorkommen von Betainen in pflanzlichen Phosphatiden vor. v. LIPPMANN (1887) isolierte aus den Spaltungsprodukten eines aus notreifen Rüben dargestellten Präparats eine Base, aus deren Goldsalzanalyse (gef.: 42,95, ber.: 43,1 vH Au) er auf Betain schloß. SHOREY (1898) meint bei der Spaltung eines Phosphatids aus Zuckerrohr Betain und Cholin gewonnen zu haben. Der Beweis für die Anwesenheit des Betains neben Cholin beruhte aber lediglich auf der Unlöslichkeit eines Teils der Chloride in absolutem Alkohol. WINTERSTEIN und SMOLENSKI (1908/09 S. 516) erhielten bei der Spaltung eines Phosphatids aus Weizenmehl ein Gemisch von Chloroauratkrystallen, aus dem sie mechanisch einzelne auslesen konnten, welche scharf bei 183—184° schmolzen. Für eine Analyse reichte die Menge nicht aus. Auf Grund des Schmelzpunktes hielten sie es für nicht ausgeschlossen, daß Trigonellin vorlag. Schließlich gewannen SCHULZE und PFENNINGER (1911 S. 181) aus einem Haferphosphatid nach der Spaltung neben Cholin eine geringe Menge Betain. TRIER (1913b S. 172) konnte diesen Befund des Betains bei einer späteren Untersuchung eines Hafergrießes derselben Sorte, die auch SCHULZE und PFENNINGER benutzt hatten, nicht bestätigen, und glaubt, das Ergebnis jener darauf zurückführen zu sollen, daß ihrem Präparat noch wasserlösliche Bestandteile, unter denen sich

Betain nachgewiesenermaßen befindet, beigemischt waren. Weitere Angaben über das Vorkommen von Betainen in Pflanzenphosphatiden liegen nicht vor, obgleich von verschiedenen Seiten nach ihnen gefahndet wurde, z. B. von SCHULZE und PFENNINGER (1911) bei der Untersuchung der Phosphatide aus Wicken, Erbsen, Schminkbohnen (Phaseol. vulg.). Man wird sich TRIER (1912 S. 81) anschließen, welcher das vorliegende Material nicht für beweiskräftig hält. TRIER wirft auch die Frage auf, vermittels welcher Gruppe das Betain im Phosphatidmolekül gebunden sein soll. An dieser Ansicht können auch die Untersuchungen von ZLATAROFF zunächst nichts ändern. Vor allem geht aus ihnen nicht hervor, ob eine Entfernung der wasserlöslichen Stoffe bei der Darstellung des zur Spaltung benutzten Phosphatids vorgenommen wurde. Es finden sich darüber keine Angaben.

Phosphatide aus chlorophyllhaltigem Material.

Aus Spinat (STOKLASA, BRDLIK und JUST 1908), Weizen und Taxus (FRITSCH 1919), Salat und Weißkohl (REWALD 1928d) sind nach den Methoden der Phosphatiddarstellung dunkel gefärbte Substanzen mit verschiedenem Phosphorgehalt dargestellt worden. Eine eingehende Untersuchung liegt aber nur über die

Phosphatide aus Kohlblättern

vor. Sie führte CHIBNALL und CHANNON (1927, 1927a), CHANNON und CHIBNALL (1927) zu einem interessanten Ergebnis. Sie fanden nämlich in dem ätherischen Auszug kein Lecithin und Kephalin, sondern statt dessen den Phosphor in Form des Calciumsalzes der Diglyceridphosphorsäure, deren Darstellung ihnen gelang. Über Darstellung und Eigenschaften dieser Säure, die sie als Phosphatidsäure bezeichnen, siehe S. 180.

Phosphatide aus Hefe.

HOPPE-SEYLER (1866 S. 142; 1871 S. 500) wies als erster in der Hefe (Weinhefe) eine ätherlösliche phosphorhaltige Substanz nach, die er als „Lecithin" ansprach. Daß es sich in der Tat um ein solches handelte, zeigte er später (1879) durch Feststellung von Glycerinphosphorsäure und Cholin unter den Spaltprodukten. SEDLMAYR (1903) sowie HINSBERG und ROOS (1904) isolierten ebenfalls Phosphatide. Ersterer erhielt bei der Analyse P 4,06 vH und N 1,99 vH (P:N = 1:1,08) und bei der Spaltung Palmitinsäure, aber keine andere Säure, auch keine Ölsäure, letztere neben Palmitinsäure nicht unbeträchtliche Mengen ungesättigter Fettsäuren. AUSTIN (1924) fand in der Hefe ein Gemenge von Lecithin und Kephalin (P:N = 1:1), von denen er Lecithin als Cadmiumchloridverbindung darstellen konnte. Bei der Spaltung entstanden Cholin, Colamin und wechselnde Mengen unbekannter stickstoffhaltiger Substanzen. Sphingomyelin wurde nicht gefunden. Analysenzahlen fehlen.

Untersuchung von DAUBNEY und SMEDLEY-MACLEAN:

Eine eingehende Untersuchung liegt von DAUBNEY und SMEDLEYMACLEAN (1927) vor. Sie züchteten das Untersuchungsmaterial im Sauerstoffstrom in einer Zuckerlösung, welche Alkaliphosphate enthielt, nachdem beobachtet worden war, daß bei Gegenwart dieser Salze die Menge der ätherlöslichen Stoffe und der Phosphatide beträchtlich zunimmt. Der Rückstand des alkoholischen Auszugs wurde mit Petroläther aufgenommen und aus der Lösung mit Aceton eine weiße, amorphe Masse gefällt. Das so erhaltene Phosphatid enthielt (Mittel aus 2 Bestimmungen) 3,585 vH P, 1,65 vH N (P:N = 1:1). Der Stickstoff war zum Teil Aminostickstoff und aus seiner Menge berechnet sich 51—59 vH Lecithin und 40—49 vH Kephalin*. Die bei der Hydrolyse erhaltenen Fettsäuren (50—60 vH, von denen der Jodzahl nach 60—70 vH ungesättigt waren) enthielten von ungesättigten nur Ölsäure, wie aus der Jodzahl 90 und den Ergebnissen der Bromierung hervorging, und von gesättigten nur Palmitinsäure. Das Phosphatid wurde mit Hilfe von Alkohol in eine Lecithin- und Kephalinfraktion getrennt. Erstere enthielt auf Grund der VAN SLYKE-Bestimmung 67,5 vH Lecithin und 32,5 vH Kephalin, letztere 38 vH Lecithin und 62 vH Kephalin. Bei der Spaltung ergab erstere 64 vH Fettsäuren mit der Jodzahl 64,95, letztere 62 vH Fettsäuren mit der Jodzahl 72,45. In beiden Fällen wurden wieder nur Palmitinsäure und Ölsäure erhalten und zwar aus der Kephalinfraktion etwas mehr ungesättigte als aus der Lecithinfraktion. Mit Hilfe des Lecithin-Kephalinverhältnisses und der Jodzahlen der Fettsäuren in beiden Fraktionen errechnete man

* Das aus einer Hefe, in der autolytische Vorgänge stattgefunden hatten, gewonnene Phosphatid zeigte ein anderes Lecithin-Kephalinverhältnis: 12—27 vH Lecithin und 73—88 vH Kephalin.

die Zusammensetzung von Lecithin und Kephalin mit dem Ergebnis, daß von den Fettsäuren des Lecithins 62,6 vH Ölsäure und 37,4 vH Palmitinsäure sind, und von den Fettsäuren des Kephalins 91 vH Ölsäure und 9 vH Palmitinsäure. Daraus würde sich weiter ergeben, daß das Lecithin eine Mischung von 75 vH Palmityl-oleyl-Lecithin und 25 vH Dioleyl-Lecithin ist, und daß das Kephalin eine Mischung von 82 vH Dioleyl-Kephalin und 18 vH Oleyl-palmityl-Kephalin ist. Diese Rechnung geht von der Voraussetzung aus, daß das Gesamtphosphatid und die beiden Fraktionen nur aus Lecithin und Kephalin bestehen. Bemerkenswert ist der hohe Gehalt an ungesättigten Fettsäuren, aus dem man auf die Anwesenheit von Dioleyl-Lecithin bzw. Dioleyl-Kephalin schließen muß.

Bei der Untersuchung des acetonlöslichen Fettes der Hefe wurde für die Fettsäuren aus dem Fett eine höhere Jodzahl (Mittel aus sechs Bestimmungen 77,7) gefunden, als für die Fettsäuren aus dem Phosphatid. Es ist das ein umgekehrtes Verhalten, wie in tierischen Geweben (BLOOR 1926, 1927, 1928a). Außer Ölsäure ließ sich auch Linolsäure (als Bromderivat) nachweisen. Daneben auch hier Palmitinsäure. Gesättigte und ungesättigte Fettsäuren schienen im gleichen Verhältnis vorhanden zu sein. Fett der Hefe:

Phosphatide aus Tuberkelbazillen.

HAMMERSCHLAG (1890) hat wohl zuerst das Vorkommen von Phosphor in den Ätherauszügen dieser Bakterien nachgewiesen. Weitere Angaben liegen vor von KRESLING (1903), BAUDRAN (1906) u. a. TAMURA (1913) konnte im Ätherextrakt kein Phosphatid finden, aus dem sekundären Alkoholextrakt glaubt er ein Diaminophosphatid (2,98 vH P, 2,69 vH N) isoliert zu haben. Doch ist der Beweis, daß hier ein reiner Körper vorliegt, nicht erbracht. Ebensowenig handelt es sich bei dem von AGULHON und FROUIN (1914/19) erhaltenen Körper um eine reine Substanz, sie bezeichnen ihn als ein Gemenge von der Art des Jecorins. Die Untersuchung von KOGANEI (1922) kann übergangen werden, da seine Schlußfolgerungen nicht begründet sind.

Dagegen ist auf Arbeiten von ANDERSON (1927, 1927a, 1929, 1929a) einzugehen. Der ätherisch-alkoholische (1:1) Auszug (4 Wochen lang unter häufigem Schütteln) frischer Bazillen (menschlicher Typus) wurde nach Entfernung des größten Teils der Flüssigkeit (verminderter Druck, Kohlensäurestrom) mit Äther ausgeschüttelt und die mit Natriumsulfat getrocknete Untersuchungen von ANDERSON und konzentrierte ätherische Lösung mit Aceton gefällt. Das so erhaltene Rohphosphatid wurde wieder in Äther gelöst, die Lösung mit Aceton gefällt und dieses Verfahren sehr oft wiederholt. Der P- und N-Gehalt änderte sich schließlich nicht mehr wesentlich. 2,30 vH P, 0,36 vH N (P:N = 1:0,35). Eine Behandlung mit Wasser wurde nicht vorgenommen. Die Substanz, ein nahezu weißes, körniges, nicht hygroskopisches Pulver, war leicht löslich in Äther, Chloroform und fast quantitativ fällbar durch Aceton, Alkohol, Methylalkohol. Sie wurde bei etwa 200° dunkel und schmolz bei 210°. Die wässerige opalisierende Lösung wurde durch Säure und Salz gefällt. Bei der Hydrolyse (10stündiges Kochen mit 5proz. Schwefelsäure) wurden erhalten:

66—67 vH Fettsäuren (Jodzahl 18,6—18,7),
13—14 vH Glucose,
0,25—0,28 vH Ammoniak,

ferner Glycerinphosphorsäure und ,,wahrscheinlich eine Zuckersäure“. Unter den Fettsäuren ließen sich Palmitinsäure und Ölsäure (als Stearinsäure) feststellen und außerdem eine weitere gesättigte Säure mit ätherlöslichem Bleisalz, die noch nicht ganz rein erhalten wurde. Sie ist bei gewöhnlicher Temperatur flüssig und in Eiswasser fest, löst sich in Alkohol und anderen organischen Lösungsmitteln, dreht rechts und enthält nach Analyse und Titration wenigstens 20 C. Diese Säure, welche phthioic acid (Phthisische Säure) genannt wird und wichtige biologische Eigenschaften besitzt, bedarf noch weiterer Untersuchung* (ANDERSON 1929). Cholin wurde nicht gefunden, auch keine andere Base. Statt dessen Ammoniak in einer Menge, welche fast dem Gesamtstickstoff entspricht. Cholin scheint überhaupt als Spaltungsprodukt der Tuberkelbazillenphosphatide bisher nicht nachgewiesen worden zu sein.

Wachs: Aus den mit Alkohol-Äther erschöpften Bazillen erhielt ANDERSON (1929a) durch Extraktion mit Chloroform in großer Menge ein leicht

* Anmerkung bei der Korrektur: In bis jetzt reinstem Zustande wurde diese Säure aus dem verseiften acetonlöslichen Fett der Tuberkelbazillen erhalten. Schneeweiße feste Masse von der Formel $C_{26}H_{52}O_2$, der Cerotinsäure isomer. Schmp. 28°. Optisch aktiv $[\alpha]_D^{22^0} = +7{,}98^0$ (0,4400 g in 10 ccm Alkohol, $l = 1$, $\alpha = +0{,}351^0$). Kaliumsalz löslich in Alkohol, beim Abkühlen ausfallend. Bariumsalz weniglöslich in Äther und kaltem Alkohol, besser in heißem. Silbersalz (Schmp. 162—164°) unlöslich in Alkohol, Äther, Wasser (ANDERSON und CHARGAFF 1929, 1929a).

gelblich gefärbtes Wachs. Nach Reinigung* (Fällen aus ätherischer Lösung mit Methylalkohol und aus Toluollösung mit Methylalkohol und mit Aceton) stellte es ein fast weißes Pulver dar, welches unter Zersetzung bei 200—205° schmolz (P 0,407 vH, N 0,77 vH, Asche 1,39 vH). Bei der Hydrolyse mit alkoholischer Salzsäure entstehen ein unverseifbares Wachs**, welches saure und alkoholische Eigenschaften zeigt, in kleiner Menge Fettsäuren (Cerotinsäure, wahrscheinlich ein eutektisches Gemisch von Palmitin- und Stearinsäure, Ölsäure und eine flüssige gesättigte Fettsäure analog der phthisischen Säure) und von wasserlöslichen Substanzen Glycerinphosphorsäure, ein Gemenge reduzierender Zucker, eine stickstoffhaltige Verbindung, welche nicht identifiziert werden konnte, und etwas Ammoniak. ANDERSON hält dieses gereinigte Wachs für ein komplexes Phosphatid, welches eine große Menge Kohlenhydrat enthält.

Die sogenannten wasserlöslichen Phosphatide.

HANSTEEN-CRANNER (1919, 1922, 1925, 1926) beobachtete, daß aus in Wasser gelegten Pflanzenteilen (zerschnittene Teile von weißen Rüben, Erbsensamen, Keimpflanzen von Erbsen und von Bohnen u. a.) bei etwa 9—12° Phosphatide in das Wasser in vollkommen klarer Lösung übertreten, während bei einer Temperatur von etwa 30° der Übertritt in Form einer trüben Suspension erfolgt. Er hält diese Phosphatide im Gegensatz zu den durch organische Lösungsmittel erhaltenen, welche er als denaturiert ansieht, für die genuinen.

Erstere, d. h. die in wasserklarer Lösung, gehen beim Schütteln mit Äther zum kleinen Teil in diesen über, sind aber nun nicht mehr wasserlöslich (denaturiert); letztere, d. h. die in trüber Suspension ausgetretenen, sind in Äther, Petroläther, Alkohol unlöslich, werden aber z. B. durch Fällung mit Bleiacetat denaturiert und sind nun (nach Entfernung des Bleis) in Alkohol leicht löslich (GRAFE 1925).

Nachdem schon HANSTEEN-CRANNER diese ausgetretenen Phosphatide mit Hilfe von Bleiacetat, Alkohol, Aceton fraktioniert hat, sind besonders die wasserlöslichen Phosphatide aus Zuckerrüben, Aspergillus oryzae, Erbsen, Sojabohnen, Hefe von GRAFE und seinen Mitarbeitern (GRAFE 1925, 1929; GRAFE und

* Anmerkung bei der Korrektur: Das aus den Mutterlaugen erhaltene sogenannte weiche Wachs ist kürzlich von ANDERSON (1929 b) untersucht worden.

** Anmerkung bei der Korrektur: Es ist kürzlich von ANDERSON (1929 c und d) weiter untersucht worden.

HORVAT 1925; GRAFE und MAGISTRIS 1925, 1926, 1926 b; GRAFE und OSE 1927) untersucht worden, und zwar hauptsächlich in Form ihrer Metallverbindungen, welche aus den klaren bei niederer Temperatur eingeengten Dialysaten auf Zusatz z. B. von Bleiacetat ausfallen. Diese Niederschläge wurden als solche analysiert und in bezug auf ihre Spaltungsprodukte geprüft. Da keine einheitlichen Verbindungen vorgelegen haben können, erübrigt es sich, auf diese Untersuchungen näher einzugehen*.

Diese wasserlöslichen Phosphatide sind nach GRAFE und MAGISTRIS (1926) Verbindungen von Phosphatiden mit akzessorischen Gruppen (Farbstoff-, Kohlenhydratkomponenten und andere). Auch Eiweißstoffe, speziell Nukleoproteid, sowie Alkalien und Erdalkalien werden in ihnen angenommen (GRAFE und OSE 1927, GRAFE 1927). Der Vorschlag von GRAFE und MAGISTRIS, diese noch ganz ungenügend definierten Komplexe in Zukunft als Phosphatide zu bezeichnen und die bisher so genannten als Lecithin oder Lecithide (MAGISTRIS 1929), ist zurückzuweisen.

MOLISCH (bei HANSTEEN-CRANNER 1922 S. 86) hat die Beobachtungen von HANSTEEN-CRANNER bei Erbsen bestätigen können, ebenso BIEDERMANN (1924) bei Muskeln, dagegen STEWARD (1928) nicht, als er die Versuche mit Kartoffeln und Zuckerrüben wiederholte.

Es ist indessen zu erwähnen, daß auch mit Hilfe der alten Extraktionsverfahren aus Kartoffeln nur kleine Mengen Substanz vom Verhalten der Phosphatide, die aber nicht als solche identifiziert werden konnten, gewonnen worden sind: STEWARD erhielt aus 4 kg nur 0,16 g einer ätherlöslichen, acetonunlöslichen phosphorhaltigen Substanz, GALLAGHER (1923) etwas mehr (aus 3 kg 1,6 g). Doch ließ sich unter den Spaltungsprodukten kein Cholin feststellen. Andrerseits konnte v. LIPPMANN (1887) aus notreifen Zuckerrüben ein Phosphatid isolieren, unter dessen Spaltungsprodukten Cholin nachgewiesen wurde.

---

* Anmerkung bei der Korrektur: In einer kürzlich erschienenen Arbeit berichten MAGISTRIS und SCHÄFER (1929) über Untersuchungen an der Ackerbohne (Vicia Faba). Sie haben als Dialysierflüssigkeit nicht reines Wasser, sondern Äthyl- und Caprylalkohol-haltiges benutzt und die Fällung der Phosphatide nicht mit Schwermetallsalzen, sondern durch Methyl-Äthylalkohol und (im Filtrat dieser Fällung) durch Calcium-(Barium-)chlorid bewirkt. Von einer Reinheit der untersuchten Präparate kann natürlich auch hier keine Rede sein, wenigstens ist sie nicht bewiesen.

Einige Angaben über die Menge der in Pflanzensamen enthaltenen Phosphatide.

Die Menge der pflanzlichen Phosphatide ermittelt man ebenso wie die der tierischen in Ermangelung einer besseren Methode in Form des Phosphatidphosphors, indem man den ätherisch-alkoholischen Auszug des trockenen Gewebes verascht und in der Asche den Phosphor bestimmt. Genauere Angaben siehe SCHULZE 1895. Da man in diesem Auszug bisher keine anderen organischen Phosphorverbindungen hat nachweisen können, so ist man einstweilen berechtigt, diese Methode zu benützen.

Von den zahlreichen Bestimmungen, die von vielen Untersuchern ausgeführt worden sind, sollen hier nur einige mitgeteilt werden, welche sich auf Samen beziehen und von SCHULZE und STEIGER (1889) und von SCHULZE und FRANKFURT (1894) stammen.

	vH Phosphatid-P auf Trockensubstanz
Gelbe Lupinen (Lupinus luteus) . .	0,060 0,061
Sojabohnen (Soja hispida)	0,063
Wicken (Vicia sativa)	0,047 0,028
Erbsen (Pisum sativum)	0,047
Erbsen (Pisum sativum) unreif . .	0,019
Linsen (Ervum lens)	0,045
Ackerbohnen (Faba vulg.)	0,031
Weizen (Triticum vulgare)	0,025
Roggen (Secale cereale)	0,022
Gerste (Hordeum distichum)	0,028
Mais gelber (Zea mays)	0,009
Mais weißer	0,010
Lein (Linum usitatissimum)	0,034
Hanf (Cannabis sativa)	0,038
Mohn (Papaver somniferum)	0,009

SCHULZE (1895) hält für möglich, daß diese Zahlen etwas zu niedrig sind. Bedeutende Fehler haften ihnen aber nicht an. Von v. BITTO (1894) sind für manche dieser Samen etwas abweichende Werte gefunden worden, was aber vermutlich nicht durch die längere Extraktionsdauer, die er anwendete, bedingt ist, sondern sich durch Schwankungen im Phosphatidgehalt der gleichen Samenart erklärt. Die Werte der folgenden Tabelle (SCHULZE 1908a) beziehen sich auf entschälte Samen. Sie sind etwas höher, da die Schalen frei von Phosphatiden oder sehr arm an ihnen sind.

	vH Phosphatid-P auf Trockensubstanz
Gelbe Lupinen	0,082
Blaue Lupinen	0,084
Gartenbohnen	0,049
Schminkbohnen	0,035
Sonnenblumen	0,017
Kürbis	0,021
Ricinus	0,011
Buche	0,011
Edelkastanie	0,026
Roßkastanie	0,026
Arve	0,038
Seekiefer	0,033

Weitere Bestimmungen in anderen Vegetabilien und Pflanzenteilen siehe a. a. O., ferner MAXWELL (1891, 1891a), SCHULZE (1898), VAGELER (1909) u. a.

Phosphatidsäuren.

(Diglyceridphosphorsäuren.)

```
CH2 - Fettsäure
|
CH - Fettsäure
|
CH2 - O
        \
     HO - PO
        /
     HO
```

α-Diglyceridphosphorsäure

```
CH2 - Fettsäure
|        OH
|        |
CH - O - PO
|        |
|        OH
CH2 - Fettsäure
```

β-Diglyceridphosphorsäure

Vorkommen: Sie wurden von CHIBNALL und CHANNON (1927, 1927a, 1929), CHANNON und CHIBNALL (1927) aus den Blättern von Kohl und in geringen Mengen aus Spinat (CHIBNALL und CHANNON 1929) erhalten. Die Blätter anderer Pflanzen sind noch nicht untersucht worden. Darstellung: Zu ihrer Gewinnung wird zuerst das Cytoplasma der Blätter dargestellt, und zwar in der Weise, daß man die von den Mittelrippen befreiten Blätter von *Brassica oleracea* (viele Kilo) nach feiner Zerkleinerung mit Wasser behandelt, die Flüssigkeit durch feine Seide treibt, auf 70° erwärmt und das dabei entstehende Coagulum in der BUCHNERschen Presse trocken preßt. Das so gewonnene Cytoplasma, eine grüne harte Masse, welche sich trotz ihres Gehaltes von 40 vH Wasser pulverisieren läßt, wird 40 Stunden im Soxhlet-Apparat mit Äther extrahiert. Eine weitere Behandlung mit warmem Alkohol bringt nur noch wenig und kein Phosphatid mehr in Lösung. Der Ätherrückstand stellt ein durch Chlorophyll tief gefärbtes Öl dar. Die Ausbeute an Cytoplasma betrug in verschiedenen Darstellungen 0,6—0,97 vH, die an Ätherextrakt 0,1—0,2 vH der frischen Blätter oder etwa $^1/_5$ des Cytoplasmas.

Der Ätherrückstand wird im Vakuum getrocknet und mit wasserfreiem Äther aufgenommen, wobei eine kleine Menge ungelöst bleibt. Aus dieser ätherischen Lösung fällt auf Zusatz von vier Volumen Aceton etwa 40 vH der gelösten Masse aus, welche fast die Gesamtmenge des Phosphors enthält. Der Niederschlag ist ein Substanzgemenge, dem durch kochendes Aceton etwa 50 vH, die der Hauptsache nach aus n. Nonacosan ($C_{29}H_{60}$) und Di-n.-tetradecyl-keton ($C_{14}H_{29}$—CO—$C_{14}H_{29}$) bestehen (Channon und Chibnall 1929), entzogen werden.

Der zurückbleibende Teil enthält allen Phosphor, und zwar in verschiedenen Darstellungen in etwa gleicher Prozentmenge: 4,9; 4,86; 4,59; neben 0,22; 0,23; 0,22 vH N. Das Aussehen dieser Präparate, ihre schnelle Oxydation an der Luft, die Menge der aus ihnen bei der Hydrolyse erhaltenen Fettsäuren (etwa 70 vH) ließen an eines der bekannten Phosphatide denken. Dem entgegen stand der niedrige N-Gehalt. Die weitere Untersuchung ergab keinerlei Anhaltspunkte für die Anwesenheit eines solchen — es scheint überhaupt keines in den Ätherextrakt übergegangen zu sein —, vielmehr zeigte es sich, daß hier in der Hauptsache das rohe Calciumsalz einer Diglyceridphosphorsäure vorlag. Zur Darstellung der freien Säure, welche über das Bleisalz geht, verfährt man in folgender Weise: Die ätherische Lösung des Calciumsalzes wird mit Schwefelsäure (n/2 und n/4) geschüttelt und nachdem so das Calcium entfernt ist mit einer Bleiacetatlösung. Nach Waschen der auf diese Weise erhaltenen ätherischen Bleisalzlösung mit Wasser und Einengen im Vakuum fällt man mit absolutem Alkohol, löst das Bleisalz in Äther, fällt wieder mit Alkohol, löst wieder in Äther, schüttelt zur Entfernung des Bleies mit n/4 Salzsäure, dann mit Wasser und engt im Vakuum zum Syrup ein. Nachdem durch Behandlung mit kaltem absolutem Alkohol eine geringe in diesem unlösliche eisenhaltige Beimengung entfernt worden ist, hinterbleibt beim Verdunsten die freie Säure.

Sie gibt eine Stunde im Vakuum bei 100° getrocknet folgende Zahlen (CHANNON und CHIBNALL 1927):

	Gefunden	Berechnet für Distearyl- Dilinolyl- Palmityl-linolyl-glycerinphosphorsäure		
		$C_{39}H_{77}PO_8$	$C_{39}H_{69}PO_8$	$C_{37}H_{69}PO_8$
vH C	65,71	66,41	67,18	66,01
vH H	10,09	11,01	9,98	10,04
vH P	4,42	4,45	4,46	4,61
vH N	0,11			
vH Glycerin	12,5	13,06	13,22	13,68
M.G.	700	704,66	696,6	672,59

Die stickstoffhaltigen Verunreinigungen konnten bisher nicht entfernt werden, wohl aber ließ sich feststellen, daß der Stickstoff nicht in Form von Cholin vorhanden ist. Nach der Hydrolyse mit Barytwasser fand er sich nicht in wasserlöslicher Form, sondern haftete den Barytseifen und nach Zerlegung der Seifen mit Mineralsäure den Fettsäuren an.

Der größere Teil (50—60 vH) des in dem ursprünglichen Rohsalz enthaltenen Phosphors gehört dieser Säure an. Ein anderer ist vermutlich als Calciumphosphat vorhanden und geht beim Schütteln der ätherischen Lösung des Rohsalzes mit Säure als Phosphorsäure in die wässerige Lösung über. Ein dritter findet sich als Bestandteil einer eisenhaltigen stickstofffreien noch nicht definierten Verbindung (CHIBNALL und CHANNON 1929).

Eigenschaften: Die freie Diglyceridphosphorsäure stellt ein olivenbraunes, bei Zimmertemperatur langsam fließendes Öl dar, welches Spuren organischer Lösungsmittel hartnäckig festhält und an der Luft dunkler wird. Löslich in organischen Lösungsmitteln, kaltem Aceton, besonders Äther, sehr wenig in Wasser. Eine alkoholische oder acetonige Lösung kann beträchtlich mit Wasser verdünnt werden, ohne daß eine Emulsion entsteht.

Natriumsalz: Das Natriumsalz ist löslich in Wasser, wenig in kaltem Alkohol, unlöslich in Äther.

Andere Salze: Barium-, Calcium- und Bleisalz, feste plastische Massen, sind unlöslich in Wasser, sehr leicht löslich in Äther, daraus durch Alkohol und Aceton fällbar. Die Salze dunkeln an der Luft und verlieren ebenso wie die freie Säure bei 100° im Vakuum allmählich ihre Ätherlöslichkeit.

Konstitution: Aus dem Ergebnis der Analyse, der Glycerin- und Molekulargewichtsbestimmung sowie der Feststellung, daß bei der Spaltung Glycerinphosphorsäure und 75 vH Fettsäure erhalten wurden, ergibt sich, daß eine Diglyceridphosphorsäure vorliegt. Die Distearyl-glycerinphosphorsäure enthält 80,7 vH Fettsäure. Auf Grund der optischen Aktivität des Bariumsalzes der isolierten Glycerinphosphorsäure glauben CHIBNALL und CHANNON (1927a p. 241), daß es sich um die α-Diglyceridphosphorsäure handelt. Dieser Schluß dürfte nicht gerechtfertigt sein, nachdem KARRER und SALOMON (1926) durch ihre Untersuchungen zu der Ansicht gekommen sind, daß die beobachtete optische Aktivität der Bariumsalze der Glycerinphosphorsäure auf Beimengungen anderer Art beruht. Wahrscheinlich wird die Diglyceridphosphorsäure aus einem Gemenge der α- und β-Form bestehen.

Synthese: Synthetisch ist α-, β-Distearyl-glycerinphosphorsäure zuerst von HUNDESHAGEN (1883) dargestellt worden. WADSWORTH, MALTANER und MALTANER (1927) haben sich (in einem anderen Zusammenhange) bemüht das Calciumsalz der Phosphatidsäure zu erhalten, indem sie aus Herzmuskelphosphatiden die organische Base durch wiederholte Einwirkung von $^1/_2$ n. Salzsäure zu entfernen und sie mittelst Behandlung mit Calciumchlorid und Ammoniak durch Calcium zu ersetzen versuchten. Als geglückt kann man diese Versuche nicht bezeichnen.

Spaltung: Bei der Hydrolyse mit Baryt (CHIBNALL und CHANNON 1927a; CHANNON und CHIBNALL 1927) entstehen Glycerinphosphorsäure, deren Bariumsalz rechts drehte, und 74,9 proz. Fettsäuren (berechnet für Distearyl-glycerinphosphorsäure 80,7 vH). Die Jodzahl war 136. Die aus den ätherunlöslichen Bleisalzen erhaltenen Fettsäuren hatten die Jodzahl 44, die aus den ätherlöslichen Bleisalzen erhaltenen die Jodzahl 173. Von gesättigten Fettsäuren ließen sich Palmitinsäure und Stearinsäure nachweisen, von ungesättigten (als Bromderivate) Linol- und Linolensäure. Vielleicht ist auch etwas Ölsäure vorhanden, dagegen keine Arachidonsäure. Der weitaus größere Teil der Fettsäuren ist ungesättigt, von den ungesättigten überwiegt die Linolsäure. Daraus ergibt sich, daß Phosphatidsäuren mit zwei ungesättigten Säuren vorhanden sein müssen. Das Überwiegen der ungesättigten Fettsäuren über die gesättigten findet sich auch bei den Phosphatiden der Sojabohne S. 171 und der Hefe S. 175.

Fett der Kohlblätter: Die Fettsäuren der Fette der Kohlblätter zeigten eine höhere Jodzahl, nämlich etwa 200. Das ist (ebenso wie bei der Hefe S. 175) ein umgekehrtes Verhalten wie bei den tierischen Geweben, indem hier die Fettsäuren der Phosphatide beträchtlich mehr ungesättigt sind, als die des Neutralfettes. Der größere Teil der Fettsäuren aus dem Fett der Kohlblätter besteht aus Linol- und Linolensäure. Ölsäure wurde nicht gefunden. Die gesättigten Fettsäuren sind Palmitin- und Stearinsäure (CHIBNALL und CHANNON 1927b).

Durch diese Untersuchung ist zum ersten Male das Vorkommen von Diglycerid-phosphorsäure festgestellt worden, und zwar an einer Stelle, wo man gewöhnlich Aminophosphatide findet. Der Einwand, daß sie etwa aus stickstoffhaltigen Phosphatiden entstanden sein könnte (während des Erhitzens auf 70° bei ganz schwach saurer Reaktion zur Koagulation des Cytoplasmas), konnte zurückgewiesen werden (Chibnall und Channon 1927a).

Chibnall und Channon (1927a) weisen darauf hin, daß schon vor 20 Jahren Winterstein und Stegmann (1908/09a) aus Ricinusblättern nach einem ganz ähnlichen Verfahren eine Substanz erhielten, welche als ein unreines Calciumsalz der Diglyceridphosphorsäure angesprochen werden muß (5,27 vH P, 4,8 vH Ca). Siehe dazu auch die Arbeit von Schlagdenhauffen und Reeb (1902).

Vorkommen der Phosphatidsäure in tierischen Geweben: Channon und Chibnall (1927) führen weiterhin einige Beobachtungen aus älterer Zeit an, welche vielleicht darauf deuten, daß eine solche Verbindung auch in tierischen Geweben vorkommt. So sah Diakonow (1867 S. 225) beim Schütteln einer ätherischen Lösung eines unreinen Phosphatids aus Eigelb mit Salzsäure in diese Calcium übergehen, aber keine Phosphorsäure, woraus er schloß, daß Calcium in Verbindung mit organischer Substanz vorhanden war. Thudichum (1901 S. 130) fand, daß sich dem durch Äther und Alkohol isolierten Kephalin mit Salzsäure Calcium entziehen läßt, welches nicht an Phosphorsäure gebunden war. Stern und Thierfelder (1907) stellten in einem alkoholunlöslichen, ätherlöslichen Phosphatid aus Eigelb 1,03 vH Calcium fest, das nur in organischer Bindung vorliegen konnte, und Parnas (1909) fand unter den Aschenbestandteilen des Kephalins auch Calcium. Ferner erhielten Levene und Komatsu (1919a) bei der Untersuchung der Phosphatide aus Herzmuskel Präparate, welche sie auf Grund der Analyse für Gemenge halten, zu deren Bestandteilen neben monostearyl-glycerinphosphorsaurem Colamin und Glycerinphosphorsäure vielleicht auch Monostearyl-glycerinphosphorsäure gehört. Während aber Levene und Komatsu diese Stoffe in der Hauptsache als Abbauprodukte des Kephalins (postmortale, vielleicht zum Teil auch intravitale) ansehen, neigen Channon und Chibnall (1927) der Ansicht zu, daß es sich bei der Diglycerid-phosphorsäure um eine physiologische Zwischenstufe des Kephalin- und Lecithinstoffwechsels handelt. Sie treffen sich in dieser Meinung mit Trier (1912 S. 47), bei dessen Theorie der Entstehung der Phosphatide (in der Pflanze) die Diglycerid-phosphorsäure eine Zwischenstufe bildet.

Schrifttumverzeichnis.

ABDERHALDEN, E. und EICHWALD, E. (1918): Synthese von optisch-aktiver Glycerylphosphorsäure. Chem. Ber. **51**, 2, 1308.

ABRAMSON, H. A. and GRAY, S. H. (1927): The diffusion of water into lecithin-collodione membranes. J. of biol. Chem. **73**, 459.

ADAM, N. K. (1922): The properties and molecular structure of thin films. Proc. roy. Soc. Lond. (A) **101**, 452, 516. Ref. Chem. Zbl. **1923**, 1, 270, 271.

ADLER, E. siehe EMBDEN, G. und ADLER, E.

AGULHON, H. et FROUIN, A. (1914—1919): Études sur les matières grasses du bacille tuberculeux. Bull. Soc. Chim. biol. Paris **1**, 176.

AKAMATSU, S. (1923): Über das Vorkommen von Glycerophosphatase in der „Takadiastase". Biochem. Z. **142**, 184.

— (1923a): Über Lecithinspaltung durch „Takadiastase". Ebenda **142**, 186.

ALLEN, C. H. siehe LEVENE, P. A., WEST, C. J., ALLEN, C. H. and VAN DER SCHEER, J.

ALTMANN, R. (1889): Über Nukleinsäuren. Arch. f. Physiol. **1889**, 524.

ALTSCHUL, J. (1912): Über „Agfa"lecithin. Biochem. Z. **44**, 505.

ANDERSON, R. J. (1923): Composition of corn pollen. II. Concerning certain lipoids, a hydrocarbon and phytosterol occurring in the pollen of white flint corn. J. of biol. Chem. **55**, 611.

— (1927): The separation of lipoid fractions from tubercle bacilli. Ibid. **74**, 525.

— (1927 a): A study of the phosphatide fraction of tubercle bacilli. Ibid. **74**, 537.

— (1929): The chemistry of the lipoids of tubercle bacilli. III. Concerning phthioic acid. Preparation and properties of phthioic acid. Ibid. **83**, 169.

— (1929 a): The chemistry of the lipoids of tubercle bacilli. IV. Concerning the so called tubercle bacilli wax. Analysis of the purified wax. Ibid. **83**, 505.

— (1929 b): The chemistry of the lipoids of tubercle bacilli. VII. Analysis of the soft wax from tubercle bacilli. Ibid. **85**, 327.

— (1929 c): The chemistry of the lipoids of tubercle bacilli. VIII. Concerning the unsaponifiable wax. Ibid. **85**, 339.

— (1929 d): The chemistry of the lipoids of tubercle bacilli. IX. The occurence of hexacosanic acid in the unsaponifiable wax. Ibid. **85**, 351.

— and CHARGAFF, E. (1929): The chemistry of the lipoids of tubercle bacilli. V. Analysis of the acetone-soluble fat. Ibid. **84**, 703.

— — (1929 a): The chemistry of the lipoids of tubercle bacilli. VI. Concerning tuberculostearic acid and phthioic acid from the acetone-soluble fat. Ibid. **85**, 77.

ARGIRIS, A. (1908): Untersuchungen über Vögel- und Fischgehirne. Hoppe-Seylers Z. **57**, 288.

ARTOM, C. (1925): Sur les variations des lipides phosphorés au cours de l'autolyse du foie. Bull. Soc. Chim. biol. Paris **7**, 1099.

AUSTIN, W. C. (1924): Phospholipins in yeast. J. of biol. Chem. **59**, Proc. LII.

BAEYER, A. und LIEBREICH, O. (1867): Das Protagon ein Glykosid. Virchows Arch. **39**, 183.

BAILLY, O. (1915): Sur la constitution de l'acide glycérophosphorique de la lécithine. C. r. Acad. Sci. Paris **160**, 395.

— (1915 a): Synthèse de l'acide α-glycérophosphorique. Ibid. **160**, 663.

— (1916): Études des produits d'étherifications de la glycérine en excès par le phosphate monobasique de sodium. Constitution du glycérophosphate de sodium crystallisé industriel. Réactions d'identité des α-glycérophosphates. Obtention d'éther glycérodiphosphorique. Ann. chim. (9) **6**, 98.

— (1916 a): Synthèse des α-glycérophosphates. Ibid. (9) **6**, 123.

— (1916 b): Études de quelques glycérophosphates complexes. Ibid. (9), **6**, 241.

— (1919): La constitution des glycérophosphates. Rev. gén. Sci. pures et appl. **29**, 208. Ref. Chem. Zbl. **1919**, 1, 84.

— (1919 a): Sur la constitution des acides glycérophosphoriques. Bull. Soc. Chim. biol. Paris **1**, 152.

— siehe auch GRIMBERT, L. et BAILLY, O.

BALDI, D. (1887): Einige Beobachtungen über die Verbreitung des Jecorins im tierischen Organismus. Arch. f. Physiol., Suppl. 100.

BAMBERGER, M. und LANDSIEDL, A. (1905): Beiträge zur Chemie der Sklerodermen. I. Lycoperdon Bovista. Mh. Chem. **26**, 1109.

BANG, J. (1918): Verfahren zur titrimetrischen Mikrobestimmung der Lipoidstoffe. Biochem. Z. **91**, 86.

— (1918 a): Die Mikrobestimmung der Blutlipoide. Ebenda **91**, 235.

— und FORSSMAN, J. (1906): Untersuchungen über die Hämolysinbildung. Beitr. chem. Physiol. u. Path. **8**, 238.

BASKOFF, A. (1908): Über das Jecorin und andere lecithinartige Produkte der Pferdeleber. Hoppe-Seylers Z. **57**, 395.

— (1909): Über Lecithinglykose im Vergleich zum Jecorin der Pferdeleber. Ebenda **61**, 426.

— (1909 a): Über Lecithin und Jecorin der Leber normaler und mit Alkohol vergifteter Hunde. Ebenda **62**, 162.

BAUDRAN, G. (1906): Analyse des bacilles tuberculeux. C. r. Acad. Sci. Paris **142**, 657.

BAUMANN, A. (1913): Über den stickstoffhaltigen Bestandteil des Kephalins. Biochem. Z. **54**, 30.

BAUMSTARK, F. (1885): Über eine neue Methode, das Gehirn chemisch zu erforschen und deren bisherige Ergebnisse. Hoppe-Seylers Z. **9**, 145.

BECHHOLD, H. und NEUSCHLOSZ, S. M. (1921): Ultrafiltrationsstudien im Lecithinsol. Kolloid-Z. **29**, 81.

BEHRENS, M. siehe FEULGEN, R., IMHÄUSER, K. und BEHRENS, M.

Belfanti, S. (1924): Über das Hämoleukolysin des Pankreas und dessen Bezug zum Delezenne-Fourneauschen Lysocithin. Biochem. Z. **154**, 148.

— (1925): Über die Bedeutung der Lysocithine bei der Pathogenese von Intoxikationen und Infektionen. Z. Immun.forschg **44**, **347**.

— (1928): Über Lipoide und deren Beziehungen zu den Eiweißkörpern und zur Immunität. Ebenda **56**, 449.

Benz, P. siehe Karrer, P. und Benz, P.

Berberich, J. und Jaffé, R. (1925): Der Lipoidstoffwechsel der Ovarien usw. Z. Konstit.lehre **10**, 1.

Berczeller, L. (1917): Zur physikalischen Chemie der Zellmembranen. Biochem. Z. **84**, 59.

Bergell, P. (1900): Darstellung des Lecithins. Chem. Ber. **33**, 2, 2584.

— (1901): Spaltung des Lecithins durch Darmsaft. Zbl. Path. **12**, 633.

Bernazkij, S. S. (1908): Das Lecithin des Knochenmarks normaler und immunisierter Tiere und die Verteilung des Phosphors im Organismus. Diss. St. Petersburg. Ref. Biochem. Zbl. **7**, 827.

Bertrand, G. (1906): Le dosage des sucres réducteurs. Bull. Soc. Chim. Paris (3) **35**, 1285.

Beumer, H. (1914): Ein Beitrag zur Chemie der Lipoidsubstanzen in den Nebennieren. Arch. exper. Path. u. Pharmak. **77**, 304.

— siehe auch Bürger, M. und Beumer, H.

Beyer, A. (1871): Über einige Bestandteile des gelben Lupinensamens. Landw. Versuchsstat. **14**, 161.

Biedermann, W. (1924): Über Wesen und Bedeutung der Protoplasmalipoide. Pflügers Arch. **202**, 223.

Bienenfeld, B. (1912): Beitrag zur Kenntnis des Lipoidgehaltes der Placenta. Biochem. Z. **43**, 245.

Billon, F. siehe Stassano, H. et Billon, F.

Bing, H. J. (1898): Über das Jecorin. Zbl. Physiol. **12**, 209.

— (1899): Untersuchungen über die reduzierenden Substanzen im Blute. Skand. Arch. Physiol. **9**, 336.

— (1901): Über Lecithinverbindungen. Ebenda **11**, 166.

von Bitto, B. (1894): Über die Bestimmung des Lecithingehaltes der Pflanzenbestandteile. Hoppe-Seylers Z. **19**, 489.

Blankenhorn, E. siehe Gamgee, A. und Blankenhorn, E.

Blix, G. (1926): A critical study of Bang's micromethod for the determination of blood lipoids etc. Skand. Arch. Physiol. **48**, 267.

Bloor, W. R. (1915): A method for the determination of „Lecithin“ in small amounts of blood. J. of biol. Chem. **22**, 133.

— (1916): Fat assimilation. Ibid. **24**, 447.

— (1916 a): The distribution of the lipoids („fat“) in human blood. Ibid. **25**, 577.

— (1918): Methods for the determination of phosphoric acid in small amounts of blood. Ibid. **36**, 33.

— (1921): Methode néphélométrique pour la détermination de l'acide phosphorique et de ses composés contenus dans de petites quantités de sang. Bull. Soc. Chim. biol. Paris **3**, 451.

Bloor, W. R. (1926): Distribution of unsaturated fatty acids in tissues. I. Beef heart muscle. J. of biol. Chem. **68**, 33.

— (1927): Distribution of unsaturated fatty acids in tissues. II. Voluntary muscle of beef. Ibid. **72**, 327.

— (1928): The determination of small amounts of lipid in blood plasma. Ibid. **77**, 53.

— (1928 a): Distribution of unsaturated fatty acids in tissues. III. Vital organs of beef. Ibid. **80**, 443.

— (1929): The oxidative determination of phospholipid (lecithin and cephalin) in blood and tissues. Ibid. **82**, 273.

Boedtker, M. E. (1925): Sur la présence de la lécithine dans les corps gras. J. Pharm. et Chim. (8) **2**, 107.

Bókay, A. (1877/78): Über die Verdaulichkeit des Nucleins und Lecithins. Hoppe-Seylers Z. **1**, 157.

Bolaffio, C. siehe Fränkel, S. und Bolaffio, C.

Bolle, A. (1910): Über den Lecithingehalt des Knochenmarks von Mensch und Haustieren. Biochem. Z. **24**, 179.

Brdlik, V. siehe Stoklasa, J., Brdlik, V. und Just, L.

Brigl, P. (1915): Synthetische Beiträge zur Kenntnis der Cerebronsäure. Hoppe-Seylers Z. **95**, 161.

Brigl, P. und Fuchs, E. (1922): Über die Lignocerinsäure und ihre Derivate. Ebenda **119**, 280.

Brod, J. siehe Meyer, H., Brod, J. und Soyka, W.

Brodrick-Pittard, N. A. (1914): Zur Methodik der Lecithinbestimmung in Milch. Biochem. Z. **67**, 382.

Brown, H. T. and Morris, G. H. (1890): Note on the identity of cerebrose and galactose. J. Chem. Soc. Lond. **57**, 57.

Brugsch, Th. und Masuda, N. (1911): Über das Verhalten des Dünndarmsaftes und -extraktes, ferner des Extraktes einiger Bazillen (Coli, Streptokokken) gegenüber Casein, Lecithin, Amylum. Z. exper. Path. u. Ther. **8**, 617.

Bürger, M. und Beumer, H. (1913): Über die Phosphatide der Erythrocytenstromata bei Hammel und Menschen. Biochem. Z. **56**, 446.

Burow, R. (1900): Der Lecithingehalt der Milch und seine Abhängigkeit vom relativen Hirngewichte des Säuglings. Hoppe-Seylers Z. **30**, 495.

Burton, L. V. siehe MacArthur, C. G. and Burton, L. V.

Cahn, A. (1881): Zur physiologischen und pathologischen Chemie des Auges. Hoppe-Seylers Z. **5**, 213.

Campbell, G. F. siehe Osborne, Th. B. and Campbell, G. F.

Carré, P. (1912): Sur la constitution de l'acide glycérophosphorique obtenue par étherification de la glycérine au moyen de l'acide phosphorique ou du phosphate monosodique. Bull. Soc. Chim. de France (4) **11**, 169.

Casanova, C.: Über Eierlecithin, über eine charakteristische Farbreaktion und eine häufige Verfälschung desselben. Boll. Chim. Farm. **50**, 309. Ref. Chem. Zbl. **1911**, 2, 231.

Channon, H. J. siehe Chibnall, A. C. and Channon, H. J.

CHANNON, H. J. and CHIBNALL, A. C. (1927): The ether-soluble substances of cabbage leaf cytoplasm. IV. Further observations on diglyceridephosphoric acid. Biochemic. J. **21** 2, 1112.

— — (1929): The ether-soluble substances of cabbage leaf cytoplasm. V. The isolation of n-nonacosane and di-n-tetradecyl ketone. Ibid. **23** 1, 168.

— and COLLINSON, G. A. (1929): Blood-fat. I. Preparation and general characteristics. Ibid. **23**, 1, 663.

CHARGAFF, E. siehe ANDERSON, R. J. and CHARGAFF, E.

CHIBNALL, A. C. siehe CHANNON, H. J. and CHIBNALL, A. C.

— and CHANNON, H. J. (1927): The ether-soluble substances of cabbage leaf cytoplasm. I. Preparation and general characters. Biochemic. J. **21** 1, 225.

— — (1927 a): The ether-soluble substances of cabbage leaf cytoplasm. II. Calcium salts of glyceride-phosphoric acids. Ibid. **21** 1, 233.

— — (1927 b): The ether-soluble substances of cabbage leaf cytoplasm. III. The fatty acids. Ibid. **21** 1, 479.

— — (1929): The ether-soluble substances of cabbage leaf cytoplasm. VI. Summary and general conclusions. Ibid. **23** 1, 176.

CLEMENTI, A. (1910): Über die Wirkung der Pankreas- und Darmlipase auf das Lecithin. Arch. di Fisiol. **8**, 399. Ref. Jber. Tierchem. **1910**, 386.

— (1923): Sur un nouveau ferment propre du suc entérique: La phosphoglycerase (Recherches expérimentales). Arch. internat. Physiol. **22**, 121. Ref. Chem. Zbl. **1924**, 2, 1806.

CLOGNE, R. siehe FIESSINGER, N. et CLOGNE, C.

COHEN, L. J. and GIES, W. J. (1908): A study of "protagon" prepared by the WILSON-CRAMER method. Proc. Soc. exper. Biol. a. Med. **5**, 97.

COLLINSON, G. A. siehe CHANNON, H. J. and COLLINSON, G. A.

DE 'CONNO, E. siehe PIUTTI, A. und DE 'CONNO, E.

CONSTANTINO, A. (1912): Beiträge zur Muskelchemie. II. Über den Gehalt der glatten und quergestreiften Säugetiermuskeln an organischem und anorganischem Phosphor. Biochem. Z. **43**, 165.

CONTARDI, A. und LATZER, P. (1928): Die tierischen Gifte in der Chemie. Ebenda **197**, 222.

COOPER, E. A. (1924): The action of paraldehyde upon proteins and lipins. Biochemic. J. **18**, 948.

CORIAT, J. H. (1905): The production of cholin from lecithin and braintissue. Amer. J. Physiol. **12**, 353.

CORNER, G. W. (1917): Variation in the amount of phosphatides in the corpus luteum of the sow during pregnancy. J. of biol. Chem. **29**, 141.

COUERBE (1834): Du cerveau considéré sous la point de vue chimique et physiologique. Ann. Chim. et Phys. **56**, 160.

COUSIN, H. (1903): Sur les acides gras de la lécithine de l'œuf. J. Pharmac. et Chim. (6) **18**, 102.

— (1906): Sur les acides gras de la lécithine du cerveau. Ibid. (6) **23**, 225.

— (1906 a): Sur les acides gras de la céphaline. Ibid. (6) **24**, 101.

CRAMER, W. (1904): On protagon, cholin and neurin. J. of Physiol. **31**, 31.

— (1910): A comparison between the properties of protagon and the properties of a mixture of phosphatides and cerebrosides. Quart. J. exper. Physiol. **3**, 129.

— (1911): Protagon, Cerebroside und verwandte Substanzen. Biochem. Handlexikon, hersg. v. E. ABDERHALDEN **3**, 250.

— siehe auch LOCHHEAD, A. C. and CRAMER, W., WILSON, R. A. and CRAMER, W.

CRUIKSHANK, J. (1912/13): On the lecithin and other lipoids extracted from formalin-fixed tissues. J. of Path. a. Bacter. **17**, 118.

— (1913/14): The lecithin content of different tissues. Ibid. **18**, 134.

— (1913/14 a): The jodine values of lecithins. Ibid. **18**, 428.

DA CRUZ, A. (1928): Action du tissu surrénal sur la lécithine. C. r. Soc. biol. **99**, 1530.

DARRAH, J. E. and MACARTHUR, C. G. (1916): Nitrogenous constituents of brain lecithin. J. amer. chem. Soc. **38**, 1. 922.

DAUBNEY, C. G. and SMEDLEY MACLEAN, J. (1927): The carbohydrate and fat metabolism of yeast. IV. The nature of the phospholipins. Biochemic. J. **21** 1, 373.

DELEZENNE, C. et FOURNEAU, E. (1914): Constitution du phosphatide hémolysant (lysocithine) provenant de l'action du venin de cobra sur le vitellus de l'œuf de poule. Bull. Soc. Chim. de France (4) **15**, 421.

— et LEDEBT, S. (1912): Nouvelle contribution à l'étude des substances hémolytiques derivées du sérum et du vitellus de l'œuf soumis à l'action des venins. C. r. Acad. Sci. Paris **155**, 1101.

DENIGÈS, G. (1909): Réactions colorées de la dioxyacetone. Ibid. **148**, 172.

DEUTSCH, W. siehe RONA, P. und DEUTSCH, W.

DIAKONOW, C. (1867): Über die phosphorhaltigen Körper der Hühner- und Störeier. Med.-chem. Unters., herausg. v. F. HOPPE-SEYLER, Heft 2, 221. Berlin: August Hirschwald.

— (1868): Über die chemische Konstitution des Lecithin. Zbl. med. Wiss. **1868**, 2.

— (1868 a): Das Lecithin im Gehirn. Ebenda **1868**, 97.

— (1868 b): Über die chemische Konstitution des Lecithin. 2. Mitt. Ebenda **1868**, 434.

— (1868 c): Über das Lecithin. Med.-chem. Unters., herausg. v. F. HOPPE-SEYLER, Heft 3, 405. Berlin: August Hirschwald.

DIMITZ, L. siehe FRÄNKEL, S. und DIMITZ, L.

DRECHSEL, E. (1886): Über einen neuen schwefel- und phosphorhaltigen Bestandteil der Leber. J. prakt. Chem. **33**, 425.

— (1896): Beiträge zur Chemie einiger Seetiere. Z. Biol. **33**, 85.

DUNHAM, E. K. (1905/06): Further observations upon the phosphorised fats in extracts of the kidney. Proc. Soc. exp. Biol. a. Med. **2**, 63.

— und JACOBSON, C. A. (1910): Über Carnaubon: Ein glycerinfreies Phosphatid, lecithinähnlich konstituiert mit Galaktose als Kern. Hoppe-Seylers Z. **64**, 302.

EHRENFELD, R. (1908): Über Molybdänverbindungen des Lecithins. Hoppe-Seylers Z. **56**, 89.

EICHWALD, E. siehe ABDERHALDEN, E. und EICHWALD, E.

ELFER, A. siehe FRÄNKEL, S. und ELFER, A.

ELIAS, H. siehe FRÄNKEL, S. und ELIAS, H.

EMBDEN, G. (1921): Eine gravimetrische Bestimmungsmethode für kleine Phosphorsäuremengen. Hoppe-Seylers Z. **113**, 138.

— und ADLER, E. (1921): Über die Phosphorverteilung in der weißen und roten Muskulatur des Kaninchens. Ebenda **113**, 201.

EPPLER, J. (1913): Untersuchungen über Phosphatide, insbesondere über die im Eigelb vorkommenden. Ebenda **87**, 233.

ERDTMAN, H. (1927): Glycerophosphatspaltung durch Nierenphosphatase und ihre Aktivierung. Ebenda **172**, 182.

— (1928): Über Nierenphosphatase und ihre Aktivierung. II. Ebenda **177**, 211.

ERLANDSEN, A. (1907): Untersuchungen über die lecithinartigen Substanzen des Myocardiums und der quergestreiften Muskeln. Ebenda **51**, 71.

ESCHER, H. H. (1925): Über die Isolierung natürlicher kristallisierter Lecithine. (Vorläufige Mitteilung.) Helvet. chim. Acta **8**, 686.

FALK, F. (1908): Über die chemische Zusammensetzung der peripheren Nerven. Biochem. Z. **13**, 153.

FEIGL, J. (1918): Über das Vorkommen von Phosphaten im menschlichen Blutserum. VII. Ebenda **92**, 1.

— (1919): Über das Vorkommen von Phosphaten im menschlichen Blutserum. VIII. Ebenda **94**, 293.

— (1919a): Über das Vorkommen von Phosphaten im menschlichen Blut. Ebenda **94**, 304.

FEINSCHMIDT, J. (1912): Die Säureflockung von Lecithinen und Lecithin-Eiweißgemischen. Vorläufige Mitteilung. Ebenda **38**, 244.

FENGER, F. (1916): Phosphatides in the ductless glands. J. of biol. Chem. **27**, 303.

FEULGEN, R. und VOIT, K. (1924): Über einen weitverbreiteten festen Aldehyd. Pflügers Arch. **206**, 389.

—, IMHÄUSER, K. und BEHRENS, M. (1929): Zur Kenntnis des Plasmalogens. 1. Mitt.: Eigenschaften des Plasmalogens, Darstellung und Natur des Plasmals. Hoppe-Seylers Z. **180**, 161.

FIESSINGER, N. et CLOGNE, R. (1917): Un nouveau ferment des leucocytes du sang et du pus: la lipoidase. C. r. Acad. Sci. Paris **165**, 730.

FISCHER, E. und PFÄHLER, E. (1920): Über Glycerinaceton und seine Verwendbarkeit zur Reindarstellung von α-Glyceriden, über eine Phosphorsäure-Verbindung des Glykols. Chem. Ber. **53**, 2, 1606.

FLEURY, P. et SUTU, Z. (1926): Remarques sur l'hydrolyse comparée des acides glycérophosphoriques α et β par les agents chimiques et les ferments. Bull. Soc. Chim. de France (4) **39**, 1716.

FORRAI, E. (1923): Glycerophosphatase in menschlichen Organen. Biochem. Z. **142**, 282.

FORSSMAN, J. siehe BANG, J. und FORSSMAN, J.
FOSTER, M. L. (1915): Studies on a method for the quantitative estimation of certain groups in phospholipins. J. of biol. Chem. **20**, 403.
FOURNEAU, E. siehe DELEZENNE, C. et FOURNEAU, E.
— et PIETTRE (1912): Analyse immédiate des lipoides complexes par alcoolyse. Bull. Soc. Chim. de France (4) **11**, 805.
FRÄNKEL, S. und BOLAFFIO, C. (1908): Über das Neottin, ein Triaminomonophosphatid. Biochem. Z. **9**, 44.
— und DIMITZ, L. (1909): Über die Spaltungsprodukte des Kephalins. Ebenda **21**, 337.
— — (1910): Die chemische Zusammensetzung des Rückenmarks. Ebenda **28**, 295.
— und ELFER, A. (1912): Über das Trocknen von Geweben und Blut für die Darstellung von Lipoiden. Ebenda **40**, 138.
— und ELIAS, H. (1910): Über Leukopoliin. Ebenda **28**, 320.
— und KÄSZ, A. (1921): Über ein Lecithin aus Menschengehirn. Ebenda **124**, 216.
— und KAFKA, F. (1920): Über den Dilignoceryl-N-diglukosaminmonophosphorsäureester, ein neues Diaminomonophosphatid aus Gehirn. Ebenda **101**, 159.
— und KARPFEN, O. (1925): Über die Hypohirnsäure. Ebenda **157**, 414.
— und LINNERT, K. (1910): Über das Sahidin aus Menschengehirn. Ebenda **24**, 268.
— — (1910a): Über den Nachweis von Galaktose in Lipoiden. Ebenda **26**, 41.
— — (1910 b): Vergleichend-chemische Gehirnuntersuchungen. Ebenda **26**, 44.
— — und PARI, G. A. (1909): Über die Phosphatide des Rinderpankreas. Ebenda **18**, 37.
— und NEUBAUER, E. (1909): Über Kephalin. Ebenda **21**, 321.
— und NOGUEIRA, A. (1909): Über die ungesättigten Phosphatide der Niere. Ebenda **16**, 366.
— und OFFER, TH. R. (1910): Über die Phosphatide des Pferdepankreas. Ebenda **26**, 53.
— und PARI, G. A. (1909): Über die Phosphatide des Rinderpankreas. Ebenda **17**, 68.
FRANK, A. (1913): Über das Vorkommen von Kephalin und Trimyristin in der Leber. Ebenda **50**, 273.
FRANKE, W. siehe WIELAND, H. und FRANKE, W.
FRANKFURT, S. siehe SCHULZE, E. und FRANKFURT, S.
FRÉMY, E. (1841): Untersuchungen über das Gehirn. Ann. Chem. u. Pharm. **40**, 69.
FREULER, R. siehe KARRER, P. und FREULER, R.
FREYTAG, FR. siehe KOSSEL, A. und FREYTAG, FR.
v. FRIEDRICHS, O. (1919): Inhaltsstoffe der Altheewurzel. Arch. Pharmaz. **257**, 288.
FRITSCH, R. (1919): Versuche zur Darstellung von Phosphatiden aus gefärbten Pflanzenorganen. Hoppe-Seylers Z. **107**, 165.

Fröschl, N. und Zellner, J. (1928): Zur Chemie der höheren Pilze. Über Omphalia Campanella Batsch usw. Mh. Chem. **50**, 201.

Frouin, A. siehe Agulhon, H. et Frouin, A.

Fuchs, E. siehe Brigl, P. und Fuchs, E.

Fujii, N. (1924): Studies on physico-chemical properties of phospholipin. II. The effect of the presence of albumin on the physico-chemical properties of lecithin. J. of Biochem. **3**, 393.

Galeotti, G. e Giampalmo, G. (1908): Ricerche sulle lecitalbumine. Arch. di Fisiol. **5**, 503.

Gallagher, P. H. (1923): The oxygenase of Bach and Chodat: Function of lecithins in respiration. Biochemic. J. **17**, 515.

Gamgee, A. (1880): Textbook of the physiological chemistry of the animal body. London: Macmillan and Co.

— und Blankenhorn, E. (1879): Über Protagon. Hoppe-Seylers Z. **3**, 260.

Geoghegan, E. G. (1879): Über die Konstitution des Cerebrins. Ebenda **3**, 332.

Gephart, F. siehe Long, J. H. and Gephart, F.

Gérard, E. et Verhaeghe, M. (1911): Contribution à l'étude des lipoides des organes animaux. J. Pharmac. Chim. (7) **3**, 385. Ref. Chem. Zbl. **1911**, 1, 1866.

Giampalmo, G. siehe Galeotti, G. e Giampalmo, G.

Gies, W. J. (1907): Further observations on protagon. J. of biol. Chem. **3**, 339.

— siehe auch Cohen, L. J. and Gies, W. J.; Lesem, W. W. and Gies, W. J.; Posner, E. R. and Gies, W. J.; Steel, M. and Gies, W. J.

Gilson, E. (1888): Beiträge zur Kenntniss des Lecithins. Hoppe-Seylers Z. **12**, 585.

Glikin, W. (1907): Über den Lecithingehalt des Knochenmarks bei Tieren und beim Menschen. Biochem. Z. **4**, 235.

— (1909): Über den Lecithin- und Eisengehalt in der Kuh- und Frauenmilch. Ebenda **21**, 348.

Gobley, M. (1846): Recherches chimiques sur le jaune d'œuf. J. Pharmac. Chim. (3) **9**, 1, 81, 161.

— (1847): Examen comparatif du jaune d'œuf et de la matière cérébrale. Ibid. (3) **11**, 409.

— (1847 a): Recherches chimiques sur le jaune d'œuf. 2. mémoire. Ibid. (3) **12**, 1.

— (1850): Recherches chimiques sur les œufs de carpe. Ibid. (3) **17**, 401.

— (1850 a): Recherches chimiques sur les œufs de carpe. Ibid. (3) **18**, 107.

— (1851): Recherches chimiques sur la laitance de carpe. Ibid. (3) **19**, 406.

— (1852): Recherches chimiques sur les matières grasses du sang veineux de l'homme. Ibid. (3) **21**, 241.

— (1856): Recherches sur la nature chimique et les propriétés des matières grasses contenues dans la bile. Ibid. (3) **30**, 241.

— (1858): Recherches chimiques sur le limaçon de vigne. Ibid. (3) **33**, 161.

Grafe, V. (1925): Zur Physiologie und Chemie der Pflanzenphosphatide. Biochem. Z. **159**, 444.

— (1927): Das Lipoidproblem. Naturwiss. **15**, 513.

GRAFE, V. (1928): Über die Hitzestabilität der Phosphatide der Feige. Beitr. Biol. Pflanz. **16**, 129.

— (1929): Die Phosphatide der Hefe. Biochem. Z. **205**, 256.

— und HORVAT, V. (1925): Die wasserlöslichen Phosphatide aus der Wurzel der Zuckerrübe. I. Ebenda **159**, 449.

— und MAGISTRIS, H. (1925): Die wasserlöslichen Phosphatide aus Aspergillus oryzae. Ebenda **162**, 366.

— — (1926): Die wasserlöslichen und wasserunlöslichen Phosphatide aus Pisum arvense unicolor. Ebenda **176**, 266.

— — (1926 a): Über den Zusammenhang von Vitaminwirkung und Oberflächenaktivität der Phosphatide. Ebenda **177**, 16.

— — (1926 b): Über die Phosphatide aus Daucus Carota. Planta **2**, 429.

— und OSE, K. (1927): Qualitative Aufarbeitung der wässrigen Dialysate der Sojabohne (Glycine hispida). Biochem. Z. **187**, 102.

GRAY, S. H. siehe ABRAMSON, H. A. und GRAY, S. H.

GREENWALD, J. (1915): The estimation of lipoid and acid-soluble phosphorus in small amounts of serum. J. of biol. Chem. **21**, 29.

GREY, E. C. (1913): The fatty acids of the human brain. Biochemic. J. **7**, 148.

GRIFFITH, W. J. siehe MACLEAN and GRIFFITH, W. J.

GRIMBERT, L. et BAILLY, O. (1915): Sur un procédé de diagnose des monoéthers glycérophosphoriques et sur la constitution du glycérophosphate de sodium crystallisé. C. r. Acad. Sci. Paris **160**, 207.

GROSSER, P. und HUSLER, J. (1912): Über das Vorkommen einer Glycerophosphatase in tierischen Organen. Biochem. Z. **39**, 1.

GRÜN, A. (1905): Beitrag zur Synthese der Fette. Chem. Ber. **38**, 2, 2284.

— und KADE, F. (1912): Zur Synthese der Lecithine. Ebenda **45**, 3, 3367.

— und LIMPÄCHER, R. (1926): Synthese der Lecithine. 1. Mitt. Ebenda **59**, 1, 1350.

— — (1927): Synthese der Lecithine. 2. Mitt. Ebenda **60**, 1, 147.

— — (1927 a): Synthese der Kephaline. Ebenda **60**, 1, 151.

— — (1927 b): Spaltung asymmetrischer Glyceride in die Antipoden. II. Über optisch aktive Glycerid-phosphorsäuren und die Thermolabilität des Drehungsvermögens ihrer Salze. Ebenda **60**, 1, 266.

GUGGENHEIM, M. und LÖFFLER, W. (1916): Über das Vorkommen und Schicksal des Cholins im Tierkörper. Eine Methode zum Nachweis kleiner Cholinmengen. Biochem. Z. **74**, 208.

HAENSEL, E. siehe NERKING, J. und HAENSEL, E.

HÄRLE, R. siehe KLENK, E. und HÄRLE, R.

HAGEDORN, H. C. und JENSEN, B. N. (1923): Zur Mikrobestimmung des Blutzuckers mittels Ferricyanid. Biochem. Z. **135**, 46.

HALLER, H. L. siehe LEVENE, P. A., TAYLOR F. A. and HALLER, H. L.

HAMMARSTEN, O. (1902): Untersuchungen über die Gallen einiger Polartiere. I. Über die Galle des Eisbären, 2. Abschnitt. Hoppe-Seylers Z. **36**, 525.

— (1905): Zur Chemie der Galle. Erg. Physiol. **4**, 1.

— (1909): Untersuchungen über die Gallen einiger Polartiere. III. Mitt. Über die Galle des Walrosses. Hoppe-Seylers Z. **61**, 454.

HAMMERSCHLAG, A. (1890): Bakteriologisch-chemische Untersuchungen der Tuberkelbazillen. Mh. Chem. **10**, 9.

HANDOVSKY, H. (1920): Bemerkungen zu der Arbeit von S. M. NEUSCHLOSZ: „Die kolloidchemische Bedeutung des physiologischen Ionenantagonismus u. der äquilibrierten Salzlösungen". Pflügers Arch. **185**, 7.

— und WAGNER, R. (1911): Über einige physikalisch-chemische Eigenschaften von Lecithinemulsionen und Lecithineiweißmischungen. Biochem. Z. **31**, 32.

HANDRITSCHK, C. siehe HEIDUSCHKA, A. and HANDRITSCHK, C.

HANN, A. C. O. siehe TUTIN, F. and HANN, A. C. O.

HANSTEEN-CRANNER, B. (1919): Beiträge zur Biochemie und Physiologie der Zellwand und der plasmatischen Grenzschichten. (Vorläufige Mitteilung.) Ber. dtsch. bot. Ges. **37**, 380.

— (1922): Zur Biochemie und Physiologie der Grenzschichten lebender Pflanzenzellen. Meldinger fra Norges Landbrukshøiskole **2**, 1.

— (1925): Weitere Beiträge zur Biochemie und Physiologie der pflanzlichen Zellphosphatide. Ibid. **1925**, 1. Ref. Bot. Zbl., N. F. **11**, 80 (1927/28).

— (1926): Untersuchungen über die Frage, ob in der Zellwand lösliche Phosphatide vorkommen. Planta **2**, 438.

HART, C. M. and HEYL, F. W. (1925): The chemical investigations of corpus luteum. V. The lipoids of the acetone extract. J. of biol. Chem. **66**, 639.

— — (1926): The chemical investigations of corpus luteum. VI. The lipoids of the ether extract. Ibid. **70**, 663.

— — (1927): The chemical studies of the ovary. XII. The fatty acids of the lecithin from corpus luteum. Ibid. **72**, 395.

HARTMANN, E. und ZELLNER, J. (1928): Zur Chemie der höheren Pilze. XIX. Mitt.: Über *Polyporus pinicola* FR. Mh. Chem. **50**, 193.

HASEBROEK, K. (1888): Über das Schicksal des Lecithins im Körper und eine Beziehung desselben zum Sumpfgas im Darmkanal. Hoppe-Seylers Z. **12**, 148.

HATTORI, K. (1921): Kolloidstudien über den Bau der roten Blutkörperchen und über Hämolyse. III. Ultramikroskopische Untersuchungen an Lipoiden. Biochem. Z. **119**, 45.

HAUROWITZ, F. und SLÁDEK, J. (1928): Über Darstellung und Eigenschaften der Erythrocytenstromata. Hoppe-Seylers Z. **173**, 268.

HECKEL, E. et SCHLAGDENHAUFFEN, F. (1886): Sur la présence de la lécithine dans les végétaux. C. r. Acad. Sci. Paris **103**, 388.

HEFFTER, A. (1891): Das Lecithin in der Leber und sein Verhalten bei der Phosphorvergiftung. Arch. exp. Path. u. Pharmak. **28**, 97.

HEIDUSCHKA, A. und HANDRITSCHK, C. (1928): Über Menschenfett. Biochem. Z. **197**, 404.

HELL, C. und HERMANNS, O. (1880): Über Lignocerinsäure. Chem. Ber. **13**, 2, 1713.

HELMAN, F. D. siehe HESS, A. F. and HELMAN, F. D.

HENRIQUES, V. (1897): Über die reduzierenden Stoffe des Blutes. Hoppe-Seylers Z. **23**, 244.

HERMANNS, O. siehe HELL, C. und HERMANNS, O.

HESS, A. F. and HELMAN, F. D. (1925): The phosphatide and total phosphorus content of woman's and cow's milk. J. of biol. Chem. **64**, 781.

HEYL, F. W. siehe HART, C. M. and HEYL, F. W.

HIESTAND, O. siehe WINTERSTEIN, E. und HIESTAND, O.

HILL, D. W. and PYMAN, F. L. (1929): The constitution of the glycerophosphates. J. amer. chem. Soc. **51**, 2, 2236.

HINSBERG, O. und ROOS, E. (1904): Nachtrag zu der Abhandlung über einige Bestandteile der Hefe. Hoppe-Seylers Z. **42**, 189.

HÖBER, R. (1908): Zur Kenntnis der Neutralsalzwirkungen. Beitr. chem. Physiol. u. Path. **11**, 35.

HOPKINS, F. G. (1925): Glutathione. Its influence in the oxidation of fats and proteins. Biochemic. J. **19**, 787.

HOPPE-SEYLER, F. (1866): Beiträge zur Kenntnis der Konstitution des Blutes. Med.-chem. Unters., herausgeg. von F. HOPPE-SEYLER, Berlin. Heft 1, 133. Berlin: August Hirschwald.

— (1867): Über das Vitellin, Ichthin und ihre Beziehung zu den Eiweißstoffen. Ebenda, Heft 2, 215.

— (1871): Über die chemische Zusammensetzung des Eiters. Ebenda, Heft 4, 486.

— (1879): Über Lecithin in der Hefe. Hoppe-Seylers Z. **3**, 374.

— (1881): Physiologische Chemie. Berlin: August Hirschwald.

HORVAT, V. siehe GRAFE, V. und HORVAT, V.

HUMPHREYS, R. W. siehe PRYDE, J. and HUMPHREYS, R. W.

HUNDESHAGEN, F. (1883): Zur Synthese des Lecithins. J. prakt. Chem., N. F. **28**, 219.

HUSLER, J. siehe GROSSER, P. und HUSLER, J.

IMHÄUSER, K. siehe FEULGEN, R. IMHÄUSER, K. und BEHRENS, M.

INGVALDSEN, T. siehe LEVENE, P. A. and INGVALDSEN, T.

JACOBS, W. A. siehe LEVENE, P. A. and JACOBS, W. A.

JACOBSEN, A. (1892): Über die reduzierenden Substanzen des Blutes. Zbl. Physiol. **6**, 368.

— (1895): Über die in Äther löslichen reduzierenden Substanzen des Blutes und der Leber. Skand. Arch. Physiol. **6**, 262.

JACOBSON, C. A. siehe DUNHAM, E. K. und JACOBSON, C. A.

JACOBSON, H. (1899): Über einige Pflanzenfette. Hoppe-Seylers Z. **13**, 32.

JAECKLE, H. (1902): Die Zusammensetzung des menschlichen Fettes. Ebenda **36**, 53.

JAFFÉ, R. siehe BERBERICH, J. und JAFFÉ, R.

JENSEN, B. N. siehe HAGEDORN, H. C. und JENSEN, B. N.

JUNGMANN, H. und KIMMELSTIEL, P. (1929): Über den Ursprung der Milchsäure im Zentralnervensystem. Biochem. Z. **212**, 347.

JUST, L. siehe STOKLASA, J., BRDLIK, V. und JUST, L.

KADE, F. siehe GRÜN, A. und KADE, F.

KÄSZ, A. siehe FRÄNKEL, S. und KÄSZ, A.

KAFKA, F. siehe FRÄNKEL, S. und KAFKA, F.

KAKIUCHI, S. (1922): Studies on physico-chemical properties of phospholipin. I. The precipitation of lecithin-hydrosol by electrolytes. J. of Biochem. **1**, 165.

KALABOUKOFF, L. et TERROINE, E. F. (1909): Action du suc pancréatique et des sels biliaires sur l'ovolécithine. C. r. Soc. biol. Paris **66**, 176.

KARCZAG, L. siehe NEUBERG, C. und KARCZAG, L.

KARPFEN, O. siehe FRÄNKEL, S. und KARPFEN, O.

KARRER, P. und BENZ, P. (1926): Spaltung der Glycerin-α-phosphorsäure in optisch aktive Formen. Helvet. chim. Acta **9**, 23.

— — (1926 a): Über die Zerlegung der Glycerin-α-phosphorsäure in optische Isomere. II. Ebenda **9**, 598.

— — (1927): Über die Glycerin-phosphorsäuren. IV. Ebenda **10**, 87.

— und FREULER, R. (1926): Die enzymatische Spaltung der α- und β-Glycerin-phosphorsäuren. Festschr. f. ALEX. TSCHIRCH, S. 421.

— und SALOMON, H. (1926): Über die Glycerinphosphorsäuren aus Lecithin. Helvet. chim. Acta **9**, 3.

KAUFMANN, C. und LEHMANN, E. (1928): Über den histochemischen Fettnachweis im Gewebe. Untersuchungen unter besonderer Berücksichtigung des von CIACCIO angegebenen Färbeverfahrens. Virchows Arch. **270**, 360.

KAWAMURA, R. (1911): Die Cholesterinesterverfettung. Jena: Gustav Fischer.

KAY, H. D. (1926): Kidney phosphatase. Biochemic. J. **20**, 2, 791.

— (1928): The phosphatases of mammalian tissues. Ibid. **22**, 2 855.

KELLER, O. siehe WINTGEN, M. und KELLER, O.

KIMMELSTIEL, P. (1929): Eine Mikromethode zur Bestimmung der Cerebroside. Mikrochemie, Sonderband PREGL-Festschrift 165.

— (1929 a): Fortgesetzte Untersuchungen über die Cerebroside. Biochem. Z. **212**, 359.

— (1929 b): Über den Einfluß der Formalinfixierung von Organen auf die Extrahierbarkeit der Lipoide. Hoppe-Seylers Z. **184**, 143.

— siehe auch JUNGMANN, H. und KIMMELSTIEL, P.

KIMURA, T. (1924): Studies on catalytic and oxidative activity. J. of Biochem. **3**, 211.

KING, H. and PYMANN, F. L. (1914): The constitution of the glycerophosphates; the synthesis of α- and β-glycerophosphates. J. chem. Soc. Lond. **105**, 1238.

KITAGAWA, F. und THIERFELDER, H. (1906): Über das Cerebron. III. Mitt. Hoppe-Seylers Z. **49**, 286.

KLENK, E. (1925): Über ein neues Cerebrosid des Gehirns. Ebenda **145**, 244.

— (1926): Über die partiellen Spaltungsprodukte von Cerebron. Ebenda **153**, 74.

— (1926 a): Über die Nervonsäure. Ebenda **157**, 283.

— (1926 b): Über eine Säure $C_{24}H_{46}O_3$ aus Cerebrosiden des Gehirns. Ebenda **157**, 291.

— (1927): Über die Cerebroside des Gehirns. Ebenda **166**, 268.

— (1927 a): Über die Nervonsäure. Ebenda **166**, 287.

KLENK, E. (1928): Über die Oxysäuren der Cerebroside des Gehirns. 7. Mitteilung über Cerebroside. Hoppe-Seylers Z. **174**, 214.

— (1928 a): Über die Cerebronsäure. 9. Mitteilung über Cerebroside. Ebenda **179**, 312.

— (1929): Über Sphingosin. 10. Mitteilung über Cerebroside. Ebenda **185**, 169.

— siehe auch THIERFELDER H. und KLENK, E.

— und HÄRLE, R. (1928): Über das Galaktosido-sphingosin, das partielle Spaltprodukt der Cerebroside. 8. Mitteilung über Cerebroside. Hoppe-Seylers Z. **178**, 221.

KNOP, W. (1859): Über ein phosphorhaltiges Öl der Erbsen. Landw. Versuchsstat. **1**, 26.

KNUDSON, A. siehe RANDLES, F. S. and KNUDSON, A.

KOBAYASHI, H. (1928): Über die Glycerophosphatase. J. of Biochem. **8**, 205.

KOCH, W. (1902): Zur Kenntnis des Lecithins, Kephalins und Cerebrins aus Nervensubstanz. Hoppe-Seylers Z. **36**, 134.

— (1902/03): Die Lecithane und ihre Bedeutung für die lebende Zelle. Ebenda **37**, 181.

— (1904): Methods for the quantitative chemical analysis of the brain and cord. Amer. J. Physiol. **11**, 303.

— (1906): Über den Lecithingehalt der Milch. Hoppe-Seylers Z. **47**, 327.

— (1907): The relation of electrolytes to lecithin and kephalin. J. of biol. Chem. **3**, 53.

— (1909): Die Bedeutung der Phosphatide (Lecithane) für die lebende Zelle. II. Mitt. Hoppe-Seylers Z. **63**, 432.

— and WOODS, H. S. (1905/06): The quantitative estimation of the lecithans. J. of biol. Chem. **1**, 203.

KÖHLER, H. (1867): Über die chemische Zusammensetzung und Bedeutung des sogenannten Myelins. Virchows Arch. **41**, 265.

KOGANEI, R. (1922): Studies on the fatty substances of tubercle bacilli and their acidproof staining property. J. of Biochem. **1**, 353.

— (1923): Studies on the acidproof staining property of cephalin. Ibid. **2**, 495.

— (1924): On fatty acids obtained from cephalin. Compounds of β-aminoethyl alcohol with saturated and unsaturated fatty acids. Ibid. **3**, 15.

KOMATSU, S. siehe LEVENE, P. A. and KOMATSU, S.

KOSSEL, A. und FREYTAG, FR. (1893): Über einige Bestandteile des Nervenmarks und ihre Verbreitung in den Geweben des Tierkörpers. Hoppe-Seylers Z. **17**, 431.

KRAAIJ, G. M. und WOLFF, L. K. (1923): Über die Lipoidabspaltung durch Bakterien. Koninkl. Akad. van Wetensch. Amsterdam. Ref. Chem. Zbl. **1923**, 3, 1493.

KRAFFT, F. (1890): Zur Kenntnis des Myristinaldehyds. II. Chem. Ber. **23**, 2, 2360.

KREILING, PH. (1888): Über das Vorkommen von Lignocerinsäure $C_{24}H_{48}O_2$ neben Arachinsäure $C_{20}H_{40}O_2$ im Erdnußöl. Ebenda **21**, 1. 880.

KRESLING, K. J. (1903): Fett der Tuberkelbazillen. Arch. Sci. biol. St.-Pétersb. **9**, 359. Ref. Chem. Zbl. **1903**, 1. 1153,

KÜTTNER, S. (1906/07): Über den Einfluß des Lecithins auf die Wirkung der Verdauungsfermente. Hoppe-Seylers Z. **50**, 472.

KUHNHENN, W. siehe ROSENMUND, K. W. und KUHNHENN, W.

KUTSCHER, F. und LOHMANN (1903): Die Endprodukte der Pankreas- und Hefeselbstverdauung. Hoppe-Seylers Z. **39**, 159.

KUTSCHERA-AICHBERGEN, H. (1925): Beitrag zur Morphologie der Lipoide. Virchows Arch. **256**, 569.

— (1929): Über den histochemischen Fettnachweis im Gewebe. Ebenda **271**, 623.

KYES, P. (1903): Über die Isolierung von Schlangengiftlecithiden. Berl. klin. Wschr. **40**, 956, 982.

— (1907): Über die Lecithide des Schlangengiftes. Biochem. Z. **4**, 99.

— und SACHS, H. (1903): Zur Kenntnis der Cobragift aktivierenden Substanzen. Berl. klin. Wschr. **40**, 21, 57, 82.

LANDSIEDL, A. siehe BAMBERGER, M. und LANDSIEDL, A.

LANGHELD, K. (1911): Über Ester und Amide der Phosphorsäuren. II. Über Versuche zur Darstellung den Lecithinen verwandter Körper. Chem. Ber. **44**, 2, 2076.

LAPIDUS, H. (1911): Diastase und Handelslecithin. Biochem. Z. **30**, 39.

LAPWORTH, A. (1913): Oxidation of sphingosine and the isolation and purification of cerebrone. J. chem. Soc. Lond. **103**, 1, 1029.

LATZER, P. siehe CONTARDI, A. und LATZER, P.

LAWACZECK, H. (1923): Weitere Untersuchungen über den Cholesteringehalt verschiedenartiger Muskeln. Hoppe-Seylers Z. **125**, 210.

LEATHES, J. B. (1910): The Fats. London: Longmans, Green and Co.

— (1923): The behaviour of lecithine, hydrolecithine and cholesterol in monomolecular films. J. of Physiol. **58**, Proc. VI.

— (1925): The role of fats in vital phenomenon. Croonian Lectures 1923. Lancet **1925**, 803, 853, 957, 1019.

— and RAPER, H. S. (1925): The fats. Monographs on Biochemistry. London: Longmans, Green and Co., 2. Ed.

LE BRETON, E. (1921): Sur la présence et le dosage dans le phosphore lipoidique total éthéro-soluble de composés phosphorés autres que les phosphatides. Bull. Soc. Chim. biol. Paris **3**, 539.

LEDEBT, S. siehe DELEZENNE, C. et LEDEBT, S.

LEHMANN, E. siehe KAUFMANN, C. und LEHMANN, E.

LEHMANN, O. (1914): Flüssige Krystalle und Biologie. Biochem. Z. **63**, 74.

LELLI, G. siehe ULPIANI, C. e LELLI, G.

LESEM, W. W. and GIES, W. J. (1903): Notes on the „protagon" of the brain. Amer. J. Physiol. **8**, 183.

LE SUEUR, H. R. (1905): The action of heat on α-Hydroxycarboxylic acids. J. chem. Soc. Lond. **87**, 2, 1888.

LETSCHE, E. (1907): Beiträge zur Kenntnis der organischen Bestandteile des Serums. Hoppe-Seylers Z. **53**, 31.

LEVENE, P. A. (1913): Sphingomyelin. First paper. On the presence of lignoceric acid among the products of hydrolysis of sphingomyelin. J. of biol. Chem. **15**, 153.
— (1913 a): On the cerebrosides of the brain tissue. Second paper. Ibid. **15**, 359.
— (1914): On sphingomyelin. Second paper. Ibid. **18**, 453.
— (1916): Sphingomyelin. III. Ibid. **24**, 69.
— (1921): Structure and significance of the phosphatides. Physiologic. Rev. **1**, 327.
— siehe auch TAYLOR, F. A. and LEVENE, P. A.
— and JACOBS, W. A. (1912): On sphingosine. J. of biol. Chem. **11**, 547.
— — (1912 a): On cerebronic acid. Ibid. **12**, 381.
— — (1912 b) On the cerebrosides of the brain tissue. Ibid. **12**, 389.
— and INGVALDSEN, T. (1920): The estimation of aminoethanol and of choline appearing on hydrolysis of phosphatides. Ibid. **43**, 355.
— — (1920 a): Unsaturated lipoids of the liver. Ibid. **43**, 359.
— and KOMATSU, S. (1919): Lipoids of the heart muscle. Ibid. **39**, 83.
— — (1919 a): Cephalin. VI. The bearing of cuorin on the structure of cephalin. Ibid. **39**, 91.
— and MEYER, G. M. (1917): Cerebrosides. III. Conditions for hydrolysis of cerebrosides. Ibid. **31**, 627.
— and ROLF, J. P. (1919): Cephalin. VII. The glycerophosphoric acid of cephalin. Ibid. **40**, 1.
— — (1921): Lecithin. III. Fatty acids of lecithin of the egg-yolk. Ibid. **46**, 193.
— — (1921 a): Lecithin. IV. Lecithin of the brain. Ibid. **46**, 353.
— — (1922): The unsaturated fatty acids of egg lecithin. Ibid. **51**, 507.
— — (1922 a): Unsaturated fatty acids of brain cephalins. Ibid. **54**, 91.
— — (1922 b): Unsaturated fatty acids of brain lecithins. Ibid. **54**, 99.
— — (1923): Lysolecithins and lysocephalins. Ibid. **55**, 743.
— — (1924): Synthetic lecithins. Ibid. **60**, 677.
— — (1925): Plant phosphatides. I. Lecithin and cephalin of the soy bean. Ibid. **62**, 759.
— — (1925 a): Bromolecithins. I. Fractionation of brominated soy bean lecithins. Ibid. **65**, 545.
— — (1926): Bromolecithins. II. Bromolecithins of the liver and egg-yolk. Ibid. **67**, 659.
— — (1926 a): Plant phosphatides. II. Lecithin, cephalin and so-called cuorin of the soy bean. Ibid. **68**, 285.
— — (1927): The preparation and purification of lecithin. Ibid. **72**, 587.
— — (1927 a): Note on the preparation of cephalin. Ibid. **74**, 713.
— — and SIMMS, H. S. (1924): Lysolecithins and lysocephalins. II. Isolation and properties of lysolecithins and lysocephalins. Ibid. **58**, 859.
— and SIMMS, H. S. (1921): The liver lecithin. Ibid. **48**, 185.
— — (1922): The unsaturated fatty acids of liver lecithin. Ibid. **51**, 285.

LEVENE, P. A. and TAYLOR, F. A. (1922): The synthesis of α-hydroxy-isopentacosanic acid and its bearing on the structure of cerebronic acid. J. of biol. Chem. **52**, 227.

— — (1924): The synthesis of normal fatty acids from stearic acid to hexacosanic acid. Ibid. **59**, 905.

— — (1928): On cerebronic acid. VI. Ibid. **80**, 227.

— — and HALLER, H. L. (1924): On lignoceric acid. Ibid. **61**, 157.

— and WEST, C. J. (1913): On cerebronic acid. Second paper. Ibid. **14**, 257.

— — (1913 a): On cerebronic acid. Third paper. Its bearing on the constitution of lignoceric acid. Ibid. **15**, 193.

— — (1913 b): The saturated fatty acid of cephalin. Ibid. **16**, 419.

— — (1914): On Sphingosine. Second paper. The oxidation of sphingosine and dihydrosphingosine Ibid. **16**, 549.

— — (1914 a): Purification and melting points of saturated aliphatic acids. Ibid. **18**, 463.

— — (1914 b): On cerebronic acid. Fourth paper. On the constitution of lignoceric acid. Ibid. **18**, 477.

— — (1914 c): On sphingosine. Third paper. The oxidation of sphingosine and dihydrosphingosine. Ibid. **18**, 481.

— — (1916): Cephalin. II. Brain cephalin. Ibid. **24**, 41.

— — (1916 a): Sphingosine. IV. Some derivatives of sphingosine and dihydrosphingosine. Ibid. **24**, 63.

— — (1916 b): Cephalin. III. Cephalin of the egg-yolk, kidney and liver. Ibid. **24**, 111.

— — (1916c): Cephalin. IV. Phenyl- and naphtylureidocephalin. Ibid. **25**, 517.

— — (1916 d): Cerebronic acid. V. Relation of cerebronic and lignoceric acids. Ibid. **26**, 115.

— — (1917): Cerebrosides. IV. Cerasin. Ibid. **31**, 635.

— — (1917 a): Cerebrosides of the kidney, liver, and egg-yolk. Ibid. **31**, 649.

— — (1918): "Hydrolecithin" and its bearing on the constitution of cephalin. Ibid. **33**, 111.

— — (1918a): Lecithin. II. Preparation of pure lecithin; composition and stability of lecithin cadmium chloride. Ibid. **34**, 175.

— — (1918 b): Cephalin. V. Hydrocephalin of the egg-yolk. Ibid. **35**, 285.

— —, ALLEN, C. H. and VAN DER SCHEER, J. (1915): Synthesis of normal tridecyl and tetracosanic acids. Ibid. **23**, 71.

LEWIS, W. C. M. siehe PRICE, H. J. and LEWIS, W. C. M.

LIEB, H. (1924): Cerebrosidspeicherung bei Splenomegalie Typus Gaucher. Hoppe-Seylers Z. **140**, 305.

— (1927): Cerebrosidspeicherung bei Morbus Gaucher. II. Mitt. Ebenda **170**, 60.

— siehe auch MLADENOVIĆ, M. und LIEB, H.

LIEB, H. und MLADENOVIĆ, M. (1929): Cerebrosidspeicherung bei Morbus Gaucher. Hoppe-Seylers Z. **181**, 208.

LIEBERMANN, L. (1891): Studien über die chemischen Prozesse in der Magenschleimhaut. Pflügers Arch. **50**, 25.

— (1893): Neuere Untersuchungen über das Lecithalbumin. Ebenda **54**, 573.

LIEBREICH, O. (1865): Über die chemische Beschaffenheit der Gehirnsubstanz. Ann. Chem. u. Pharm. **134**, 29.

— siehe auch BAEYER, A. und LIEBREICH, O.

LIKIERNIK, A. siehe SCHULZE, E. und LIKIERNIK, A.

LILIENFELD, L. (1894): Zur Chemie der Leukocyten. Hoppe-Seylers Z. **18**, 473.

LIMPÄCHER, R. siehe GRÜN, A. und LIMPÄCHER, R.

LINNERT, K. siehe FRÄNKEL, S. und LINNERT, K., sowie FRÄNKEL, S., LINNERT, K. und PARI, G. A.

v. LIPPMANN, E. (1887): Über einige organische Bestandteile des Rübensaftes. Chem. Ber. **20**, 2, 3201.

LOCHHEAD, A. C. and CRAMER, W. (1907): On the phosphorus percentage of various samples of protagon. Biochemic. J. **2**, 350.

LÖFFLER, W. siehe GUGGENHEIM, M. und LÖFFLER, W.

LOENING, H. und THIERFELDER, H. (1910): Über das Cerebron. IV. Mitt. Hoppe-Seylers Z. **68**, 464.

— — (1911): Untersuchungen über die Cerebroside des Gehirns. Ebenda **74**, 282.

— — (1912): Untersuchungen über die Cerebroside des Gehirns. II. Mitt. Ebenda **77**, 202.

LOEWE, S. (1912): Zur physikalischen Chemie der Lipoide. I. Beziehungen der Lipoide zu den Farbstoffen. Biochem. Z. **42**, 150.

— (1912a): Zur physikalischen Chemie der Lipoide. II. Die Beziehungen der Lipoide zu andern organischen Substanzen (Narcoticis, Hypnoticis u. ä.). Ebenda **42**, 190.

— (1912b): Zur physikalischen Chemie der Lipoide. III. Diffusion in Lipoiden. Ebenda **42**, 205.

— (1912c): Zur physikalischen Chemie der Lipoide. IV. Die Eigenschaften von Lipoidlösungen in organischen Lösungsmitteln. Ebenda **42**, 207.

— (1922): Zur physikalischen Chemie der „Lipoide". Die Durchwanderung von Methylenblau durch organische Lösungen. Ebenda **127**, 231.

LOHMANN siehe KUTSCHER, F. und LOHMANN.

LONG, J. H. (1908): Observations on the stability of lecithin. J. Amer. chem. Soc. **30**, 1, 881.

— and GEPHART, F. (1908): On the behaviour of emulsions of lecithin with metallic salts and certain non-electrolytes. Ibid. **30**, 1, 895.

— — (1908 a): On the behavior of lecithin with bile salts, and the occurrence of lecithin in bile. Ibid. **30**, 2, 1312.

LÜDECKE, K. (1905): Zur Kenntnis der Glycerinphosphorsäure und des Lecithins. Diss. München, philos. Fak., Sekt. II.

— siehe auch WILLSTÄTTER, R. und LÜDECKE, K.

LYDING, G. (1921): Untersuchungen über den Lactacidogenphosphorsäure- und Restphosphorsäuregehalt von Hühner- und Taubenmuskeln. Hoppe-Seylers Z. **113**, 223.

MACARTHUR, C. G. (1914): Brain cephalin: I. Distribution of the nitrogeneous hydrolysis products of cephalin. J. Amer. chem. Soc. **36**, 2, 2397.

— and BURTON, L. V. (1916): Brain cephalin. II. Fatty acids. Ibid. **38**, 2, 1375.

— siehe auch DARRAH, J. E. and MACARTHUR, C. G.

MACLEAN, H. (1908): Weitere Versuche zur quantitativen Gewinnung von Cholin aus Lecithin. Hoppe-Seylers Z. **55**, 360.

— (1908 a): Versuche über den Cholingehalt des Herzmuskellecithins. Ebenda. **57**, 296.

— (1908 b): Über das Vorkommen eines Monaminodiphosphatids im Eigelb. Ebenda **57**, 304.

— (1909): On the nitrogen-containing radicle of lecithin ond other phosphatides. Biochemic. J. **4**, 38. Der Inhalt dieser Arbeit ist im wesentlichen schon in den Arbeiten 1908 und 1908 a enthalten.

— (1909 a): Untersuchungen über Eigelb-Lecithin. Hoppe-Seylers Z. **59**, 223.

— (1909 b) : On the occurence of a monaminodiphosphatide lecithin-like body in egg-yolk. Biochemic. J. **4**, 168. Der Inhalt dieser Arbeit ist im wesentlichen schon in der Arbeit 1908 b enthalten.

— (1909 c): On the nitrogen-containing radicles of lecithin and other phosphatides. Ibid. **4**, 240. Der Inhalt dieser Arbeit ist im wesentlichen schon in der Arbeit 1909 a enthalten.

— (1912): The phosphatides of the kidney. Ibid. **6**, 333.

— (1912 a): On the purification of phosphatides. Ibid. **6**, 355.

— (1912/13): The extraction and purification of tissue phosphatides. J. of Physiol. **45**, Proc. XIII.

— (1912/13 a): On carnaubon. Ibid. **45**, Proc. XVIII.

— (1913): Die Phosphatide des Herzens und anderer Organe. Biochem. Z. **57**, 132.

— (1913/14): A simple method for the preparation of lecithin. J. of Path. a. Bacter. **18**, 490.

— (1914): On the so-called „acetone-soluble phosphatides“. Biochemic. J. **8**, 453.

— (1915): The composition of „lecithin“ together with observations on the distribution of phosphatides in the tissues and methods of their extraction and purification. Ibid. **9**, 351.

— (1918): Lecithin and allied substances. The lipins. London: Longmans, Green and Co.

— siehe auch ROSENHEIM, O. and MACLEAN, H.

— and GRIFFITH, W. J. (1920): Cuorin. Biochemic. J. **14**, 615.

— and SMEDLEY MACLEAN, J. (1927): Lecithin and allied substances. The lipins. New edition. London: Longmans, Green and Co.

— and WILLIAMS, O. T. (1909): On the nature of the so-called fat of tissues and organs. Biochemic. J. **4**, 455.

Magistris, H. (1929): Über die hämolytische Wirkung einiger Abbauprodukte des Lecithins, der Lecithide und Phosphatide. 1. Mitt.: Produkte der intermediären Hydrolyse. Biochem. Z. **210**, 85.

— siehe auch Grafe, V. und Magistris, H.

— und Schäfer, P. (1929): Zur Biochemie und Physiologie organischer Phosphorverbindungen in Pflanze und Tier. I. Mitteilung: Über die Phosphatide und Lecithide aus der Ackerbohne (Vicia Faba). Biochem. Z. **214**, 401.

— — (1929a): Zur Biochemie und Physiologie organischer Phosphorverbindungen in Pflanze und Tier. II. Mitteilung: Studien über den Austritt von wasserlöslichen Phosphatiden und Zellfarbstoff bei der roten Rübe (Beta vulgaris Rapa f. rubra). (Gleichzeitig Beitrag zu einer kolloidchemischen Theorie des Permeabilitätsproblems.) Ebenda **214**, 440.

Mair, W. siehe Smith, J. L. and Mair, W.

Malengreau, F. und Prigent, G. (1911): Über die Geschwindigkeit der Hydrolyse der Glycerinphosphorsäure. Hoppe-Seylers Z. **73**, 68.

— — (1912): Über Hydrolyse und Konstitution des Lecithins. Ebenda **77**, 107.

Maltaner, E. siehe Wadsworth, A., Maltaner, F. und Maltaner, E.

Maltaree F. siehe Wadsworth, A., Maltaner, F. und Maltaner, E.

Manasse, A. (1906): Über den Gehalt des Eidotters an Lecithin. Biochem. Z. **1**, 246.

Manasse, P. (1895): Über zuckerabspaltende, phosphorhaltige Körper in Leber und Nebennieren. Hoppe-Seylers Z. **20**, 478.

Mark, H. siehe Siegfried, M. und Mark, H.

Masuda, N. siehe Brugsch, Th. und Masuda, N.

Maxwell, W. (1891): On the methods of estimation of the fatty bodies in vegetable organisms. Amer. chem. J. **13**, 13.

— (1891 a): On the behaviour of the fatty bodies and the rôle of the lecithines during normal germination. Ibid. **13**, 16.

Mayer, A. et Schaeffer, G. (1913): Teneur des tissus en phosphore lié aux lipoides — constance de cette teneur. J. Physiol. et Path. gén. **15**, 773.

— — (1914): Variations de la teneur des tissus en lipoides et en eau au cours de l'inanition absolue. Ibid. **16**, 203.

Mayer, P. (1901): Über eine bis jetzt unbekannte, reduzierende Substanz des Blutes. Hoppe-Seylers Z. **32**, 518.

— (1906): Über die Spaltung der lipoiden Substanzen durch Lipase und über die optischen Antipoden des natürlichen Lecithins. Biochem. Z. **1**, 39.

— (1906 a): Über Lecithinzucker und Jecorin sowie über das physikalisch-chemische Verhalten des Zuckers im Blut. Ebenda **1**, 81.

Meinertz, J. (1905): Zur Chemie der Phosphorleber. Hoppe-Seylers Z. **44**, 371.

— (1905 a): Zur Kenntnis des Jecorins. Ebenda **46**, 376.

Meyer, G. M. siehe Levene, P. A. and Meyer, G. M.

Meyer, H., Brod, J. und Soyka, W. (1913): Über dic Lignocerinsäure. Mh. Chem. **34**, 1113.

MEYERHOF, O. (1923): Über ein neues autooxydables System der Zelle. (Die Rolle der Sulfhydrylgruppe als Sauerstoffüberträger.) Pflügers Arch. **199**, 531.

— siehe auch WARBURG, O. und MEYERHOF, O.

MICHAELIS, L. und RONA, P. (1907): Über die Löslichkeitsverhältnisse von Albumosen und Fermenten mit Hinblick auf ihre Beziehungen zu Lecithin und Mastix. Biochem. Z. **4**, 11.

MIESCHER, F. (1896): Physiol. chemische Untersuchungen über die Lachsmilch. Herausgegeben von O. SCHMIEDEBERG. Arch. f. exper. Path. u. Pharmak. **37**, 100.

MINAMI, D. (1912): Über den Einfluß des Lecithins und der Lipoide auf die Diastase (Amylase). Biochem. Z. **39**, 355.

MLADENOVIĆ, M. siehe LIEB, H. und MLADENOVIĆ, M.

— und LIEB, H. (1929): Über den Einfluß der Formalinfixierung von Organen auf die Extrahierbarkeit der Lipoide. Hoppe-Seylers Z. **181**, 221.

MORRIS, G. H. siehe BROWN, H. T. and MORRIS, G. H.

MORUZZI, G. (1908): Versuche zur quantitativen Gewinnung von Cholin aus Lecithin. Hoppe-Seylers Z. **55**, 352.

MUDBIDRI, S. M., RAMASWAMI AYYAR, P. und WATSON, H. E. (1928): Öl aus den Samen von Adenanthera pavonina. Eine Quelle für Lignocerinsäure. J. Indian Inst. Sci., Ser. A., **11**, 173; ref. Chem. Zbl. **1929**, 1, 1358.

MÜLLER, F. (1898): Zusatz zu der Abhandlung von A. SCHMIDT: Über Herkunft und chemische Natur der Myelinformen des Sputums. Berl. klin. Wschr. **1898**, 75.

— (1901): Beiträge zur Kenntnis des Mucins und einiger damit verwandter Eiweißstoffe. Z. Biol. **42**, 468.

— (1902): Über die Bedeutung der Selbstverdauung bei einigen krankhaften Zuständen. Verh. 20. Kongr. f. innere Med. 1902, 192.

MÜLLER, W. (1858): Über die chemischen Bestandteile des Gehirns. Ann. Chem. u. Pharm. **105**, 361.

MÜLLER, J. und REINBACH, H. (1914): Untersuchungen über das Hautsekret der Fische. 1. Mitt.: Die Chemie des Aalschleims. Hoppe-Seylers Z. **92**, 56.

MUESMANN, J. siehe WAGNER, H. und MUESMANN, J.

NĚMEC, A. (1919): Über die Verbreitung der Glycerophosphatase in den Samenorganismen. Biochem. Z. **93**, 94.

— (1923): Zur Kenntnis der Glycerophosphatase der Pflanzensamen. 1. Mitt. Ebenda **137**, 570.

— (1928): Glycerophosphatasewirkung von Pflanzensamen und Fermentsynthese. Ebenda **202**, 229.

NERKING, J. (1908): Beiträge zur Kenntnis des Knochenmarkes. Ebenda **10**, 167.

— (1908 a): Die Verteilung des Lecithins im tierischen Organismus. Ebenda **10**, 193.

— (1910): Zur Methodik der Lecithinbestimmung. Ebenda **23**, 262.

— und HAENSEL, E. (1908): Der Lecithingehalt der Milch. Ebenda **13**, 348.

NEUBAUER, E. siehe FRÄNKEL, S. und NEUBAUER, E. sowie PORGES, O. und NEUBAUER, E.

NEUBERG, C. und KARCZAG, L. (1911): Über zuckerfreie Hefegärungen. III. Biochem. Z. **36**, 60.

NEUMANN, J. (1908): Über Beeinflussung der tryptischen Verdauung durch Fettstoffe. Berl. klin. Wschr. **45**, 2066.

NEUSCHLOSZ, S. M. (1920): Die kolloidchemische Bedeutung des physiologischen Ionenantagonismus und der äquilibrierten Salzlösungen. Pflügers Arch. **181**, 17.

— (1920 a): Untersuchungen über antagonistische Wirkungen zwischen Ionen gleicher Ladung. Kolloid-Z. **27**, 292.

— siehe auch BECHHOLD, H. und NEUSCHLOSZ, S. M.

NJEGOVAN, V. (1911/12): Beiträge zur Kenntnis der pflanzlichen Phosphatide. Hoppe-Seylers Z. **76**, 1.

NOGUEIRA, A. siehe FRÄNKEL, S. und NOGUEIRA, A.

NOLL, A. (1899): Über die quantitativen Beziehungen des Protagons zum Nervenmark. Hoppe-Seilers Z. **27**, 370.

OEHME, H. siehe PAAL, C. und OEHME, H.

OFFER, TH. R. siehe FRÄNKEL, S. und OFFER, TH. R.

OKUNEFF, N. (1928): Zur Frage nach der Bedeutung der Lipoidstoffe in der Zellpermeabilität. Biochem. Z. **198**, 296.

ORGLER, A. (1904): Über das Vorkommen eines protagonartigen Körpers in den Nebennieren. SALKOWSKI-Festschrift, S. 285. Berlin: Hirschwald 1904.

OSBORNE, TH. B. and CAMPBELL, G. F. (1900): The proteids of the eggyolk. J. Amer. chem. Soc. **22**, 413.

— and WAKEMAN, A. J. (1915): Some new constituents of milk. First paper: The phosphatides of milk. J. of biol. Chem. **21**, 539.

— — (1916/17): The distribution of phosphatides of milk. Ibid. **28**, 1.

OSE, K. siehe GRAFE, V. und OSE, K.

OTOLSKI, S. W. (1907): Das Lecithin des Knochenmarks. Biochem. Z. **4**,124.

PAAL, C. und OEHME, H. (1913): Die Hydrogenisation des Ei-Lecithins. Chem. Ber. **46**, 2, 1297.

PAAL, H. (1929): Über die Spaltbarkeit der Lecithine. Biochem. Z. **211**, 244.

PARCUS, E. (1881): Über einige neue Gehirnstoffe. J. prakt. Chem., N. F. **24**, 310.

PARI, G. A. siehe FRÄNKEL, S. und PARI, G. A. sowie FRÄNKEL, S., LINNERT, K. und PARI, G. A.

PARKE, J. L. (1867): Über die chemische Konstitution des Eidotters. Med.-chem. Unters., herausg. v. F. HOPPE-SEYLER. Heft 2, 209. Berlin: August Hirschwald.

PARNAS, J. (1909): Über Kephalin. Biochem. Z. **22**, 411.

— (1913): Über die gesättigte Fettsäure des Kephalins. Ebenda **56**, 17.

PARSONS, T. R. (1928): Lecithin-Caseinogen complexes. Biochemic J. **22**, 2, 800.

PASCUCCI, O. (1905): Die Zusammensetzung des Blutscheibenstromas und die Hämolyse. 1. Mitt.: Die Zusammensetzung des Stromas. Beitr. chem. Physiol. u. Path. **6**, 543.

PATON, D. N. (1895/96): On the relationship of the liver to fats. J. of Physiol. **19**, 167.

PEARSON, A. L. (1914): A comparison between the molecular weights of protagon and of the phosphatides and cerebrosides obtainable from it. Biochemic. J. **8**, 616.

PFÄHLER, E. siehe FISCHER, E. und PFÄHLER, E.

PFENNIGER, U. siehe SCHULZE, E. und PFENNIGER, U.

PIETTRE siehe FOURNEAU et PIETTRE.

PIUTTI, A. und DE 'CONNO, E. (1929): Über die hydrolytische Wirkung der „Ricinuslipase" (Handelspräparat). Ann. Chim. appl. **18**, 512. Ref. Chem. Zbl. **1929**, 1, 1225.

PLIMMER, R. H. A. (1913): The metabolism of organic phosphorus compounds. Their hydrolysis by the action of encymes. Biochemic. J. **7**, 43.

— (1913 a): The hydrolysis of organic phosphorus compounds by dilute acid and by dilute alkali. Ibid. **7**, 72.

PORGES, O. und NEUBAUER, E. (1908): Physikalisch-chemische Untersuchungen über das Lecithin und Cholesterin. Biochem. Z. **7**, 152.

— — (1909): Physikalisch-chemische Untersuchungen über das Lecithin und Cholesterin. Z. Chem. u. Ind. Kolloide (Kolloid-Z.) **5**, 193.

PORTER, A. E. (1916): The distribution of esterases in the animal body. Biochemic. J. **10**, 523.

POSNER, E. R. and GIES, W. J. (1905/06): Is protagon a mechanical mixture of substances or a definite chemical compound? J. of biol. Chem. **1**, 59.

POWER, F. B. and TUTIN, F. (1905): The relation between natural and synthetical glycerylphosphoric acids. J. chem. Soc. Lond. **87**, **1**, 249.

PRICE, H. J. and LEWIS, W. C. M. (1929): The physico-chemical behaviour of lecithin. I. The capillary activity of lecithin as a function of p_H. Biochemic. J. **23**, 2, 1030.

PRIGENT, G. siehe MALENGREAU, F. und PRIGENT, G.

PRYDE, J. and HUMPHREYS, R. W. (1924): The methylation of the cerebrosides of ox brain. Biochemic. J. **18**, 661.

PYMAN, F. L. siehe HILL, D. W. and PYMAN F. L., KING, H. and PYMAN, F. L.

RAMASWAMI AYYAR, P. siehe MUDBIDRI, S. M., RAMASWAMI AYYAR, P. und WATSON, H. E.

RANDLES, F. S. and KNUDSON, A. (1922): The estimation of lipoid phosphoric acid ("lecithin") in blood by application of the Bell and Doisy method for phosphorus. J. of biol. Chem. **53**, 53.

RAPER, H. S. siehe LEATHES, J. B. and RAPER, H. S.

REEB siehe SCHLAGDENHAUFFEN et REEB.

REINBACH, H. siehe MÜLLER, J, und REINBACH, H.

RENALL, M. H. (1913): Über den stickstoffhaltigen Bestandteil des Kephalins. Biochem. Z. **55**, 296.

REWALD, B. (1928): Über den Phosphatidgehalt der Organe bei Verfütterung großer Mengen von Phosphatiden. Ebenda **198**, 103.

REWALD, B. (1928a): Über den normalen Lipoidgehalt einiger Organe. 2. Mitt. über Lipoide. Biochem. Z. **202**, 99.

— (1928 b): Lipoidgehalt der Butter. 3. Mitt. über Lipoide. Ebenda **202**, 391.

— (1928 c): Einwirkung von Erhitzen auf Lipoide. 4. Mitt. über Lipoide. Ebenda **202**, 394.

— (1928 d): Darstellung von Lipoiden aus chlorphyllhaltigen Organen. 5. Mitt. über Lipoide. Ebenda **202**. 399.

— (1929): Lipoidgehalt in Fischorganen. Lipoide in Heringen. 6. Mitt. über Lipoide. Ebenda **206**, 275.

— (1929 a) Über den Phosphatidgehalt der Organe bei Verfütterung großer Mengen von Phosphatiden. II. Ebenda **208**, 179.

— (1929 b): Über das Kohlehydrat der Phosphatide. Ebenda **211**, 199.

RIEDEL, J. D. (1913): Verfahren zur Darstellung von Hydrolecithin. Chem. Zbl. **1913**, 1, 1155.

— (1913 a): Zur Kenntnis des Eigelblecithins. Ebenda **1913**, 1, 2172.

— (1914): Verfahren zur Darstellung von Hydrolecithin. Ebenda **1914**, 2, 1175.

— (1927): Verfahren zur Gewinnung von Phosphatiden aus der Sojabohne. Ebenda **1927**, 1, 1528.

RIESSER, O. und THIERFELDER, H. (1912): Über das Cerebron. V. Mitt. Hoppe-Seylers Z. **77**, 508.

RITTER, F. (1914): Zur Kenntnis des Hydrolecithins. Chem. Ber. **47**, 1, 530.

ROBERTSON, T. B. (1916): Experimental studies on growth. II. The normal growth of the white mouse. J. of biol. Chem. **24**, 363.

ROBISON, R. (1923): The possible significance of hexosephosphoric esters in ossification. Biochemic. J. **17**, 286.

— and SOAMES, K. M. (1924): The possible significance of hexosephosphoric esters in ossification. Part II: The phosphoric esterase of ossifying cartilage. Ibid. **18**, 740.

ROLF, J. P. siehe LEVENE, P. A. and ROLF, J. P. sowie LEVENE, P. A., ROLF, J. P. and SIMMS, H. S.

ROLLETT, A. (1909): Über die Alkoholyse des Lecithins. Hoppe-Seylers Z. **61**, 210.

RONA, P. siehe MICHAELIS, L. und RONA, P.

— und DEUTSCH, W. (1926): Untersuchungen über Cholesterin und Lecithinsuspensionen. Biochem. Z. **171**, 89.

ROOS, E. siehe HINSBERG, O. und ROOS, E.

ROSENBLOOM, J. (1913): A new method for drying tissues and fluids. J. of biol. Chem. **14**, 27.

— (1913 a): The lipoids of the heart muscle of the ox. Ibid. **14**, 291.

ROSENHEIM, O. (1913): The galactosides of the brain. Biochemic. J. **7**, 604.

— (1913 a): Trans. internat. Congress of Med. Sect. II, 626; zitiert nach ROSENHEIM (1916).

— (1914): The galactosides of the brain. II. The preparation of phrenosin and kerasin by the pyridine method. Biochem. J. **8**, 110.

ROSENHEIM, O. (1914a): The galactosides of the brain. III. Liquid crystals and the melting-point of phrenosin. Biochem. J. **8**, 121.

— (1916): The galactosides of the brain. IV. The constitution of phrenosin and kerasin. Ibid. **10**, 142.

— and MACLEAN, H. (1915): Lignoceric acid from "carnaubon". Ibid. **9**, 103.

— and TEBB, M. C. (1907): The non-existence of "protagon" as a definite chemical compound. J. of Physiol. **36**, 1.

— — (1908): On so-called "protagon". Quart. J. exper. Physiol. **1**, 297.

— — (1908 a): The optical activity of so-called "protagon". J. of Physiol. **37**, 341.

— — (1908 b): On a new physical phenomenon observed in connection with the optical activity of so-called "protagon". Ibid. **37**, 348.

— — (1908c): Further proofs of the non-existence of "protagon" as a definite chemical compound. Ibid. **37**, Proc. I.

— — (1909): The non-existence of "protagon" as a definite chemical compound. Quart. J. exper. Physiol. **2**, 317.

— — (1909a): The lipoids of the brain. Part I: Sphingomyelin. J. of Physiol. **38**, Proc. LI.

— — (1909b): On the lipoids of the adrenals. Ibid. **38**, Proc. IV.

— — (1910): Die Nicht-Existenz des sogenannten „Protagons" im Gehirn. Biochem. Z. **25**, 151.

— — (1910/11): The lipoids of the brain. Part II: A new method for the preparation of the galactosides and of sphingomyelin. J. of Physiol. **41**, Proc. I.

ROSENMUND, K. W. und KUHNHENN, W. (1923): Eine neue Methode zur Jodzahlbestimmung in Fetten und Ölen unter Verwendung von Pyridinsulfatdibromid. Z. Unters. Nahrgsmitt. usw. **46**, 154.

ROSENTHAL, R. (1922): Zur Chemie der höheren Pilze. Über Pilzlipoide. Mh. Chem. **43**, 237.

RUBOW, V. (1905): Über den Lecithingehalt des Herzens und der Nieren unter normalen Verhältnissen, im Hungerzustande und bei der fettigen Degeneration. Arch. f. exp. Path. u. Pharmak. **52**, 173.

RUPPEL, W. G. (1895): Zur Kenntnis des Protagons. Z. Biol. **31**, 86.

SACHS, H. siehe KYES, P. und SACHS, H.

SAKAKI, C. (1913): Über einige Phosphatide aus der menschlichen Placenta. 1. Mitt. Biochem. Z. **49**, 317.

SALOMON, H. siehe KARRER, P. und SALOMON, H.

SAMMARTINO, U. (1921): Über die Chemie der Lunge. Biochem. Z. **124**, 234.

SANO, M. (1922): Phosphatides of the fish sperm. J. of Biochem. **1**, 1.

— (1922a): Contribution to the optical properties of sphingomyelin. Ibid. **1**, 17.

SCHÄFER, P. siehe MAGISTRIS, H und SCHÄFER, P.

SCHAEFFER, G. siehe MAYER, A. et SCHAEFFER, G.

SCHEER, VAN DER, J. siehe LEVENE, P. A., WEST, C. J., ALLEN, C. H. and VAN DER SCHEER, J.

SCHLAGDENHAUFEN, F. siehe HECKEL, E. et SCHLAGDENHAUFEN, F.
— et REEB (1902): Sur la présence de la lécithine dans les végétaux. C. r. Acad. Sci. Paris **135**, 205.
SCHMIDT, A. (1898): Über Herkunft und chemische Natur der Myelinformen des Sputums. Berl. klin. Wschr. **35**, 73.
SCHMIDT, R. (1914): Weitere Untersuchungen über Fermente im Darminhalt (Meconium) und Mageninhalt menschlicher Föten und Neugeborener. Biochem. Z. **63**, 287.
SCHÖNHEIMER, R. (1927): Beitrag zur Chemie des Hypernephroms. Hoppe-Seylers Z. **168**, 146.
— (1928): Zur Chemie der gesunden und atherosklerotischen Aorta. Ebenda **177**, 143.
SCHREINER, O. and SHOREY, E. C. (1910): Some acid constituents of soil humus. J. Amer. chem. Soc. **32**, 2, 1674.
SCHULZE, E. (1895): Über die Bestimmung des Lecithingehaltes der Pflanzensamen. Hoppe-Seylers Z. **20**, 225.
— (1898): Über den Lecithingehalt einiger Pflanzensamen und einiger Ölkuchen. Landw. Versuchsstat. **49**, 203.
— (1907): Über den Phosphorgehalt einiger aus Pflanzensamen dargestellter Lecithinpräparate. Hoppe-Seylers Z. **52**, 54.
— (1908): Über die zur Darstellung von Lecithin und anderen Phosphatiden aus Pflanzensamen verwendbaren Methoden. Ebenda **55**, 338.
— (1908a): Über pflanzliche Phosphatide. Chem.-Zg. **32**, 981.
— und FRANKFURT, S. (1894): Über den Lecithingehalt einiger vegetabilischer Substanzen. Landw. Versuchsstation **43**, 307.
— und LIKIERNIK, A. (1891): Über das Lecithin der Pflanzensamen. Hoppe-Seylers Z. **15**, 405.
— und PFENNINGER, U. (1911): Untersuchungen über die in den Pflanzen vorkommenden Betaine. 1. Mitt. Ebenda **71**, 174.
— und STEIGER, E. (1889): Über den Lecithingehalt der Pflanzensamen. Ebenda **13**, 365.
— und WINTERSTEIN, E. (1903/04): Beiträge zur Kenntnis der aus Pflanzen darstellbaren Lecithine. Ebenda **40**, 101.
SCHULZE, O. (1915): Über die Phosphatide der Thymus und des Eigelbs. Diss. naturw. Fak. Tübingen.
— siehe auch THIERFELDER, H. und SCHULZE, O.
SCHUMACHER, J. (1928): Das Ektoplasma der Hefezelle. Zbl. Bakter. I, Abt. **108**, 193.
SCHUMOFF-SIMANOWSKI, C. und SIEBER, N. (1906): Das Verhalten des Lecithins zu fettspaltenden Fermenten. Hoppe-Seylers Z. **49**, 50.
SCOTT, E. L. (1916): A study of a lecithinglucose preparation. Amer. J. Physiol. **40**, 145.
SEDLMAYR, TH. (1903): Beiträge zur Chemie der Hefe. Diss. techn. Hochschule München.
SHIMIZU, T. (1921): Verhalten des Phrenosins im Tierkörper. Biochem. Z. **117**, 263.

SHOREY, E. C. (1898): The lecithins of sugar-cane. J. Amer. chem. Soc. **20**, 113.
— siehe auch SCHREINER, O. and SHOREY, E. C.
SIEBER, N. siehe SCHUMOFF-SIMANOWSKI, C. und SIEBER, N.
SIEGFRIED, M. (1918): Über die Beeinflussung von Reaktionsgeschwindigkeiten durch Lipoide. Biochem. Z. **86**, 98.
— und MARK, H. (1905): Zur Kenntnis des Jecorins. Hoppe-Seylers Z. **46**, 492.
SIGNORELLI, E. (1910): Über die Oxydationsprozesse der Lipoide des Rükkenmarks. Biochem. Z. **29**, 25.
SIMMS, H. S. siehe LEVENE, P. A. and SIMMS, H. S. sowie LEVENE, P. A., ROLF, J. P. and SIMMS, H. S.
SIMON, F. (1911): Zur Kenntnis der Autolyse des Gehirns. Hoppe-Seylers Z. **72**, 463.
SINGER, K. (1926): Über die Stickstoffverteilung in der Petrolätherfraktion des Pferdehirns. Biochem. Z. **179**, 432.
SLÁDEK, J. siehe HAUROWITZ, F. und SLÁDEK, J.
SLOWTZOFF, B. J. (1922): Über die Fermente im Gehirn. Russk. physiol. J. **3**; ref. Chem. Zbl. **1923**, 3, 260.
VAN SLYKE, D. D. (1910): Eine Methode zur quantitativen Bestimmung der aliphatischen Aminogruppen; einige Anwendungen derselben in der Chemie der Proteine, des Harns und der Enzyme. Chem. Ber. **43**, 3, 3170. Genaue Beschreibung in HOPPE-SEYLER-THIERFELDER, Handbuch d. physiol.- u. pathol.-chem. Analyse. 9. Aufl. S. 585. Berlin: Julius Springer 1924.
SMEDLEY MACLEAN, J. siehe DAUBNEY, C. G. and SMEDLEY MACLEAN, J. sowie MACLEAN, H. and SMEDLEY MACLEAN, J.
SMITH, J. L. and MAIR, W. (1910): On a method of isolating cholesterin and cerebrosids from brain by means of saponification with barium hydrate and methylalcohol. J. of Path. a. Bacter. **15**, 122.
— — (1912/13): The lipoids of the white and grey matter of the human brain at different ages. Ibid. **17**, 418.
— — (1912/13 a): On a method of analysis of brain lipoids. Ibid. **17**, 609.
SMOLENSKI, K. (1908/09): Zur Kenntnis der aus Weizenkeimen darstellbaren Phosphatide. V. Mitt.: Über Phosphatide. Hoppe-Seylers Z. **58**, 522.
— siehe auch WINTERSTEIN, E. und SMOLENSKI, K.
SOAMES, K. M. siehe ROBISON, R. and SOAMES, K. M.
SORG, K. (1929): Über den Phosphorgehalt verschiedener Muskelarten. Hoppe-Seylers Z. **182**, 97.
SOYKA, W. siehe MEYER, H., BROD, J. und SOYKA, W.
STAMM, W. (1926): Die Abspaltung freier Phosphorsäure aus überlebendem Gehirnbrei und ihre Beeinflussung durch Pharmaka. Arch. exp. Path. u. Pharmak. **111**, 133.
STANFORD, R. V. and WHEATLEY, A. H. M. (1925): The distribution of phosphorus compounds in blood. Biochemic. J. **19**, 706.

STASSANO, H. et BILLON, F. (1903): La lécithine n'est pas dédoublée par le suc pancréatique même kinasé. C. r. Soc. biol. **55**, 482.

STEEL, M. and GIES, W. J. (1907): On the chemical nature of paranucleoprotagon, a new product from brain. Amer. J. Physiol. **20**, 378.

STEGMANN, L. siehe WINTERSTEIN, E. und STEGMANN, L.

STEIGER, E. siehe SCHULZE, E. und STEIGER, E.

STERN, M. und THIERFELDER, H. (1907): Über die Phosphatide des Eigelbs. 1. Teil. Hoppe-Seylers Z. **53**, 370.

STEWARD, F. C. (1928): On the evidence for phosphatides in the external surface of the plant protoplast. Biochemic. J. **22**, 1, 268.

STOKLASA, J. (1895): Die Assimilation des Lecithins durch die Pflanze. Sitzgsber. ksl. Akad. Wiss., Wien, Math.-naturwiss. Kl., Abt. 1, **104**, 712.

—, BRDLIK, V. und JUST, L. (1908): Ist der Phosphor an dem Aufbau des Chlorophylls beteiligt? Ber. dtsch. bot. Ges. **26a**, 69.

STRECKER, A. (1862): Über einige neue Bestandteile der Schweinegalle. Ann. Chem. u. Pharm. **123**, 353.

— (1868): Über das Lecithin. Ebenda **148**, 77.

SULLIVAN, M. X. (1918): Lignocerinsäure aus faulem Eichenholz. Ref. Chem. Zbl. **1918**, 1, 632.

SUTU, Z. siehe FLEURY, P. et SUTU, Z.

v. SZENT-GYÖRGYI, A. und TOMINAGA, T. (1924): Die quantitative Bestimmung der freien Blutfettsäuren. Biochem. Z. **146**, 226.

TAKAKI, K. (1908): Über Tetanusgift bindende Bestandteile des Gehirns. Beitr. chem. Physiol. u. Path. **11**, 288.

TAMURA, S. (1913): Zur Chemie der Bakterien. 1. Mitt. Hoppe-Seylers Z. **87**, 85.

TAYLOR, F. A. siehe LEVENE, P. A. and TAYLOR, F. A. sowie LEVENE, P. A., TAYLOR, F. A. and HALLER, H. L.

— and LEVENE, P. A. (1928): Oxidation of lignoceric acid. J. of biol. Chem. **80**, 609.

— — (1929): On the cerebronic acid fraction. Ibid. **84**, 23.

TEBB, M. C. siehe ROSENHEIM, O. and TEBB, M. C.

TERROINE, S. F. siehe KALABOUKOFF, L. et TERROINE, E. F.

THIELE, F. H. (1913): On the lipolytic action of the blood. Biochemic. J. **7**, 275.

— (1913 a): On the lipolytic action of the tissues. Ibid. **7**, 287.

THIERFELDER, H. (1890): Über die Identität des Gehirnzuckers mit Galactose. Hoppe-Seylers Z. **14**, 209.

— (1904): Über das Cerebron. Ebenda **43**, 21.

— (1905): Über das Cerebron. II. Mitt. Ebenda **44**, 366.

— (1905 a): Phrenosin und Cerebron. Ebenda **46**, 518.

— (1913): Untersuchungen über die Cerebroside des Gehirns. III. Mitt. Ebenda **85**, 35.

— (1914): Untersuchungen über die Cerebroside des Gehirns. IV. Mitt. Ebenda **89**, 236.

THIERFELDER, H. (1914 a): Untersuchungen über die Cerebroside des Gehirns. V. Mitt. Hoppe-Seylers Z. **89**, 248.
— (1914 b): Untersuchungen über die Cerebroside des Gehirns. VI. Mitt. Ebenda **91**, 107.
— siehe auch KITAGAWA, F. und THIERFELDER, H.; LOENING, H. und THIERFELDER, H.; RIESSER, O. und THIERFELDER, H.; STERN, M. und THIERFELDER, H.; THOMAS, K. und THIERFELDER, H.; WÖRNER, E. und THIERFELDER, H.
— und KLENK, E. (1925): Versuche zur Darstellung des glucosaminhaltigen Phosphatids von S. FRÄNKEL und F. KAFKA aus Gehirn. Hoppe-Seylers Z. **145**, 221.
— und SCHULZE, O. (1915/16): Ein neues Verfahren zur Abtrennung von Äthanolamin (Colamin) aus Phosphatidhydrolysaten. Ebenda **96**, 296.
THOMAS, A. (1915): A study of the effects of certain electrolytes and lipoid solvents upon the osmotic pressures and viscosities of lecithin suspensions. J. of biol. Chem. **23**, 359.
THOMAS, K. und THIERFELDER, H. (1912): Über das Cerebron. VI. Mitt. Hoppe-Seylers Z. **77**, 511.
THUDICHUM, J. L. W. (1874): Researches on the chemical constitution of the brain. Rep. med. Officer of Privy Council a. Local Governm. Board. New Series No. III, 113. Lond.
— (1876): Further researches on the chemical constitution of the brain. Ibid. New Series No. VIII, 117. Lond.
— (1878): Further researches in chemical biology. Seventh Ann. Rep. of Local Governm. Board 1877—78. Suppl. containing Rep. of Med. Officer for 1877, 281. Lond.
— (1880): Further researches on the chemical constitution of the brain and of the organoplastic substances. Ninth Ann. Rep. of Local Governm. Board 1879—80. Suppl. containing Rep. of Med. Officer for 1879, 143. Lond.
— (1882): Über das Phrenosin, einen neuen stickstoffhaltigen phosphorfreien spezifischen Gehirnstoff. J. prakt. Chem., N. F. **25**, 19.
— (1882 a): Bemerkungen zu der Abhandlung: Über einige neue Gehirnstoffe von EUGEN PARCUS im J. prakt. Chem. **24**, 310 (1881). Ibid., N. F. **25**, 29.
— (1884): A treatise on the chemical constitution of the brain. London: Baillière, Tindall and Cox.
— (1886): Grundzüge der anatomischen und klinischen Chemie. Berlin: August Hirschwald.
— (1896): Über das Phrenosin, ein unmittelbares Edukt aus dem Gehirn und die Produkte seiner Chemolyse mit Salpetersäure. J. prakt. Chem., N. F. **53**, 49.
— (1899): Einige Reaktionen des Phrenosins, des Cerebrogalaktosids aus dem menschlichen Gehirn. Ebenda, N. F. **60**, 487.
— (1901): Die chemische Konstitution des Gehirns des Menschen und der Tiere. Tübingen: Franz Pietzcker.

THUNBERG, T. (1909): Über katalytische Beschleunigung der Sauerstoffaufnahme der Muskelsubstanz. Zbl. Physiol. **23**, 625.

— (1911): Untersuchungen über autooxydable Substanzen und autooxydable Systeme von physiologischem Interesse. 1. Mitt. Skand. Arch. Physiol. **24**, 90.

— (1911a): Untersuchungen über autooxydable Substanzen und autooxydable Systeme von physiologischem Interesse. 2. Mitt.: Die Sonderstellung des Eisens unter den schweren Metallen in bezug auf die katalytische Beschleunigung der Sauerstoffaufnahme des Lecithins. Ebenda **24**, 94.

— (1916): Untersuchungen über autooxydable Substanzen und Systeme von physiologischem Interesse. Ebenda **33**, 228.

TINTEMANN siehe WALDVOGEL und TINTEMANN.

TÖPLER (1861): Über das Vorkommen des Phosphors in den fetten Ölen. Landw. Mitt. aus Poppelsdorf, Heft 3, 115. Ref. Landw. Versuchsstat. **3**, 85 und bei RITTHAUSEN (1877): Pflügers Arch. **15**, 278.

TOMINAGA, T. siehe v. SZENT-GYÖRGYI, A. und TOMINAGA, T.

TORNANI, E.: Über das Lecithin und andere Bestandteile des Eigelbs. Boll. Chim. Farm. **48**, 520. Ref. Chem. Zbl. **1909**, 2, 1149.

TRIER, G. (1911): Aminoäthylalkohol, ein Produkt der Hydrolyse des „Lecithins" (Phosphatids) der Bohnensamen. Hoppe-Seylers Z. **73**, 383.

— (1911/12): Über die Gewinnung von Aminoäthylalkohol aus Eilecithin. Ebenda **76**, 496.

— (1912): Über einfache Pflanzenbasen und ihre Beziehungen zum Aufbau der Eiweißstoffe und Lecithine. Berlin: Gebr. Bornträger.

— (1913): Über die nach den Methoden der Lecithindarstellung aus Pflanzensamen erhältlichen Verbindungen. 1. Mitt. Einleitung — Bohnensamen. Hoppe-Seylers Z. **86**, 1.

— (1913a): Über die nach den Methoden der Lecithindarstellung aus Pflanzensamen erhältlichen Verbindungen. 2. Mitt. Vergleichende Hydrolyse von Eilecithin. Ebenda **86**, 141.

— (1913b): Über die nach den Methoden der Lecithindarstellung aus Pflanzensamen erhältlichen Verbindungen. 3. Mitt. Hafersamen. Ebenda **86**, 153.

— (1913c): Über die nach den Methoden der Lecithindarstellung aus Pflanzensamen erhältlichen Verbindungen. IV. Mitt. Erbsen, Schwarzkiefer, Reis. Ebenda **86**, 407.

TSUJIMOTO, M. (1926): Neue Fettsäuren im Haifischleberöl. Z. dtsch. Öl- u. Fettindustrie **46**, 385. Ref. Chem. Zbl. **1926**, 2, 1156.

— (1927): Über die chemische Konstitution der Selacholeinsäure. J. Soc. chem. Ind. Japan (Suppl.) **30**, 229. Ref. Chem. Zbl. **1928**, 1, 1385.

TSUNEYOSHI, K. (1927): The effect of lipin and allied substances on the oxidative activity of the tissue. J. of Biochem. **7**, 235.

— (1927a): The effect of lipoid on the power of the dehydrogenation of tissue. Ibid. **7**, 267.

TUTIN, F. siehe POWER, F. B. and TUTIN, F.

— and HANN, A. C. O. (1906): The relation between natural and synthetical glycerylphosphoric acids. Part II. J. chem. Soc. Lond. **89**, 2. 1749.

ULPIANI, C. (1901): Attività ottica della lecitina. Gaz. chim. ital. **31**, 2, 47.

— e LELLI, G. (1902): Su un nuovo proteido del cervello. Ibid. **32**, 1, 466.

VAGELER, H. (1909): Untersuchungen über das Vorkommen von Phosphatiden in vegetabilischen und tierischen Stoffen. Biochem. Z. **17**, 189.

VAUQUELIN (1812): De la matière cérébrale de l'homme et de quelques animaux. Ann. Chim. **81**, 37.

VOIT, K. siehe FEULGEN, R. und VOIT, K.

VONDRÁČEK, V. (1927): Glycerophosphatase des Zentralnervensystems. Glycerophosphatase beim Menschen und bei Tieren. Biochem. Z. **191**, 88.

WADSWORTH, A., MALTANER, F. and MALTANER, E. (1927): A study of the coagulation of the blood. The chemical reactions underlying the Process. Amer. J. Physiol. **80**, 502.

WAGNER, R. (1914): Über Nebennierenkephalin und andere Lipoide der Nebennierenrinde. Biochem. Z. **64**, 72.

— siehe auch HANDOVSKY, H. und WAGNER, R.

WAGNER, H. und MUESMANN, J. (1914): Untersuchungen fettreicher Früchte und Samen unserer Kolonien. Z. Unters. Nahrgs- u. Genußmitt. **27**, 124.

WAKEMAN, A. J. siehe OSBORNE, TH. B. and WAKEMAN, A. J.

WALDVOGEL und TINTEMANN (1904): Die Natur der Phosphorvergiftung. Zbl. Path. **15**, 97.

— — (1906): Zur Chemie des Jecorins. Hoppe-Seylers Z. **47**, 129.

WALZ, E. (1927): Über das Vorkommen von Kerasin in der normalen Rindermilz. Ebenda **166**, 210.

— (1927 a): Über ein Diaminomonophosphatid in der Rindermilz. Ebenda **166**, 223.

WARBURG, O. (1914): Über die Rolle des Eisens in der Atmung des Seeigels nebst Bemerkungen über einige durch Eisen beschleunigte Oxydationen. Ebenda **92**, 231.

— und MEYERHOF, O. (1913): Oxydation von Lecithin bei Gegenwart von Eisensalz. Ebenda **85**, 412.

WATSON, H. E. siehe MUDBIDRI, S. M., RAMASWAMI AYYAR, P. und WATSON, H. E.

WEIL, A. (1929): The influence of formalin fixation on the lipoids of the central nervous system. J. of biol. Chem. **83**, 601.

WESSON, L. G. (1924): The isolation of arachidonic acid from brain tissue. Ibid. **60**, 183.

— (1925): On a possible relationship of arachidonic acid to the saturated fatty acids in fatty acid metabolism. Ibid. **65**, 235.

WEST, C. J. siehe LEVENE, P. A. and WEST, C. J. sowie LEVENE, P. A., WEST, C. J., ALLEN, C. H. and VAN DER SCHEER, J.

WEYL, TH. (1877/78): Beiträge zur Kenntnis tierischer und pflanzlicher Eiweißkörper. Hoppe-Seylers Z. **1**, 72.

WHEATLEY, A. H. M. siehe STANFORD, R. V. and WHEATLEY, A. H. M.

WHITE, A. C. (1929): Über die Verteilung verschiedener Phosphorsäurefraktionen auf die einzelnen Herzabschnitte. Hoppe-Seylers Z. **183**, 184.

WHITEHORN, J. C. (1924/25): A method for the determination of lipoid phosphorus in blood and plasma. J. of biol. Chem. **62**, 133.

Wieland, H. und Franke, W. (1928): Die Aktivierung des Sauerstoffs durch Eisen. Ann. Chem. u. Pharm. **464**, 101.

Williams, O. T. siehe MacLean, H. and Williams, O. T.

Willstätter, R. und Lüdecke, K. (1904): Zur Kenntnis des Lecithins. Chem. Ber. **37**, 3, 3753.

Wilson, R. A. and Cramer, W. (1908): On protagon: its chemical composition and physical constants, its behaviour towards alcohol and its individuality. Quart. J. exper. Physiol. **1**, 97.

— (1909): A criticism of some recent work on protagon. Ibid. **2**, 91.

Winterstein, E. siehe Schulze, E. und Winterstein E.

— E. und Hiestand, O. (1906): Zur Kenntnis der pflanzlichen Phosphatide. Vorläufige Mitt. Hoppe-Seylers Z. **47**, 496.

— — (1907/08): Beiträge zur Kenntnis der pflanzlichen Phosphatide. II. Mitt. Ebenda **54**, 288.

— und Smolenski, K. (1908/09): Beiträge zur Kenntnis der aus Cerealien darstellbaren Phosphatide. 4. Mitt. Ebenda **58**, 506.

— und Stegmann, L. (1908/09): Über ein Phosphatid aus Lupinus albus. Ebenda **58**, 502.

— — (1908/09 a): Über einen eigenartigen phosphorhaltigen Bestandteil der Blätter von Ricinus. Ebenda **58**, 527.

Wintgen, M. und Keller, O. (1906): Über die Zusammensetzung von Lecithinen. Arch. Pharmaz. **244**, 3.

Witanowski, W. R. (1928): Über die Wirkung des Formaldehyds auf das Lecithin. Ein Beitrag zur Frage der Entstehungsweise der im Organismus vorkommenden methylierten Verbindungen. (Polnisch.) Acta Biol. exper. (Warszawa) **2**, Nr 4, 61—72. Ref. Ber. Physiol. **49**, 602 (1929).

Wörner, E. und Thierfelder, H. (1900): Untersuchungen über die chemische Zusammensetzung des Gehirns. Hoppe-Seylers Z. **30**, 542.

Wohlgemuth, J. (1905): Über den Sitz der Fermente im Hühnerei. Ebenda **44**, 540.

— (1912): Untersuchungen über den Pankreassaft des Menschen. Biochem. Z. **39**, 302.

Wolff, L. K. siehe Kraaij, G. M. und Wolff, L. K.,

Woodhouse, D. L. (1928): The fat, lipin and cholesterol constituents of adrenals and gonads in cases of mental disease. Biochemic. J. **22**, 2, 1087.

Woods, H. S. siehe Koch, W. and Woods, H. S.

Zain, V. H. (1929): Der Einfluß von Alkaloiden auf das Flockungsoptimum von Lecithin. Arch. f. exper. Path. u. Pharmak. **146**, 78.

Zellner, J. (1911): Zur Chemie des Fliegenpilzes (Amanita muscariaL.). Mh. Chem. **32**, 133.

— (1911 a): Zur Chemie der höheren Pilze. Hypholoma fasciculare Huds. Ebenda **32**, 1057.

— Siehe auch Fröschl, N. und Zellner, J., Hartmann, E. und Zellner, J.

Zlataroff, A. (1925): Phytobiochemische Studien. II. Biochem. Z. **161**, 379.

Zuelzer, G. (1899): Über Darstellung von Lecithin und anderen Myelinsubstanzen aus Gehirn- und Eigelbextrakten. Hoppe-Seylers Z. **27**, 255.

Sachverzeichnis.